U0380463

建筑遗产保护丛书
东南大学城市与建筑遗产保护教育部重点实验室
朱光亚 主编

唐宋建筑转型与法式化：
五代宋金时期晋中地区
木构建筑研究

ARCHITECTURAL TRANSFORMATION OF THE TANG AND SONG
DYNASTIES：RESEARCH ON WOODEN STRUCTURE BUILDINGS IN
THE CENTRAL REGION OF SHANXI PROVINCE，MID-10TH
CENTURY TO EARLY-12TH CENTURY

周 淼 著

东南大学出版社·南京

继往开来,努力建立建筑遗产保护的现代学科体系❶

建筑遗产保护在中国由几乎是绝学转变成显学只不过是二三十年时间。差不多五十年前,刘敦桢先生承担瞻园的修缮时,能参与其中者凤毛麟角,一期修缮就费时六年;三十年前我承担苏州瑞光塔修缮设计时,热心参加者众多而深入核心问题讨论者则十无一二,从开始到修好费时十一载。如今保护文化遗产对民族、地区、国家以至全人类的深远意义已日益被众多社会人士所认识,并已成各级政府的业绩工程。这确实是社会的进步。

不过,单单有认识不见得就能保护好。文化遗产是不可再生的,认识其重要性而不知道如何去科学保护,或者盲目地决定保护措施是十分危险的,我所见到的因不当修缮而危及文物价值的例子也不在少数。在今后的保护工作中,十分重要的一件事就是要建立起一个科学的保护体系,而从过去几十年正反两方面的经验来看,要建立这样一个科学的保护体系并非易事,依我看至少要获得以下的一些认识。

首先,就是要了解遗产。了解遗产就是系统了解自己的保护对象的丰富文化内涵、价值以及发展历程,还要了解其构成的类型和不同的特征。此外,无论在中国还是在外国,保护学科本身也走过了漫长的道路,因而还包括要了解保护学科本身的渊源、归属和发展走向。人类步入 21 世纪,科学技术的发展日新月异,CAD 技术、GIS 技术和 GPS 技术及新的材料技术、分析技术和监控技术等大大拓展了保护的基本手段;但我们在努力学习新技术的同时要懂得,方法不能代替目的,媒介不能代替对象——离开了对对象本体的研究,离开了对保护主体的人的价值观念的关注,目的就沦丧了。

其次,要开阔视野。信息时代的到来缩小了空间和时间的距离,也为人类获得更多的知识提供了良好的条件,但在这个信息爆炸的时代,保护科学的体系构成日益庞大、知识日益精深,因此对学科总体而言,要有一种宏观的开阔的视野,在建立起学科架构的基础上使得学科本身成为开放体系,成为不断吸纳和拓展的系统。

再次,要研究学科特色。任何宏观的认识都代替不了进一步的中观和微观的分析:从大处说,任何对国外理论的学习都要辅之以对国情的关注;从小处说,任何保护的个案都有着自己特殊的矛盾性质,类型的规律研究都要辅之以对个案的特殊矛盾的分析,解决个案的独特问题更能显示保护工作的功力。

最后,要通过实践验证。我曾多次说过,建筑科学是实践科学,建筑遗产保护科学尤其如此:再完整的保护理论如果在实践中无法获得成功,无法获得社会的认同,无法解决案例中的具体问题,那就

---

❶　本文是潘谷西教授为城市与建筑遗产保护教育部重点实验室(东南大学)成立写的一篇文章,征得作者同意并经作者修改,作为本丛书的代序。

不能算成功,就需要调整甚至需要扬弃;经过实践不断调整和扬弃后保留下来的理论,才是保护科学体系需要好好珍惜的部分。

潘谷西

2009 年 11 月于南京

丛书总序

　　建筑遗产保护丛书是酝酿了多年的成果。大约在 1978 年,东南大学通过恢复建筑历史学科的研究生招生,开启了新时期的学科发展继往开来的历史。1979 年开始,根据社会上的实际需求,东南大学承担了国家一系列重要的建筑遗产保护工程项目,这也显示了建筑遗产保护实践与建筑历史学科的学术关系。1987 年后的十年间东南大学提出申请并承担了国家自然科学基金重点项目中的中国建筑历史多卷集的编写工作,使研究和应用相得益彰;又接受了国家文物局委托举办古建筑保护干部专修科的任务,将人才的培养提上了工作日程。20 世纪 90 年代,特别是中国加入世界遗产组织后,建筑遗产的保护走上了和世界接轨的征程。人才培养也上升到成规模地培养硕士和博士的层次。东大建筑系在开拓新领域、开设新课程、适应新的扩大了的社会需求和教学需求方面投入了大量的精力,除了取得多卷集的成果和大量横向研究成果外,还完成了教师和研究生的一系列论文。

　　2001 年东南大学建筑历史学科被评估成为了中国第一个建筑历史与理论方面的国家重点学科。2009 年城市与建筑遗产保护教育部重点实验室(东南大学)获准成立。该实验室将全面开展建筑遗产保护的研究工作,特别是将从实践中凝练科学问题的多学科的研究工作承担了起来。形势的发展对学术研究的系统性和科学性提出了更为迫切的要求。因此,有必要在前辈奠基及改革开放后几代人工作积累的基础上,专门将建筑遗产保护方面的学术成果结集出版,此即为《建筑遗产保护丛书》。

　　这里提到的中国建筑遗产保护的学术成果是由前辈奠基,绝非虚语。今日中国的建筑遗产保护运动已经成为显学且正在接轨国际并日新月异。其基本原则:将人类文化遗产保护的普世精神和与中国的国情、中国的历史文化特点相结合的原则,早在营造学社时代就已经确立。这些原则经历史检验已显示其长久的生命力。当年学社社长朱启钤先生在学社成立时所说的“一切考工之事皆本社所有之事……一切无形之思想背景,属于民俗学家之事亦皆本社所应旁搜远绍者……中国营造学社者,全人类之学术,非吾一民族所私有”的立场,“依科学之眼光,作有系统之研究”“与世界学术名家公开讨论”的眼界和体系,“沟通儒匠,浚发智巧”的切入点,都是在今日建筑遗产保护研究中需要牢记的。

　　当代的国际文化遗产保护运动发端于欧洲并流布于全世界,建立在古希腊文化和希伯来文化及其衍生的基督教文化的基础上;又经文艺复兴弘扬的欧洲文化精神是其立足点;注重真实性,注重理性,注重实证是这一运动的特点;但这一运动又在其流布的过程中不断吸纳东方的智慧,1994 年的《奈良文告》以及 2007 年的《北京文件》等都反映了这种多元的微妙变化——《奈良文告》将原真性同地区与民族的历史文化传统相联系可谓明证。同样,在这一文件的附录中,将遗产研究工作纳入保护工作系统也可谓是远见卓识。因此本丛书也就十分重视涉及建筑遗产保护的东方特点以及基础研究的成果。又因为建筑遗产保护涉及多种学科的多种层次研究,丛书既包括了基础研究,也包括了应用基础的研究,以及应用性的研究。为了取得多学科的学术成果,一如遗产实验室的研究项目是开放性的一样,本丛书也是向全社会开放的,欢迎致力于建筑遗产保护的研究者向本丛书投稿。

　　遗产保护在欧洲延续着西方学术的不断分野的传统,按照科学和人文的不同学科领域,不断在精致化的道路上拓展;中国的传统优势则是整体思维和辩证思维。1930年代的营造学社在接受了欧洲的学科分野的先进方法论后又经朱启钤的运筹和擘画,在整体上延续了东方的特色。鉴于中国从古延续至今的经济发展和文化发展的不均衡性,这种东方的特色是符合中国多数遗产保护任务,尤其是不发达地区的遗产保护任务的需求的。我们相信,中国的建筑遗产保护领域的学术研究也会向学科的精致化方向发展,但是关注传统的延续,关注适应性技术在未来的传承,依然是本丛书的一个侧重点。

　　面对着当代人类的重重危机,保护构成人类文明的多元的文化生态已经成为经济全球化大趋势下的有识之士的另一种强烈的追求,因而保护中国传统建筑遗产不仅对于华夏子孙,也对整个人类文明的延续有着重大的意义。在认识文明的特殊性及其贡献方面,本丛书的出版也许将会显示出另一种价值。

朱光亚

2009 年 12 月 20 日于南京

序 一

20世纪80年代末至21世纪初，因学术研究与研究生教学需求，我开设了一门叫作"古建筑鉴定与分析"的选修课，将自己在古建筑考察中的收获和认识，加上前辈学者发表在《中国营造学社汇刊》上的对古代建筑时代特点的判断和认识梳理归纳，作为对祁英涛同志发表在《文物》杂志后又结集出版的《怎样鉴定古建筑》著作的补充，编成该课程的讲义。这门课选修的人数不少，因为大家都想知道古建筑鉴定是如何进行的，对短期的突击学习古建筑年代鉴定的初步知识兴趣甚高。这门课成为东南大学建筑历史学科研究生古建筑考察前的必选课，影响超出学校范围。但是因为过于简略，涉及的案例主要侧重于华北和江南，面不够广，缺环甚多，作为方法论主要介绍的是逻辑思辨和科技检测，并不深入，教材以讲义形式发放，始终未予以发表。正是在这门课程的学习中，时为研究生如今在北大任教的徐怡涛同志对该课程中的方法论有了兴趣并提出了质疑，后来他在北大博士生学习及留校任教后以晋东南等地为案例持续开展研究，完成了他自己的《文物建筑形制年代学研究原理与单体建筑断代方法》等论文，将对古代建筑的年代鉴定研究推向了更为深入具体与科学的层次。

紧随徐怡涛的脚步，周淼同志在当年读研时就对木构做法的年代特点及其规律表现出了强烈的兴趣，后来又在张十庆教授指导下开展精细测绘及大木作细部的相关分析研究，成绩斐然，他在后来的学术生涯中不断围绕这一题材深入调研，所获、所见、所思日臻精妙，他和徐怡涛的成果一样，完全不同于学社时代和我当初上鉴定课时的粗放性的路径，如今这本《唐宋建筑转型与法式化：五代宋金时期晋中地区木构建筑研究》就是证明。

20世纪八九十年代，建筑遗产的研究是被人遗忘的角落，如今则成了文化热点之一，但即使如此，热爱建筑遗产者的数量多而能够深入研究者少，得其堂奥者凤毛麟角。除了功利主义作祟之外，木构淡出现代营造体系，遗构经历代修缮后面目全非，古代道器相分的旧习，天书般的古代营造文献，缺少与实物对照学习的机缘，工匠远去后的千变万化的地域做法等都加大了研究的难度。在困难重重的传统木构研究的难点中，承担了大式建筑内外檐出挑技艺的斗栱做法和梁架体系中的转角做法可谓核心难题，周淼恰恰是在这两个方面下了"死磕"的功夫，通过晋中地区案例理出了头绪，将梁思成提出的豪劲和醇和的差异性落到了具体的木构件的细部差异上。虽然这只是晋中地区的，但作为方法论是可以用在其他地区、其他时代的差异性特征的研究上的。

沧海桑田的巨变，使得古代建筑的信息都被叠压和掩埋，甚至湮灭了，建筑史学家的任务就是将已经碎片化了的信息梳理、缝缀、勾连镶嵌，力图提供出至少是局部的完形，不仅告诉后人它是什么，有何意义，也告诉后人是什么力量在推动着它的产生，以至这种力量背后的古人的智慧如何，相信周淼同志会继续沿着这样的学术之路攀登，并取得更大的成绩。

朱光亚

2020年4月16日于成贤街

序　二

当周淼博士邀请我为他即将出版的新书作序时，还从未为人写过序的我，出于本能地想婉拒这份差事，但看了东南大学朱光亚先生为周淼写的书序后，我改变了初衷。朱先生是建筑史学名家，是我在东南大学时建筑断代课的授业老师。朱先生在他的《序》里写道，周淼是继我之后对木构形制年代进行系统科学研究的学者，这令我想起八年前与周淼的初识，对过往的追忆，促使我写下这篇文字，聊以纪念并为探求者留下追索的痕迹。

2011 年 11 月，我和周淼分别代表北大和东大课题组，参加了国家文物局在北京香山饭店召开的"指南针计划专项——中国古建筑精细测绘项目学术研讨会"。会上，我汇报了我负责的山西万荣稷王庙精细测绘项目所采用的建筑考古学研究理念、方法和成果。汇报结束后，一位年轻人找到我，自我介绍是东南大学张十庆先生的博士生，参与东大晋祠圣母殿精细测绘课题，这次代表东大课题组来参会，听了我的汇报后，有些问题想与我探讨。于是，我们与清华大学建筑学院贾珺教授一起，三人在香山饭店充满江南园林韵味的空间里，共同探讨建筑考古学的理念、方法和实践，谈到兴起，两三个小时过得飞快，直到周淼突然惊觉到快要延误今晚回南京的飞机了，我们才匆匆别过。那次香山会谈，至今仍可记起三句话，一是贾珺教授的感叹：中国建筑史已八十多年，还能在田野工作中捡到万荣稷王庙这样的漏儿，不可思议，说明方法革新的重要。二是周淼说，如果万荣稷王庙的年代真是北宋天圣而非国保公布的金代，那他的博士论文有些内容就要重写了。第三句则是周淼后来告诉我的，他最终还是误了航班。

此后数年间，周淼时常会与我交流他的研究，例如他对虎丘二山门、晋祠圣母殿、泰顺廊桥等处的研究。在我的印象里，建筑史学领域至少有两位学者曾明确表达过赞同并尝试使用我所提出的建筑考古学研究方法，一位是华南理工大学的肖旻老师，另一位就是周淼博士。记得周淼毕业时，发了份简历给我看，其中专业一栏写的竟是"建筑考古"。我当然知道，东大的学科目录里并没有"建筑考古"一项，所以我劝他，还是将专业改回"建筑历史与理论"为宜，我想，这或许是他热爱建筑考古的由衷表达，虽然不合规制，但却坦诚得令人印象深刻。

周淼的导师张十庆先生是位令人敬仰的建筑史学家。1996—1999 年，我在东南大学建筑史专业跟随陈薇先生读研时，虽久闻张先生之名，但未得机会交流，只偶尔透过古籍阅览室书架的间隙，见过几次张先生的背影。2003 年我在北大任教后，经常带学生到东南大学做交流访问，张十庆先生曾多次亲临指导，与北大师生对谈，虽然我曾在《营造法式》的一些问题上公开发表过与张先生观点相左的见解，但张先生对我没有丝毫芥蒂，还曾领我到他的研究室，和我分享他从乡间收集的斗栱标本，一起讨论斗栱的形制问题。在张十庆先生身上，我感受到前辈学者的风度和胸怀，因此，对先生的得意弟子周淼，天然多了一份亲切和信任。后来，我特意力劝北大文物建筑专业的一位优秀本科生投入张十庆先生门下，成为张先生的关门弟子。

　　记得张十庆先生曾对我说，研究古建的人应该多交流，因为我们太小众了，没人关注。事实也的确如此。从营造学社时代开始，国人对古代建筑的重视程度，就远不及历史文献和田野考古，这种局面直到现在也没有改变。十年前，时任山西古建筑保护研究所所长的宁建英女士曾对我说，在国家文物局开会，各省考古所所长被视为学者而备受尊重，但古建所所长，似乎被视作了包工头。这种反差令她不安，也促使她反思。宁所长认为，归根结底是因为古建所在研究上下的功夫太少了。有了这种对研究的渴求，北大得以与山西古建所开展了长期合作，在宁所长任上，北大和山西古建所以万荣稷王庙为对象，联合申报了国家文物局指南针古建筑精细测绘项目。

　　指南针古建筑精细测绘，是国家文物局少有的古代建筑主动性基础研究项目，时任国家文物局科技司罗静副司长、刘华彬处长，为筹划和推动此项目付出了大量心血。七个精细测绘项目不但为国家保存和揭示了一批重要建筑遗产的价值，促进了建筑考古学的发展，也成为我和周淼相识的契机，成为周淼接触建筑考古学的起点，也是今天这本书中一些研究成果背后的来源。当我们反思走过的路时会发现，一切关键环节都有人为之努力，一切结果似乎都是冥冥之中的安排。

　　"世界那么大，还是遇到你。"当伊东忠太面对云冈石窟，当梁思成面对佛光寺东大殿，当我面对万荣稷王庙大殿，当周淼面对晋祠圣母殿时，应该都会发出类似的感叹。千年的古建，尘封的价值，静静地等待着命中注定的发现者来揭示。当发现者克服种种心魔、完成孤独寂寞的旅程，最终见证彼此价值的存在时，所有的感动，舌抬不下、泪流满面，都是再正常不过的情绪。只是，能在古代建筑上享受这种极致体验的人，正如张十庆先生所说，太少太少了。但，中华不绝如缕，文脉自有传承，继承营造学社的使命，做系统科学之研究，无论是建筑史学也好，建筑考古学也罢，只要目标一致，终是并肩而行。

徐怡涛

2020 年 4 月 18 日于北京安河桥

目　录

0 绪 论

0.1 学术背景与研究目的

自1930年代中国营造学社先贤开展古代建筑的调查和研究工作以来,关于唐宋时期木构建筑的研究,在中国建筑考古学、建筑历史学研究中一直是重要的课题,并具有独特的意义。[1] 几代研究者不断地开展实物调查工作,并结合对《营造法式》(后文中简称为《法式》)的专项研究,基本形成了唐宋时期木构建筑的研究方法体系。

近十几年来,古建筑研究的思路和方法都发生了巨大的变化,新的思路与方法其实是在实物案例大量发现、测绘勘察技术改进、考古学研究方法引入、文物建筑保护技术国际交流增加的背景下产生的,使得调查过程中可以获得更多新线索,并围绕新发现的线索进行深入研究。本书的研究正是在这样的学术背景下展开的。

关于当前唐宋时期木构建筑研究的基本背景可以概括为以下几点:

(1)文物普查发现大量宋金时期木构建筑实例,唐宋时期建筑存在地域差异逐渐形成共识;尤其在晋东南、晋中地区,宋金时期遗构数量较多、分布比较集中,使得选取典型地区进行分区案例研究成为可能。

(2)考古区系类型理论、类型学方法、年代学方法、技术考古方法有助于促使唐宋时期木构建筑研究形成新的理论架构;研究视角与方法也越来越趋向于考古学范畴,是最近一个时期古建筑研究的倾向与特点。

(3)研究者逐渐重视木作技术、工艺,使得实物研究不断向生产、操作层面深入。一些典型的技术细节可以体现时代、地域差异,成为建筑谱系分析的重要因素。

(4)近年来开展的古建筑精细测绘中,三维激光扫描技术结合手工测量、遗构特征记录逐渐成为测绘、调查的常用手段;精细测绘促使调查与表达的精度得以提高,为深入研究提供更细致的基础资料。

在这样的学术发展背景下,新案例、新视角、新方法有助于研究者发现大量技术现象和细节,选取典型地域和典型案例进行区域建筑技术史的梳理,成为深入研究唐宋时期木构建筑的基本途径。本书选取晋中地区五代宋金时期木构建筑案例,专门讨论若干建筑技术史问题,通过对典型区域内典型遗构样本的深入分析,讨论研究时段内建筑的技术特点与演变机制。这样的工作兼具建筑史学与考古学的属性,既研究古代营造技术,也涉及分区、类型学与年代学问题。希望通过本研究,尝试探索唐宋时期木构建筑的分区技术史研究方法。

0.2 研究区域、时段与案例

本书关注的晋中地区,是指山西省中部太原盆地和周边山区,以及东部太行山区的阳泉地区。这个地区内向封闭、自成一区,又与周边地区发生技术交流,并且保存有一定数量的早期木构遗物,是一个非常适合开展木构建筑研究的典型地区。

本书的研究时段为五代、北宋、金时期,在这个将近三百年的时段内,晋中地区经历了由晚唐五代技术向宋式技术的演变;从艺术风格的角度观察,豪劲古拙的唐五代风格逐渐消退,取而代之的是醇和雅致的

---

[1] 本书中所提到的"唐宋时期木构""早期木构",均是对始建于唐、五代、辽、宋、金时期木构建筑的简化称谓。

宋式风格。这种演变始于北宋,成于金中后期,金末元初的战乱扰动了这种演变的进程,并导致此后一段时间内,营造技术与建筑美学的停滞与倒退。宋金时期技术与风格的转变,直接影响了晋中地区元明清时期建筑的面貌,这一时期奠定的很多的形制与技术特点甚至延续数百年直至近代。

目前,除了较为知名的平遥镇国寺万佛殿、榆次永寿寺雨花宫和晋祠圣母殿、献殿外,晋中地区元代以前的木构建筑还较少被学界提及。根据各种材料汇总,目前晋中地区保存的这一时期的木结构建筑共 21 例;其中全国重点文物保护单位 18 处,省级文物保护单位 1 处,市县级文物保护单位 2 处;另外,榆次永寿寺雨花宫和太谷万安寺正殿虽已被拆除,但中国营造学社前辈曾对这两栋建筑进行过测绘调查并保留有资料,可以判断为宋金时期建筑,也成为本书研究的重要案例。受条件所限,未能对祁县兴梵寺大殿作详细调查,此构斗栱形制与样式并未体现出明显的宋式特征,不将其列入研究对象。❶ 所以,本书主要围绕22 个木构案例展开讨论,这 22 个案例位于相对封闭、集中的区域内,保存数量较多,便于归纳地域营造技术特征;研究案例的建造年代在时间序列上分布均匀,五代、北宋前期、北宋中期、北宋末期、金前期、金中期、金末期都有代表建筑留存,便于开展建筑形制和样式的年代学研究;研究案例的形制层级差别明显,高等级建筑有五间八架重檐歇山(宋构晋祠圣母殿)、五间十二架歇山(金构平遥文庙大成殿),中型佛殿有五间七架悬山(金构平遥慈相寺正殿)、五间八架悬山(金构太谷宣梵寺正殿),以及大量的三开间小型建筑。一些遗构历经修缮改易,仅前廊斗栱为宋金时期特征,如窦大夫祠西朵殿、祁县子洪村汤王庙正殿,这种局部构造也是研究的重要材料。所以,这些研究案例具有地域分布集中、数量较多、年代分布平均、规模差异明显的特点,非常适合深入开展区域建筑技术史研究(表 0.1、图 0.1～图 0.5)。

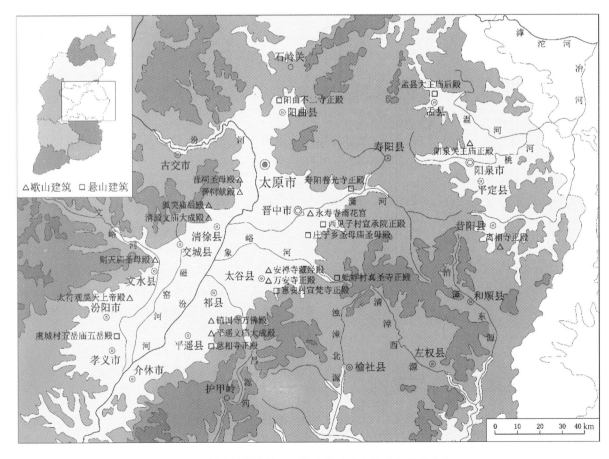

图 0.1　晋中及周边地区五代宋金时期木构建筑案例分布

---

❶　山西省文物局编《山西重点文物保护单位》(2006 年未刊行版),第 96 页,兴梵寺条目:"据大殿正脊下题记'大宋天圣三年(1025年)始建西管村,大清康熙二十六年(1687 年)移建东观镇'。"

表 0.1 晋中及周边地区五代宋金时期木构建筑案例❶

地、市	县、市	建筑名称	文保单位公布年代	规模形制	斗栱形制	保护等级
太原市	太原	晋祠圣母殿	宋·天圣(1023—1032年)	殿身五间八架歇山 副阶周匝	殿身六铺作 副阶五铺作	国一
		晋祠献殿	金·大定八年(1168年)	三间四架歇山	五铺作	国一
	清徐	狐突庙后殿	宋	三间四架歇山	四铺作	国六
		清源文庙大成殿	金·泰和三年(1203年)	三间六架歇山	五铺作	国六
	阳曲	不二寺正殿	金·明昌六年(1195年)	三间六架悬山	五铺作	国六
晋中市	平遥	镇国寺万佛殿	北汉·天会七年(963年)	三间六架歇山	七铺作	国三
		慈相寺正殿	金·天会(1123—1135年)	五间七架悬山	五铺作	国五
		平遥文庙大成殿	金·大定三年(1163年)	五间十二架歇山	七铺作	国五
	太谷	安禅寺藏经殿	宋·咸平四年(1001年)	三间四架歇山	四铺作	国六
		万安寺正殿	—	三间六架歇山	五铺作	已毁
		真圣寺正殿	金·正隆二年(1157年)	三间五架悬山	五铺作	国六
		宣梵寺正殿	—	五间八架悬山	五铺作	县
	寿阳	普光寺正殿	宋	三间六架悬山	四铺作	国六
	祁县	兴梵寺大殿	宋·天圣三年(1025年)	五间六架歇山	四铺作	国六
	榆次	永寿寺雨花宫	宋·大中祥符元年(1008年)	三间六架歇山	五铺作	已毁
		西见子村宣承院正殿	—	三间六架悬山	四铺作	省五
		庄子乡圣母庙圣母殿	—	三间四架悬山	五铺作	市
吕梁市	汾阳	太符观昊天上帝殿	金·承安五年(1200年)	三间六架歇山	五铺作	国五
		虞城村五岳庙五岳殿	金	三间五架悬山	五铺作	国六
	文水	则天庙圣母殿	金·皇统五年(1145年)	三间六架歇山	五铺作	国四
阳泉市	阳泉	关王庙正殿	宋·宣和四年(1122年)	三间六架歇山	五铺作	国四
	盂县	大王庙后殿	金·承安五年(1200年)	三间六架悬山	五铺作	国五
	昔阳	离相寺正殿	—	三间六架歇山	四铺作	国八

注:"国一"为第一批全国重点文物保护单位的简称,"省五"为第五批山西省文物保护单位的简称,其余皆准此简称方式。

　　砖雕墓中的仿木构形象是对木构建筑形制的重要补充,河南、晋东南与晋西南地区都保存有众多宋金时期砖雕墓。比较遗憾的是,晋中地区缺少仿木程度高的砖雕墓;仿木构形象较为细致的墓葬实例仅存有汾阳东龙观 M48 宋墓,M2、M5 金墓与汾阳高级护理学校 M5 金墓等,可供与地面建筑比对的仿木构形制点偏少,其中所体现的大木作形制也难以与同期地面木构对应。❷ 地上砖砌遗构中,仿木构形象比较突出的有太谷无边寺塔、寿阳西草庄塔,可资参考。此外,太原盆地以西的吕梁山区尚存有柳林香岩寺大殿和东配殿、兴东垣东岳庙正殿,与晋中地区遗构的形制、样式特点非常接近,可能曾受到晋中地区建筑技术的影响。

　　透过这些遗构、遗迹资料,可以串联起五代至金末元初晋中木构建筑发展、演变的脉络和谱系。通过

❶ 本表中文保单位公布年代来源于山西省文物局编《山西重点文物保护单位》(2006年未刊行版)。
❷ 山西省考古研究所,汾阳市文物旅游局. 2008年山西汾阳东龙观宋金墓地发掘简报[J]. 文物,2010(2):23-38.
　　山西省考古研究所,汾阳县博物馆. 山西汾阳金墓发掘简报[J]. 文物,1991(12):16-32.

研究可以发现晋中与周边地区存在技术交流，并可以进一步探究本研究时段内华北地区发生过的几次重要技术变革。

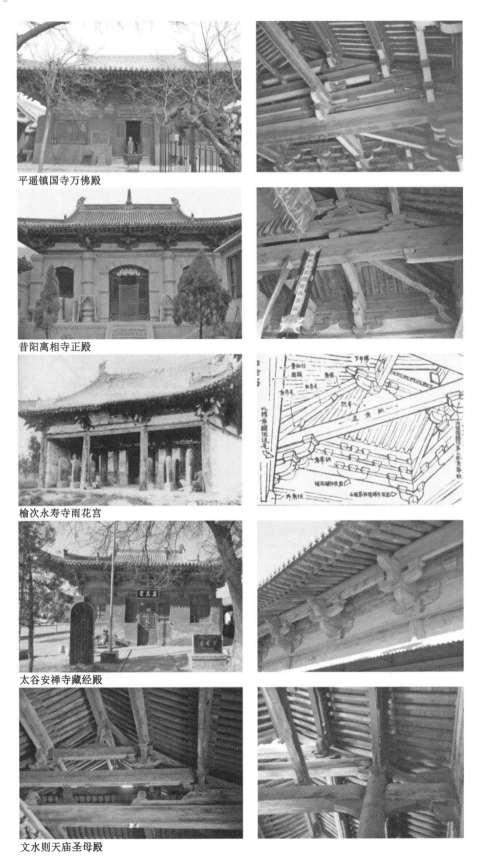

图 0.2　晋中地区五代宋金时期木构建筑形象概览之一

晋祠圣母殿

晋祠献殿

太谷万安寺正殿

寿阳普光寺正殿

榆次西见子村宣承院正殿

图 0.3　晋中地区五代宋金时期木构建筑形象概览之二

阳泉关王庙正殿

孟县大王庙后殿

清徐狐突庙后殿

汾阳虞城村五岳庙五岳殿

平遥慈相寺正殿

图 0.4　晋中地区五代宋金时期木构建筑形象概览之三

汾阳太符观昊天上帝殿

平遥文庙大成殿

阳曲不二寺正殿

太谷真圣寺正殿

清源文庙大成殿

图 0.5 晋中地区五代宋金时期木构建筑形象概览之四

0.3　研究问题与内容

0.3.1　研究问题

本书聚焦于木构建筑技术史范畴,希望解答这样的问题:在五代到金末的两百余年间,晋中地区木构建筑呈现出哪些特征,区别于其他地区的特点何在,曾经历过怎样的演变,引起这些演变的原因有哪些。为了探究这些问题,需要从木构建筑的"形制"与"技术"两方面寻找线索、展开讨论。

"形制"既包含形态、样式,也表达等级、次序、规制。形制是技术成熟后固化成的定制,形制的形成依赖于技术的长期演变;而固化过程则掺杂了包括统治者、业主、工匠在内的人的意识。固化为形制的技术,可以在很长一段时间内维持稳定状态。如,第三章第一节论及使用七铺作双杪斗栱的六处唐辽型遗构,屋架结构差异很大,但斗栱外跳形制却很接近,这种七铺作双杪斗栱已经成为高等级建筑斗栱的定制。再如,《营造法式》卷第三十一大木作制度图样中列举的殿堂、厅堂侧样,都是一定时期内通行的常用结构形式。此外,日本建筑史家所谓之"和样""禅宗样"建筑,不仅营造技术源于中国,建筑形制也深受唐宋时期中国建筑影响;《五山十刹图》就是赴宋日僧写仿江南禅宗寺院建筑各种形制的手抄图本,对日本禅寺伽蓝布局与建筑形制都产生了重要影响。

建筑形制的发展演变,有时与结构合理性产生矛盾。例如第四章第一节中论述晋祠圣母殿中的补间斗栱,并未起到辅助承槫的作用,反而成为结构负担。

"形制"一词所指甚广,大至宫殿、陵寝、寺庙等建筑群布局,小至官造杯盘器皿的形态,皆可以"形制"称呼。本书中讨论木构建筑的形制,主要从构架结构形式、构造组合方式、构件样式三个方面进行分析。

"技术"可以从狭义与广义两个层面表述,狭义的技术偏重操作层面的加工工艺、施工技术、结构构造做法等;广义的技术则可以指某地区的营造体系,还包括工匠意识、设计方法等内容。

在很多时候,同一个对象需要分别从"形制"和"技术"两个方面认识。例如,殿堂、厅堂、余屋是规模、构架组合方式不同的大木结构形式,近似于今日的结构选型问题,但在《法式》的编撰时代,已经成为关乎形制等级的问题,结构形式、檐下斗栱铺作数与房屋等级密切相关。再如榫卯,榫卯做法是木构技术的基本内容,而研究者对比不同地区木构技术谱系差异时,实际是抽取出榫卯形态要素,进行形制类型比较分析。

从"形制"与"技术"两个方面剖析古建筑,是由中国古代建筑自身特点决定的。木构建筑既是技术的产物,也包含有观念意识。强调技术,是由于任何一种层面的形制,都需要通过技术手段实现。深入到生产层面,还原古代营造技术和工艺,也是建筑技术史研究的目的之一。同时,强调形制,可以避免单纯以技术合理性的途径阐述古建筑演变的机制。本研究就围绕"形制"与"技术"这两方面内容建构理论框架,展开实证分析、历史考证和理论阐释。

0.3.2　研究内容

本研究计划解答晋中地区五代宋金时期木构建筑的地域特点与历时性变化的问题,笔者希望从有限的遗构中,窥探研究时段内木构建筑的一些情况。晋中地区保存的五代宋金时期遗构数量虽不算多,但兼具不同规模的官式与地方建筑,比较适合展开以下几个专题的讨论。

(1)建筑技术的地域差异与传播,讨论地域与技术的关联性,并以山西地区为例分析地域特征的表现形式。

(2)形制类型学与年代学,探讨适合晋中地区现存遗构的类型学和年代学研究方法,整理遗构的相对年代序列。

(3)官式与地方建筑的形制特点,从大木构架、构造组合、构件样式三个方面发掘晋中地区不同规制、等级建筑的地域特征,以及讨论演变趋势。

(4)独特的地方加工方式,选取典型构件,从生产层面深入剖析研究时段内的木构件加工方式。

0.4 晋中地区五代宋金时期建筑研究综述

1934 年 8 月,梁思成、林徽因夫妇应美国友人费正清、费慰梅夫妇之邀,赴晋汾一带考察,回程途中造访了太原晋祠,并摄影、略考建筑年代与结构。在林徽因先生与梁思成先生合著的《晋汾古建筑预查纪略》一文中,以轻松又不失严谨的笔调提及兼具"名胜"与"古迹"属性的晋祠建筑群,并对晋祠圣母殿、献殿、鱼沼飞梁的形制作了初步分析,认为三处重要早期遗构为北宋天圣年间建造较为可靠。❶ 1936 年 10、11 月间,梁思成先生率莫宗江、麦俨增二先生再次赴晋汾地区,测绘了太谷万安寺正殿和安禅寺藏经殿,这次测绘成果并未发表❷;梁思成先生在四川李庄时期所著《中国建筑史》中简略提及这两处早期遗构❸。1937 年 6 月,梁思成、林徽因、莫宗江、纪玉堂赴山西调查五台山佛光寺,等候省政府办理旅行手续期间,赴榆次调查和测绘永寿寺雨花宫,莫宗江先生在《山西榆次永寿寺雨花宫》一文中分析了雨花宫建筑的年代与结构特点❹。

1949 年以后,陆续有一些晋中地区早期遗构逐渐被学界熟识。祁英涛先生、杜仙洲先生、陈明达先生合著的《两年来山西省新发现的古建筑》介绍了几处晋中地区宋元遗构,包括平遥镇国寺万佛殿、平遥文庙大成殿、慈相寺塔、太谷光化寺大殿。❺ 柴泽俊先生数十年来致力于山西地区早期木构建筑的保护与研究,在《山西古建筑概述》一文中对山西地区重要古代建筑遗存作了系统梳理。❻ 近年来,李会智先生发表《山西现存元以前木结构建筑区期特征》❼,对山西各地区早期遗构作了比较全面的总结。太原理工大学朱向东教授团队也在近些年来开展山西早期木构建筑分区研究,开始关注建筑技术与地域、流域的关联,对晋东南、晋北、晋中北地区早期遗构展开研究,并指导学生完成一批硕士论文。

对于晋中地区重要早期遗构的专门研究包括,祁英涛先生所著《晋祠圣母殿研究》❽,柴泽俊等编著的《太原晋祠圣母殿修缮工程报告》❾,彭海先生所著《晋祠圣母殿勘测收获——圣母殿创建年代析》❿,李会智等先生针对晋中地区宋金时期遗构发表的多篇研究文章,及近年来清华大学刘畅等先生编著的《山西平遥镇国寺万佛殿与天王殿精细测绘报告》和相关论文⓫。

这些前辈工作成果的积累,为本书提供了可参考的基础资料,以及可供学习和借鉴的理论方法。2011 年东南大学建筑学院诸葛净、胡石老师主持开展指南针计划专项"中国古建筑精细测绘——晋祠圣母殿精细测绘"项目,此次测绘的有关成果,也成为本书的重要基础资料来源。笔者有幸参与此次精细测绘,在测绘与调查过程中,发现一些值得深入探讨的技术史问题,并由此引发对晋中地区五代宋金时期木构建筑地域特征的持续关注。对于晋中地区早期木构建筑个案的研究成果已经比较丰富,但尚缺乏系统的晋中地区建筑技术史研究,本研究正是希望弥补这一学术空白。

0.5 研究方法与田野调查过程

0.5.1 研究方法

实物研究是一项综合运用多种理论、方法、视角解决具体问题的工作,需要融汇建筑学、考古学、历史

❶ 梁思成,林徽因.晋汾古建筑预查纪略[C]//中国营造学社汇刊:第五卷第三期.北京:知识产权出版社,2006:12-67.
❷ 1936 年中国营造学社成员测绘太谷万安寺正殿、安禅寺藏经殿的测稿现藏于清华大学建筑学院资料室.
  林洙.中国营造学社史略[M].天津:百花文艺出版社,2008:126-132.
❸ 梁思成.中国建筑史[M].天津:百花文艺出版社,2005:246-247.
❹ 莫宗江.山西榆次永寿寺雨花宫[C]//中国营造学社汇刊:第七卷第二期.北京:知识产权出版社,2006.
❺ 祁英涛,杜仙洲,陈明达.两年来山西省新发现的古建筑[J].文物参考资料,1954(11):37-84.
❻ 柴泽俊.柴泽俊古建筑文集[M].北京:文物出版社,1999:32-64.
❼ 李会智.山西现存元以前木结构建筑区期特征[C]//李玉明.2010 年三晋文化研讨会论文集.太原:三晋文化研究会,2010.
❽ 祁英涛.晋祠圣母殿研究[J].文物季刊,1992(1):50-68.
❾ 柴泽俊,等.太原晋祠圣母殿修缮工程报告[M].北京:文物出版社,2000.
❿ 彭海.晋祠圣母殿勘测收获——圣母殿创建年代析[J].文物,1996(1):66-79.
⓫ 刘畅,廖慧农,李树盛.山西平遥镇国寺万佛殿与天王殿精细测绘报告[M].北京:清华大学出版社,2013.

学、结构学、材料学等多种学科的知识与方法。

本书在研究中,基础资料获取方法包括精细测绘与调查、相关文献检索与阅读。研究中运用的理论、方法、视角包括:考古学分区理论、形制年代学方法、类型学方法、古建筑尺度研究的视角与方法、加工痕迹复原的视角。

0.5.2　田野调查过程

2011年至2012年间,笔者参与东南大学指南针计划专项"中国古建筑精细测绘——晋祠圣母殿精细测绘"项目,多次赴晋祠调查、搜集材料。自2010年年底至2015年年初,笔者对晋中地区早期木构建筑作了多次调查,对一些尚无研究成果和测绘资料发表的遗构作了测绘,并绘制测绘图,由此,尽可能多地掌握了第一手材料。在此期间,笔者与研究室师生先后对晋中、晋东南、晋中北、晋西南、河南等地区早期木构建筑作了多次区域调查,并结合南方地区宋元时期木构建筑精细测绘的成果,逐渐关注到早期木构建筑的地域差异和营造技术的区域间传播问题,对晋中地区早期遗构地域特征的认识也更加明晰(表0.2)。

表0.2　晋中地区宋元时期古建筑调查记录(2010—2015年)

时间	调查对象	工作内容
2010年12月	平遥镇国寺万佛殿	现场调查、草测、摄影
2010年12月	平遥慈相寺正殿、文水则天庙圣母殿、汾阳太符观昊天上帝殿、清源文庙大成殿	现场调查、摄影
2011年3月 2011年8月 2012年4月 2012年8月	晋祠圣母殿、献殿、鱼沼飞梁	精细测绘、三维激光扫描、摄影、绘制测绘图
2011年3月	太谷安禅寺藏经殿、太谷无边寺塔	现场调查、摄影
2012年2月	阳曲不二寺正殿、清徐狐突庙后殿、祁县兴梵寺大殿	现场调查、摄影
2012年7月	西见子村宣承院正殿、太谷宣梵寺正殿、庄子乡圣母庙圣母殿	现场调查、摄影、绘制测绘图
2012年7月	阳曲不二寺正殿、清徐狐突庙后殿、寿阳普光寺正殿、阳泉关王庙正殿、盂县大王庙后殿、虞城村五岳庙五岳殿、太谷真圣寺正殿、太谷光化寺正殿	现场调查、摄影
2012年10月	清徐狐突庙后殿、寿阳普光寺正殿、阳泉关王庙正殿、盂县大王庙后殿、虞城村五岳庙五岳殿、太谷真圣寺正殿、太谷光化寺正殿、祁县兴梵寺大殿	现场调查、草测、摄影
2014年7月	昔阳离相寺正殿、太谷宣梵寺正殿、庄子乡圣母庙圣母殿、柳林香严寺东配殿、兴东垣东岳庙正殿、窦大夫祠西朵殿、子洪村汤王庙正殿	现场调查、摄影、绘制测绘图
2015年2月	清源文庙大成殿、清徐香岩寺、窦大夫祠西朵殿	现场调查、草测、摄影

0.6　研究内容与框架

针对于前文归纳的研究问题,本书包括四部分论述,分为六章(图0.6)。

第一部分:区域视角下的早期木构建筑。

第一章是关于营造技术与地域之间关联关系的讨论。探究地域差异形成的原因和表现形式;并以山西地区为例,分析山谷盆地地形与建筑形制分区的关系;从自然地理、沿革地理、古代交通三个方面论述晋中地区如何成为一个可供研究的地理单元。

第二部分:类型学与年代学分析。

第二章首先讨论了适合晋中地区早期木构年代分析的研究方法。运用考古类型学方法,根据构件样式特征进行类型分析,将晋中地区五代宋金时期木构建筑分为若干型,并讨论各种型式遗构始建年代的年代区间。由此可以推测一些缺乏年代信息的遗构的始建年代,并对若干遗构的文保单位公布年代提出质疑。

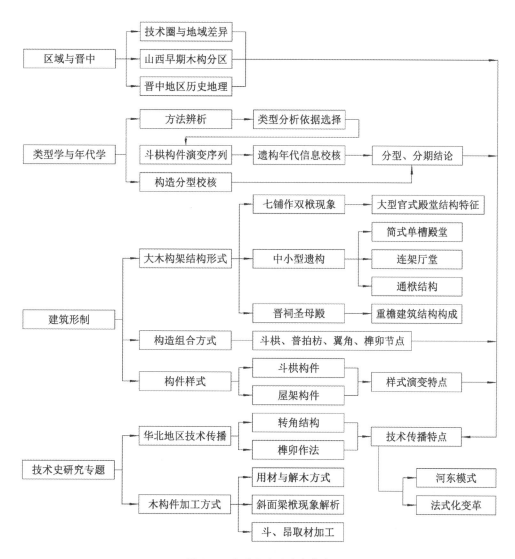

图 0.6 本书研究内容与框架

第三部分:建筑形制分析。

第三章与第四章分别从大木构架类型、构造组合、构件样式等方面展开讨论,对晋中地区木构建筑的典型形制与样式进行深入分析。晋中地区保存的多种规模和等级的建筑实例,有助于全面揭示研究时段内典型形制的演变特点。

第四部分:技术史专题。

第五章与第六章是专题研究,分别讨论华北地区技术传播和晋中地区木作加工技术。

第五章分为转角结构和榫卯类型两个专题。通过转角结构类型分析,可知递角栿型与平置角梁型分别源自晚唐五代官式与北宋官式建筑,于不同时期向山西地区传播,在不断影响地方建筑的转角结构做法的同时也发生了简化。《营造法式》中记载的各种营造技术(后文中称为"法式技术")体现了北宋后期都城汴梁地区的营造技术特点,在法式技术的传播过程中,伴随着构件样式的传播,法式榫卯技术也在华北地区普及。结合第二章类型研究结论,可以梳理出五代宋金时期华北地区技术传播的模式,并分析法式技术在山西地区传播的历史原因。

第六章以木构件表面的特殊材质肌理为线索,对一些木构件加工方式进行复原,这一章研究是笔者希望将研究深入到生产加工层面的尝试。从构件加工的角度解释用材规格不统一现象、斜面梁栿现象,并对小斗与假昂的制作进行讨论。

1　区域视角下的唐宋时期木构建筑与晋中地区

1.1　唐宋时期木构建筑形制与技术的地域差异

中国古代建筑的发展与演变是多重线索交织、多个地区互动的历史进程,而并非单线、一元的演进过程。对研究对象所处的时间与空间维度的限定,是深入研究古代建筑技术史的必要条件。如果将时间与空间要素压缩在一个平面内,则无法还原出更为丰富的历史真实,对历史事物和现象的解读也会出现偏差。分时段研究是现代建筑历史学科兴起以来一直沿袭的学术传统,随着大量古代建筑遗构被发现,区域视角与分区研究方法也逐渐被引入建筑历史研究领域。分区研究是考古学研究的基本方法,关注具有某种形制特征的古代遗迹、遗存或遗物的地域分布范围,进而讨论区域之间的影响。分区讨论也是深入研究唐宋时期建筑技术史问题的前提和基础。研究案例所处地理单元的细分,有助于发现营造技术的区域间差异;结合时间维度的考察,还可以探究营造技术在区域间的传播历程。

关于建筑形制、技术的区域差异与分区方面的研究一直是学界关注的重点。20 世纪 80 年代,潘谷西先生极具洞见地提出《营造法式》与江南地区技术具有密切联系。[1] 傅熹年先生关于官式建筑与地方传统的讨论中,已经论及南北差异、宋辽差异、宋金差异,并认为北宋官式是吴越地方技术北传后,与汴梁地区北方传统融合后形成的。[2] 朱光亚先生根据对明清时期建筑案例的调查,提出了明清时期建筑技术谱系和分区,并指导学生对南方地区多个区域的营造技术谱系展开研究。[3] 东南大学建筑研究所张十庆教授团队选取江南地区宋元时期木构建筑为研究对象,总结华北地区以外早期木构建筑的区域特征和技术特点。[4] 北京大学考古文博学院徐怡涛教授团队近年来对山西、河南、四川等地区宋元时期遗构展开形制年代学研究,研究亦涉及形制的区域比较、区域间的影响。几代学者的研究,由发现地域差异并意识到技术的传播与融合,进而以营造技术分析、年代学分析将地域特征系统地呈现出来。本节则是以营造技术与人、地域相关联的视角,讨论唐宋时期建筑形制地域差异的形成原因与表现形式。

1.1.1　营造技术圈与地域差异

1. 地域特征:技术与空间的关联

由于自然地理、气候环境与建筑材料的差异,各地古代建筑呈现出各自独特的地域特征,各地也都保存有不同的传统营造技术。建筑形制的地域差异古已有之,从汉代明器反映的建筑形象看,北方地区多为土木混合结构,南方地区则多采用全木结构。[5] 虽然历史上多次出现过南北营造技术交融,如起源于南方的歇山顶形式被北朝写仿并广泛流传[6],但现存较早的唐宋时期遗构仍然存在极为明显的地域差异。

根据华北地区现存的上百处唐宋时期木构建筑案例,以及为数众多的砖石建筑中的仿木构形象,结合

---

❶　潘谷西.《营造法式》初探(一)[J].南京工学院学报,1980(4):35-51.

❷　傅熹年.试论唐至明代官式建筑发展的脉络及其与地方传统的关系[J].文物,1999(10):81-93.

❸　朱光亚.中国古代建筑区划与谱系研究初探[C]//陆元鼎,潘安.中国传统民居营造与技术:2001 海峡两岸传统民居营造与技术学术研讨会论文集.广州:华南理工大学出版社,2002:5-9.

　　朱光亚.中国古代木结构谱系再研究[M]//刘先觉,张十庆.建筑历史与理论研究文集:1997—2007.北京:中国建筑工业出版社,2007:150-158.

❹　张十庆.中国江南禅宗寺院建筑[M].武汉:湖北教育出版社,2001.

❺　傅熹年.中国科学技术史:建筑卷[M].北京:科学出版社,2008:180.

❻　王其亨.歇山沿革试析——探骊折扎之一[J].古建园林技术,1991(1):29-32.

壁画、绘画作品中的建筑形象,可以勾勒出晚唐至元代初年华北地区建筑的基本面貌。随着近年来研究者对南方、西部地区宋元时期建筑研究的深入开展,学界逐渐认识到华北地区以外存在多个不同建筑形制特征的区域。

在本书研究的时间段内,几种典型的形制特征往往以组合的形式共同出现在特定的地域范围内,与其他地区常见形制组合形成明显的差别,构成该地域内典型的建筑形制特征。也就是说,特定的建筑形制是与一定的地域空间密切关联的。研究者分别梳理不同地区的典型建筑形制,经过比较就可以发现不同地区之间的差异。以下举三个例子进行说明:

江南地区流行面阔三间、进深三间的"井"字厅堂,是中小型歇山殿宇的常用结构形式。北宋遗构宁波保国寺大殿、甪直保圣寺大殿,元代建筑金华天宁寺大殿、武义延福寺大殿、杨湾轩辕宫正殿、上海真如寺大殿,明代所建的南通天宁寺大殿等,都使用此种"井"字厅堂结构形式,而在其他地区却不曾出现。保国寺大殿和众多北宋时期江南砖身木檐塔的砖仿木构形象中,很多构造形制、构件样式与《法式》所述形制接近,并且早于《法式》刊行年代,在同期的北方建筑中并未见到。如,斗栱配置方面,明间使用两朵补间斗栱;斗栱构造中,栌斗常作成讹角斗、圆栌斗、瓜楞形栌斗,五代十国时期已出现琴面昂、扶壁重栱,北宋前期已形成散斗、交互斗、齐心斗相区别的小斗组合,斗栱后尾出上昂等;屋架中普遍使用月梁,月梁插入内柱柱身处加丁头栱承月梁后尾,与《法式》大木作图样中反映的做法一致❶,同期华北地区遗构中也未曾见到。木作营造技术发达的江南地区,不仅与《法式》发生紧密联系,江南营造技术也经由禅宗东传与民间往来而输入日本,形成"禅宗样"建筑样式。❷

福建地区华林寺大殿与莆田元妙观三清殿是侧样形式接近的厅堂结构,外檐斗栱昂后尾承下平槫,昂尾压在内柱头斗栱华栱下,内柱头比檐柱头升高五足材,檐柱头至四椽栿下皮的高度是以材栔尺寸计算、控制的。构件样式层面的特点尤为突出,如月梁与阑额大多用圆作,大量使用梭柱、瓜楞柱,昂嘴用独特的三弯曲线,斗构件底部凸出斜楞作皿斗,这些特征都是华北、江南地区所少见的。福建地理形势与外界隔绝,其建筑形制与周边的江南、岭南地区差异明显,却经由海上贸易线路,对朝鲜半岛柱心包、日本大佛样建筑产生影响。因此,对于沿海的福建地区的区系审视,又增加了一重东亚视角。❸

近年来引起学界关注的山西万荣稷王庙正殿,外檐斗栱使用了上卷型平出昂,这种栱头加工做法在关中、陇东、四川的木构建筑与砖仿木构形象中较为常见,而在山西其他地区、河北等地却不见踪迹。❹ 这一典型构件样式细节提示我们,西北和西南地区存在与中原、山西不同的建筑形制区系。晋西南临汾、运城地区保存的数座宋元时期木构建筑,华栱头作上卷形平出昂、昂状令栱、蜀柱头置普拍枋等形制样式特征,在山西其他地区并不显著,而是与陕西地区遗构较为相似。❺ 万荣县所在的运城地区,北宋时属永兴军路管辖,与京兆府(长安)同属一路,自古以来与关中交流密切,蒲津渡、风陵渡、龙门渡皆是晋陕之间重要的通道。从汉语方言分区方面观察,山西省大部分地区为晋语区,仅西南部的临汾、运城地区不属于晋语区,而是中原官话汾河片。❻

2. 技术圈:空间对技术流动的限定

建筑形制的地域差异,很大程度上是由于不同地域工匠掌握不同技艺决定的。地域特征其实是特定的技术与地域相关联,掌握相同技术的工匠群体被限定在一定的地域范围内,形成了"工匠—营造技术—

❶ 梁思成.营造法式注释[M]//梁思成.梁思成全集:第七卷[M].北京:中国建筑工业出版社,2001:438,455-457.

❷ 张十庆.中国江南禅宗寺院建筑[M].武汉:湖北教育出版社,2002.

东南大学建筑研究所.宁波保国寺大殿:勘测分析与基础研究[M].南京:东南大学出版社,2012.

❸ 傅熹年.福建的几座宋代建筑及其与日本镰仓"大佛样"建筑的关系[J].建筑学报,1981(4):68-77.

张十庆.从样式比较看福建地方建筑与朝鲜柱心包建筑的源流关系[J].华中建筑,1998(3):111-119.

谢鸿权.东亚视野之福建宋元建筑研究[D].南京:东南大学,2010.

❹ 徐怡涛.论碳十四测年技术测定中国古代建筑建造年代的基本方法——以山西万荣稷王庙大殿年代研究为例[J].文物,2014(9):91-96.

徐新云.临汾、运城地区的宋金元寺庙建筑[D].北京:北京大学,2009.

❺ 徐新云.临汾、运城地区的宋金元寺庙建筑[D].北京:北京大学,2009:124-125.

❻ 沈明.晋语的分区(稿)[J].方言,1986(4):253-261.

建筑形制—地域"四者的重合。工匠群体的活动范围,即工匠技术的使用范围,构成了一定时期内特定的"技术圈";建筑形制的地域差异,实际就是由于地理格局和匠籍制度限制了古代工匠的流动而形成的。讨论地域特征的成因,需要找到限制工匠流动的各种因素,本书试列举三点。

(1) 自然地理局限形成的基层经济区

在交通不发达的古代社会,自然地理环境成为限定工匠活动范围的主要因素。由山川、河湖限定的平原、盆地、流域等地域范围内,存在自然地理特征的相似性与均一性,便于农业生产管理和水利建设,有利于农业经济的发展,容易形成市场网络,其实就构成了基层经济区。在山西、浙江、四川等山地较多的地区尤为明显,一个基层经济区少则一二县,多则数县;作为基层经济区和最基层政区的县级行政区划通常比较稳定。由自然地理局限形成的基层经济区风俗文化接近,造房业主对建筑形制和工匠技艺的需求也比较接近。

(2) 军匠和差雇民匠

军匠和差雇民匠是营造工程的主要劳动力,这两种工匠受匠籍限制无法在区域间自由流动。这一时期内,从事营造业的各种工匠中,具有流动性的雇匠的比例较少。❶

(3) 大陆王朝疆界、割据势力范围限定

五代十国至元初的四百年间,相继出现数个政权并存的格局,技术流动受到政权疆界的限制。五代十国是从晚唐藩镇割据演变而来,由于存在一些地方割据势力而阻断了营造技术流动的情况,则可上溯至中晚唐时期。例如,河北强藩与唐朝中央对立,河北地区形成独立的政治经济区;据严耕望先生考证,唐中叶以后河北藩镇跋扈,常有军乱,导致太行东麓驿道受阻,河北北部幽州与长安之交通须北出居庸关、取蔚州雁门道。❷ 辽与北宋对峙、共存,导致幽云十六州与华北、南方交流被阻断,一定程度上切断了彼此之间的技术交流;宋地建筑风格趋向"醇和"的同时,辽地建筑则延续了唐代建筑"豪劲"的风格。

3. 技术的区域间传播

传统社会技术传播主要依靠掌握技术的工匠在地区间流动,而晚唐以后社会流动性增强为营造技术在地区间传播提供了便利。

文献中有关于调拨各地工匠赴汴梁参与皇家建筑营造工程的记载。各地工匠在都料匠指挥下共同工作,其实是多种地方建筑技术与官式建筑技术融合的过程;这些工匠返回故里,则带回了本地区以外的技术。如《宋朝事实》载:"大中祥符元年,增宫名曰玉清昭应。凡役工日三四万,发京东西、河北、淮南州军禁军调诸州工匠。"❸ 宋金文献中有关于都料匠、大木匠调动的记载,较为著名的是浙江工匠喻皓:"开宝寺塔在京师诸塔中最高,而制度甚精,都料匠预浩(笔者注:即喻皓)所造也。……国朝以来木工一人而已,至今木工皆以预都料为法。"❹

民间工匠流动,是基层社会中最常见的技术传播方式。由战争与灾荒等原因引起的被动人口迁徙,最易造成各地营造技术的突变。此外,敕建活动也会造成官式技术与地方技术融合,虽很难得知唐宋时期的情况,但现存明清时期各地敕建建筑往往与当地传统建筑形制存在差异。例如五台山塔院寺天王殿、大慈延寿宝殿、藏经阁为万历十年(1582 年)敕建,绍兴大禹陵仪门为雍正十一年(1733 年)敕建,都采用明清官式做法,而非当地传统做法,但在局部构造细节融入一些地方做法。

纵观东亚三国古代营造技术的交流,还存在飞鸟样式模式、东亚三都"珍珠链"模式、五山十刹图模式、海商模式等。❺

4. 特殊的地域性:汴梁官式建筑

汴梁为北宋都城,汴梁地区官式建筑的营造工程受将作监管理。在宋金时期,"官"并非官府,而是专

---

❶ 包伟民. 传统国家与社会:960—1279 年[M]. 北京:商务印书馆,2009:166-209.

❷ 严耕望. 唐代交通图考:第五卷 河东河北区[M]. 台北:"中央"研究院历史语言研究所,1986:1368.

❸ (宋)李攸. 宋朝事实:卷七[M]. 上海:商务印书馆,1935:107.

❹ (宋)江少虞. 新雕皇朝类苑:第五十二卷[M]. 活字印本. 日本,1621.

❺ 谢鸿权. 东亚视野之福建宋元建筑研究[D]. 南京:东南大学,2010:159-160.

指"皇家",称皇帝为"官家",烧造专供皇家使用瓷器的窑厂称为"官窑";最高等级的皇家建筑即被称为官式建筑,包括宫殿、苑囿、陵寝等皇家建筑与敕建寺观等高等级宗教建筑。根据对明清官式建筑的研究可知,官式建筑体系是以都城所处地区营造体系为基础,融合各地技术而成。由于官式建筑流行于都城所在地区,因此也具有地域性。根据对宋代工匠类型和差役制度的研究❶,官式建筑与民间建筑营造活动并非彼此隔绝,相互之间存在技术的流动与融合。晚唐以降,在官修建筑营造工程中,除军匠、官匠外,民匠轮番受雇于官府,民匠的参与使得官式技术与民式技术相互交流、融合非常便利。

1.1.2 山西省地理格局与建筑形制分区

在保存唐宋时期木构建筑最密集的山西省,除了前述晋西南地区,其他地区之间也存在明显的地域差异。山西省建筑形制分区与其独特的自然地理格局密不可分。

按照1994年杨子荣先生发表的《论山西元代以前木构建筑的保护》一文的统计,山西省保存的唐五代辽宋金时期木构建筑共137座❷,加上20多年来陆续发现的数10座早期遗构,形成了较为可观的遗构数量。这些遗构比较集中地分布于五大区域——晋北、晋中北、晋中、晋西南、晋东南地区。五大区域的形成受地理形势所限定,太行山、吕梁山、管涔山、太岳山等山脉将山西划分成多块盆地,每块盆地中流经的主要河流冲击形成地势平坦的冲积平原,自北向南分别是:晋北—大同盆地—桑干河流域,晋中北—忻定盆地—滹沱河流域,晋中—太原盆地—汾河中游流域,晋西南—临汾盆地、运城盆地—汾河下游、涑水河流域,晋东南—长治盆地、晋城盆地—浊漳河、丹河、沁河流域。❸ 这些山脉之间的盆地地势平坦,又有主要河流及支流可供农耕灌溉之用,自古以来形成了较为稳定的经济文化发达地区。现存早期木构建筑主要分布于这五大区域以及周边邻近山地,基本形成山西地区早期木构建筑的五大形制分区。相对封闭的山谷盆地环境便于形成地域特征,同一区域的建筑在形制、样式、工艺做法方面表现出许多共同特征。五大区域之间有古代道路相互连通,各地

晋北地区
大同盆地
桑干河流域

晋中北地区
忻定盆地
滹沱河流域

晋中地区
太原盆地
汾河中游流域

晋东南地区
长治、晋城盆地
浊漳河、丹河、沁河流域

晋西南地区
临汾、运城盆地
汾河下游、涑水河流域

图 1.1 山西地理格局

区保持各自地域特征的同时,也存在相邻地区间的技术传播(图1.1)。

"山川形便"是隋唐两代划分行政区的基本原则,使行政区划与自然地理格局相一致,五代辽宋金时期地方行政区划基本沿袭唐代区划,新置的州、军边界也依照山川地形划分。❹ 这种与自然地理格局吻合的政区,有助于加强对地理环境相近地区的管理,也有利于同一地区内营造技术的融合。因此,综合考察山

❶ 包伟民.传统国家与社会:960—1279年[M].北京:商务印书馆,2009:166-209.
❷ 杨子荣.论山西元代以前木构建筑的保护[J].文物季刊,1994(1):62-67.
❸ 李孝聪.中国区域历史地理[M].北京:北京大学出版社,2004:160-164.
❹ 周振鹤.中国地方行政制度史[M].上海:上海人民出版社,2005:226-249.

形水系和古代行政区划,由北向南依次为:❶

(1)晋北地区,以桑干河流域的大同盆地为中心,辽代为西京道,金代为西京路,包括大同、朔州、应县等地。

(2)晋中北地区,由恒山、云中山、五台山、系舟山围合而成,以滹沱河流域忻定盆地为中心,宋金时期为忻州、代州,包括忻州、代县、定襄、五台等地。❷

(3)晋中地区,位于山西中部太行山与吕梁山之间,以汾河中游的太原盆地为中心,宋金时期为太原府、汾州、平定军,包括太原、汾阳、阳泉、平遥、文水等地。

(4)晋西南临汾地区,以汾河下游的临汾盆地为中心,宋金时期属晋州(平阳府)、绛州,包括临汾、洪洞、新绛、稷山等地。晋西南运城地区,以涑水河流域的运城盆地为中心,北宋时为永兴军路管辖的河中府、解州、陕州,金代为河东南路管辖的河中府、解州,包括运城、绛县、闻喜、夏县等地。

(5)晋东南长治地区,以浊漳河流域的长治盆地为中心,北宋为隆德府,金代为潞州,包括长治、潞城、长子、平顺等地。晋东南晋城地区,以丹水流域的晋城盆地和沁水流域的阳城盆地为中心,宋金时期为泽州,包括晋城、阳城、高平、陵川等地。

五大主要建筑形制区周边的广阔山区也分布有一些早期遗构。山区往往处于相邻若干主要建筑形制区的交叉影响范围内,容易兼容多个地区的建筑样式和做法,例如,盂县、阳泉所处的晋东太行山区,与忻定盆地、太原盆地和华北平原的正定地区相邻,这个地区现存的几处遗构兼具周边地区的特征。有些山区也可能自成一区,典型如太行、太岳山的榆社、武乡、沁县,宋金时期属威胜军(沁州)、辽州;太岳山脉是汾河与浊漳河、沁河的分水岭,此三县在地理格局上属于晋东南边缘地区,同时与太原盆地毗邻,是晋东南与晋中交流的主要通道;古代官道即由沁县过护甲岭(今称"分水岭")、盘陀驿(今祁县来远镇盘陀村)至祁县、徐沟、太原;北宋熙宁五年(1072年),日僧释成寻赴五台山参佛即由此经过,并记录于《参天台五台山记》中❸。榆社、武乡、沁县三县宋元时期建筑表现出一些有别于晋东南地区建筑形制的本地形制特征,如大内额减柱做法、前内柱通高的连架厅堂结构等。

要之,山西地区不仅存在主要建筑形制分区,也存在一些边缘地区,只有开展专门的分区研究,才能把握不同地区的地域特征和演变脉络。

1.1.3　地域差异的表现形式

1. 地方特有做法

由于各区域保存遗构数量不同,为了便于进行分析比对,选取相邻的晋中、晋东南、晋中北地区进行对比,这三个地区内木构案例分布较为集中,可以发现各地区遗构都具有一些区别于其他地区的典型形制。以下列举若干典型的形制:

(1)斜栱

补间斗栱用斜栱的做法在晋中北滹沱河流域的宋金建筑中非常普遍,斜栱形制特点与正定隆兴寺摩尼殿非常接近。晋东南地区宋构仅南吉祥寺正殿用斜栱,一些金代遗构多是仅在前檐明间补间位置用斜栱。而在晋中太原盆地的宋金建筑中很少使用斜栱,晋中以东太行山区的阳泉关王庙正殿与盂县大王庙后殿用斜栱,形制与相邻的正定和晋中北地区相近,很可能是技术传播的结果。

(2)大内额

大内额减柱法是晋中北地区金代至元明时期常见的减柱做法,使用大内额的遗构包括金构繁峙岩山寺正殿,元构五台广济寺正殿、原平惠济寺大殿和明构崞阳文庙大成殿等,金构佛光寺文殊殿甚至用组合

❶　本文选用案例大多为宋辽金时期遗构,故不述各区域唐五代时期行政建置。

❷　通常文化地理划分,对滹沱河流域忻定盆地、五台山区的认定存在两种认识,既有认为是晋北,也常被认为是晋中,古代行政区划也不稳定;元、明两代,这一地区与太原盆地同属冀宁路、太原府;1958—1961年间,与大同、朔州地区同属"晋北专区"。然而不论是文化风俗或是建筑技术,滹沱河流域都与晋北、晋中地区存在明显差异。

❸　释成寻.参天台五台山记[M].白化文,李鼎霞,校点.石家庄:花山文艺出版社,2008:6.

式内额;晋东南地区仅有金构高都景德寺正殿用大内额;而晋中地区宋元时期遗构都不用大内额,仅太谷光化寺正殿用类似大内额作用的大丁栿(晋东南地区的金构高平开化寺观音殿和晋中地区的元构平遥文庙敬一亭用大檐额,不能视为大内额做法)。

(3)四边抹棱石柱

晋东南地区宋金建筑常用四边抹棱石柱作檐柱,柱上常作各种化生童子、宝相花、莲花、龙等题材线刻纹样;但在晋中地区仅金构太谷宣梵寺正殿前檐柱用素平无雕饰的四边抹棱石柱,宋构西见子村宣承院正殿前檐两平柱与两前内柱用四边抹棱木柱;而在晋中北地区宋金木构案例中几乎全用圆木柱。

(4)栱头出峰

斗栱华栱前端出峰、所承交互斗也做成五边形斗的做法,仅在晋东南地区可见。

以上论述主要是基于几个典型地区木构建筑结构与构件样式的比较进行分析,可以发现,早期木构建筑具有差异明显的典型地域特征。经笔者调查发现,一些地域特征甚至可以延续到明清时期。因此,分别针对各地区(尤其是对保存早期遗构较多的地区)展开专门研究是非常必要的。

2. 地区间发展不同步

相邻地区的建筑虽然各具地域特征,但在形制演变方面也表现出共同性,同一演变进程在地区间发展的不同步,在一定时期内也产生了地域差异。《法式》刊行于 12 世纪初,山西地区宋金之际木构建筑做法受《法式》影响而出现一定程度的趋同现象,后文讨论中将这种变化称为建筑形制的"法式化"变革。然而,选取位于不同地区但都建造于 1120 年代的几处木构案例,比较几个遗构的斗栱构造与构件样式,并以少林寺初祖庵正殿与《法式》规定的斗栱形制作为比照的参考依据,可以发现,在不同区域内的建筑发展是不同步的:邻近北宋统治中心的晋东南地区的陵川龙岩寺大殿已经体现出法式型斗栱所具有的一些特点,而在更北方的两处木构案例仍然延续了该地区北宋时期的样式(表 1.1)。根据对其他案例的分析,晋中地区木作工艺法式化变革大致是在金代中后期完成的,晋中北地区则可能更滞后一些。

表 1.1　公元 1120 年代木构建筑案例比较

木构案例	定襄关王庙正殿	阳泉关王庙正殿	陵川龙岩寺正殿	少林寺初祖庵正殿	法式型
建造年代	宣和五年(1123 年)	宣和四年(1122 年)	天会七年(1129 年)	宣和七年(1125 年)	崇宁二年(1103 年)
地区	晋中北	晋中东部太行山区	晋东南	河南	汴梁
柱头昂	批竹琴面昂/真昂	—	琴面昂/假下昂	琴面昂/插昂	琴面昂
明间补间	1 朵/斜栱	1 朵	2 朵/下昂挑至下平槫	2 朵/下昂挑至下平槫	2 朵
扶壁栱	单栱素枋	单栱素枋	重栱素枋	重栱素枋	重栱素枋
横栱长度	泥道栱>令栱	泥>令>瓜	令>泥>瓜	令>泥=瓜	令>泥=瓜
散斗斗型	面宽>进深	面宽>进深	近似方形	法式型	宽 14 分°,深 16 分°,高 10 分°
要头样式	—	楂头/批竹昂/卷云	爵头	爵头	爵头

3. 时代特征转化为地域特征

还存在一种情况,某种曾在多个地区普遍流行的形制,在被后一个时期的主流形制取代后,仍会在某些地区延续较长时段,这种具有时代特征的形制就转化为代表该地区典型地域特征的形制。最为典型的例子非平出式假昂莫属,这种北宋时期最为流行的假昂做法,在大多数地区金元时期建筑中就不多见了,取而代之的是下折式假昂;而在晋中地区明代遗构中还可见到平出式假昂,成为晋中地区最具代表性的构件样式之一。

1.1.4　小结

根据本节研究可知,在建筑技术史研究中,除了要考量时间标尺,还需要重视空间标尺。汴梁、山西、关陇、江南、福建的宋金时期建筑都表现出差异明显的形制特征,针对这一时段建筑遗构的研究,需要寻找适合的研究、表述模式。因此,本书选定五代宋金时期的晋中地区作为研究的时空范围,希望尝试探索典型地区建筑技术史研究方法,在下一节中论述晋中地区成为典型研究区域的历史地理因素。

1.2　关于晋中地区的历史地理学考证

本书所关注的晋中地区并非现今的晋中地级市，而是指山西省中部太原盆地和周边山区，以及太原盆地以东太行山区的阳泉地区。这一区域分属当前行政区划中的太原市、晋中市、吕梁市、阳泉市❶；而若对照唐五代宋金时期行政区划，可以发现这个地理范围恰与唐五代时期的太原、汾州统辖范围相重合；宋金时期从太原府中分出平定军(州)，这些城镇在宋金时期分别为太原府、汾州和平定军(州)统辖。在现代行政区划中，清源、徐沟(与清源县合并为清徐县)、平晋(今晋源区、小店区)属太原市，交城、文水、西河(汾阳)、孝义属吕梁市，太谷、祁县、平遥、介休、榆次、寿阳、乐平(昔阳)属晋中市，盂县、平定属阳泉市。本节即是通过引用各种材料，从自然地理、沿革地理、古代交通地理这三个方面，分析晋中地区成为一个独立建筑形制分区的历史地理学背景。

1.2.1　封闭内向的地理形势

太原盆地，又称晋中盆地，是由汾河冲积、湖积形成的，东部为太行山脉，东南为太岳山脉，西部为吕梁山脉。北部石岭关以北是山西中北部的忻定盆地，南部韩侯岭、雀鼠谷以南是晋西南的临汾盆地。东西两侧以断层崖与山地相接，盆地呈东北—西南向分布。城镇临近汾河及其支流，盆地边缘山麓多泉水涌出，灌溉方便，为古代农业发展提供了有利条件。汾河主要支流包括文峪河、潇河、昌源河、象峪河、乌马河等。❷

晋中地区城镇呈环状分布于盆地边缘。根据文献可知，古代大湖昭余祁位于晋中盆地中南部，汇集汾河及支流，约在今介休以北，平遥、祁县、太谷以西，文水、汾阳以东，方圆数百里，是当时山西境内最大的湖泊。昭余祁古湖在汉已被淤割成若干个小湖泊，在元代以前已湮废消失，但其原占据的大片湖身仍为低洼区域。❸ 在明、清时期，这一区域仍是洪水泛滥、河道变迁的多发区。❹ 正是由于古代河湖变迁、汾河中游改道频繁，县城选址往往远离太原盆地中部汾河干流，而是临近汾河支流且地势较高处。由此，可将太原盆地城镇分为东线与西线，古代驿路就是连接这些城镇的环形古道。东线城镇包括：榆次、太谷、祁县、平遥、介休；西线城镇包括：清徐、交城、文水、汾阳、孝义。

太原盆地以东阳泉地区为太行山区，主要城镇包括阳泉、盂县、平定、昔阳、寿阳等。阳曲地区的主要河流为桃河与温河，合流后最终汇入滹沱河，属海河水系。之所以将东部太行山区纳入研究地域范围，是由于唐、五代时期，这一地区行政建置归属于太原府，宋金时期分属太原与平定军(州)；这一地区的宋金时期建筑形制与太原盆地非常接近，是晋中地区主要影响的地区。

太原盆地与周边山区，以及太原盆地以东太行山区的阳泉地区，就构成了本书关注的晋中地区，这一

❶　太原市政府门户网站，网址：http://www.taiyuan.gov.cn/。现辖小店区、迎泽区、杏花岭区、尖草坪区、万柏林区、晋源区、清徐县、阳曲县、娄烦县、古交市。

晋中市政府门户网站，网址：http://www.sxjz.gov.cn/。1949 年 9 月，山西省人民政府设立榆次区行政督察专员公署，称榆次专区。1950 年 8 月，改称山西省人民政府榆次区专员公署。1955 年 2 月，更名山西省榆次专员公署。1958 年 11 月，改名晋中专员公署，俗称晋中专区。1968 年 9 月，成立晋中地区革命委员会。1978 年 5 月，改设晋中地区行政公署。2000 年 10 月，设立晋中市(地级市)，所属榆次市改为榆次区。现辖榆次区、介休市、榆社县、左权县、和顺县、昔阳县、寿阳县、太谷县、祁县、平遥县、灵石县。

吕梁市政府门户网站，网址：http://www.lvliang.gov.cn/。1949 年 9 月，山西省人民政府在吕梁境内设兴县专区和汾阳专区。1951 年 3 月 27 日汾阳专区撤销，交城、文水、汾阳、孝义等县划归榆次专区，中阳县划归兴县专区，石楼县划归晋南专区。1952 年 7 月 1 日，兴县专区撤销，兴县、岚县划归雁北专区，临县、方山、离石、中阳划归榆次专区。1971 年 5 月，吕梁地区组建。2004 年 7 月，吕梁撤地设市。现辖离石区、孝义市、汾阳市、文水县、中阳县、兴县、临县、方山县、柳林县、岚县、交口县、交城县、石楼县。

阳泉市政府门户网站，网址：http://www.yq.gov.cn/。1949 年设阳泉工矿区，属榆次专区。1951 年阳泉工矿区改设阳泉市，由省直辖。1958 年阳泉市划归晋中专署。1961 年阳泉市改由省直辖。1970 年阳泉市划归晋中地区。1972 年阳泉市改由省直辖。1983 年 7 月，实行市管县体制，平定县、盂县划归阳泉市。现辖城区、矿区、郊区、平定县、盂县。

❷　李孝聪.中国区域历史地理[M].北京：北京大学出版社，2004：160-164.

中国地图出版社.山西省地图册[M].北京：中国地图出版社，2009.

❸　王尚义.太原盆地昭余古湖的变迁及湮塞[J].地理学报，1997(5)：262-267.

❹　孟万忠.历史时期汾河中游河湖变迁研究[D].西安：陕西师范大学，2011：34-69.

地区处于一个较为内向、封闭的地理环境中(图1.2)。

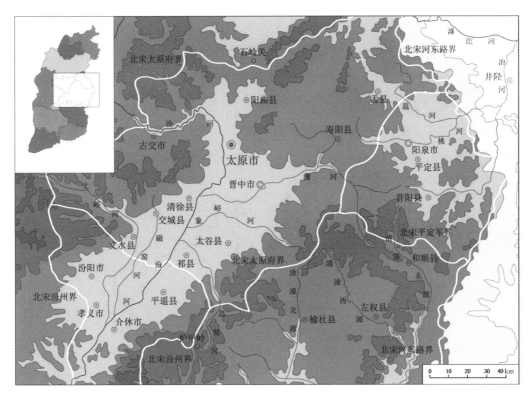

图1.2　晋中地区自然地理(白线为北宋时期州府边界)

1.2.2　唐宋时期晋中地区沿革历史

1. 行政建置演变

隋唐以来,晋中地区县级行政建置和区划较为稳定,但行政建置归属略显复杂。(图1.3、1.4)

唐代晋中地区属河东道,中晚唐至五代时期为河东节度使辖区。五代后期,晋中地区属北汉管辖;直到太平兴国四年(979年)北宋灭北汉,本区归属北宋河东道,至道三年(997年)改河东道为河东路,太原为河东路治所。❶ 金天会六年(1128年)分河东路为南、北两路,晋中地区属河东北路,仍以太原为治所。❷

唐、五代时期区划一致,这一地区分别为太原府和汾州统辖;北宋时期由太原府分治出平定军,形成一府一州一军;金代平定军变更为平定州,金末兴定四年(1220年)又从太原府分治出晋州,形成一府三州。现今的各个县、县级市在金

图1.3　北宋河东路图

❶　张纪仲.山西历史政区地理[M].太原:山西古籍出版社,2005:173-186.

❷　(元)脱脱,等.金史:卷二十六·志第七·地理下[M].北京:中华书局,1975:926,"河东北路.宋河东路,天会六年析河东为南、北路,各置兵马都总管.府一,领节镇三,刺郡九,县三十九,镇四十,堡十,寨八".

代已经形成，金代以后没有增加新的县。❶（表 1.2）

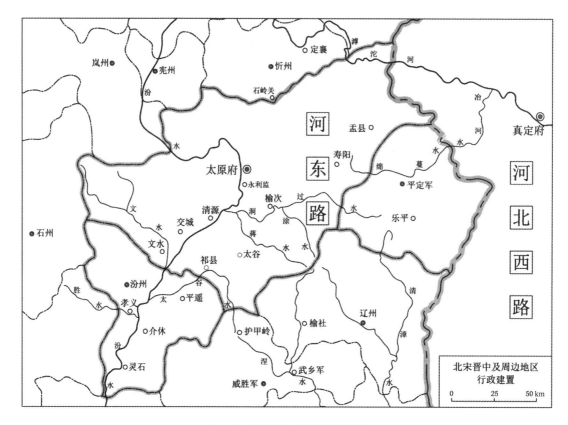

图 1.4　北宋晋中地区行政建置

表 1.2　唐五代宋金时期晋中地区行政建置

朝代	道、路	府、州、军	治所	辖县(括号内为今地名)
唐 五代十国	—	太原府	太原(太原市南古城营)	太原(太原市南古城营)、晋阳(太原晋源北)、太谷、祁县、文水(文水东旧城庄)、榆次、盂县、寿阳、乐平(昔阳)、广阳(平定东南)、清源(清徐)、交城、阳曲(太原北阳曲镇)
		汾州	西河(汾阳)	西河(汾阳)、孝义、介休、平遥、灵石
北宋	河东道、 河东路	太原府	太原(太平兴国四年毁太原城，移置榆次，七年移置唐明监，即今太原城)	阳曲(太原市北古城街)、太谷、榆次、寿阳、盂县、交城、文水、祁县、清源、平晋(太原市小店区南北畦村之间)、大通监(交城西北八十里西冶村)、永利监(太原市小店区南部)
		汾州	西河(汾阳)	西河(汾阳)、平遥、介休、灵石、孝义
		平定军	平定	平定、乐平(昔阳)
金	河东北路	太原府	阳曲(太原市区)	阳曲(太原)、寿阳、太谷、交城、平晋(太原市小店区南北畦村之间)、盂县、清源(清徐)、文水、徐沟(清徐徐沟镇)、榆次、祁县
		汾州	西河(汾阳)	西河(汾阳)、孝义、平遥、灵石、介休
		平定州	平定	大定二年(1162年)改平定军为州，领平定、乐平(昔阳)二县
		晋州	寿阳(寿阳西西张寨)	—

　　唐五代宋金时期的晋中地区行政建置与自然地理区域高度吻合，北部太原府与忻州以石岭关为界，南部汾州与晋州(今临汾地区，宋代置晋州，金代为平阳府)以韩侯岭为界，东部与河北地区以太行山、井陉为界，西部为吕梁山区的岚州、石州。

---

❶　张纪仲.山西历史政区地理[M].太原：山西古籍出版社，2005：187-203.

　　元代以后,晋中地区行政区划与地理格局吻合的状态被打破。元代置太原路,后更名为冀宁路,所领州县增多,管辖山西中部、中北部广大范围。本书关注的太原盆地及周边山区全部被冀宁路囊括。明代太原府管辖范围亦包括内长城以南、山西中部和中北部广大地区;明初复置汾州府,万历二十三年(1595年)后兼领有西部吕梁山区多个州县。清代太原府所领地域减小,但仍统辖西北方向吕梁山区数个州县;东部太行山区置平定州,领有盂县、寿阳,较北宋平定州略大;汾州府延续明代管辖范围。直至20世纪,晋中地区又经历重大行政区划调整,从而形成今日之区划格局。❶

　　2. 重要城镇

　　(1) 太原府地位演变

　　太原自古为北方政治、军事、经济重镇,也是晋中地区的区域中心。自晚唐至宋金时期,太原经历了由陪都到一路治所的转变。

　　太原别称“晋阳”“并州”,自东魏至五代的400余年,曾成为多个王朝的陪都。东魏丞相高欢在晋阳建立大丞相府,被称为“霸府”,成为东魏实际权力中心;高欢建北齐后,以晋阳为陪都;唐代太原为“北都”“北京”,与长安、洛阳并称“三都”。据《旧唐书》载:“北都,天授元年置,神龙元年罢,开元十一年复置,天宝元年曰北京,上元二年罢,肃宗元年复为北都。太原府太原郡,本并州,开元十一年为府。”❷

　　五代时期,太原府是河东地方势力与中原王朝对抗的中心重镇,后唐、后晋、后汉皆是起自太原。后梁时,山西中北部为晋王占据,太原为晋王都;后唐时,太原为北都;后晋时,太原为北京;后又有北汉以太原为都城。

　　按《宋史》载:“太原府,太原郡,河东节度。太平兴国四年,平刘继元,降为紧州,军事,毁其城,移治于榆次县。又废太原县,以平定、乐平二县属平定军,交城属大通监。七年,移治唐明监。”❸北宋初毁晋阳古城,并移治汾河以东唐明监重建太原府城,是太原城市史中的重要事件,终结了自北齐至五代400年间太原作为多个朝代“陪都”的历史,由此降格为区域中心直至近代。北宋时,太原府为河东路治所,也是兼顾对辽与西夏防御的战略要地。因此,《读史方舆纪要》中对于太原府战略地位的评价是再恰当不过了:“府控带山河,踞天下之肩背,为河东之根本,诚古今必争之地也。……宋太平兴国四年,始削平之,亦建为军镇。刘安世曰:太祖、太宗,尝亲征而得太原,正以其控扼二边,谓辽人、夏人也。下瞰长安谓开封,才数百里,弃太原则长安京城不可都也。……夫太原为河东都会、有事关、河以北者,此其用武之资也。”❹

　　(2) 汾州

　　由于历史上、地理上的关联,汾阳一带的城镇与太原保持密切的联系,向西联系吕梁山区,向南则为晋西南地区。《读史方舆纪要》中如此描述汾阳地区:“府控带山河,肘腋秦、晋。……隋大业之末,唐干符以后,太原南指,未有不以州为中顿;平阳北向,未有不以州为启途者也。北汉保河东,州尤为肘腋重地。宋人于岚、石、隰三州以至黄河,皆置城戍关,杜河外入麟府路以捍夏人。盖西北有事,府为必备之险矣。”❺

　　## 1.2.3　唐宋时期晋中地区与周边地区交通联系

　　山西独特的串珠形河谷盆地,决定了古代驿路沿河设置,盆地出口处常设关隘。根据严耕望先生考证,唐代山西驿道已经非常完善。❻晋中地区是山西地区古代交通的枢纽,北向雁北、东南向河洛、西南向关中、东向冀中等多条道路,都须经过晋中。晋中地区与周边地区间的营造技术传播正是沿着上述交通通

❶　张纪仲.山西历史政区地理[M].太原:山西古籍出版社,2005.
　　山西省地图集编纂委员会.山西省历史地图集[M].北京:中国地图出版社,2000.
❷　(后晋)刘昫,等.旧唐书:卷三十九·志第十九·地理二[M].北京:中华书局,1975:1481.
❸　(元)脱脱,等.宋史:卷八十六·志第三十九·地理二[M].北京:中华书局,1977:2131.
❹　(清)顾祖禹.读史方舆纪要:卷四十·山西二[M].贺次君,施和金,点校.北京:中华书局,2005:1805-1808.
❺　(清)顾祖禹.读史方舆纪要:卷四十二·山西四[M].贺次君,施和金,点校.北京:中华书局,2005:1939-1940.
❻　严耕望.唐代交通图考:第五卷 河东河北区[M].台北:“中央”研究院历史语言研究所,1986:1441-1458.

道进行的。(图1.5)

(1)**东向**:太原—寿阳—广阳(平定)—井陉—真定(镇州、正定)。太平兴国四年(979年)宋太宗发动灭北汉战役即是从东线进军,以镇州作为前进基地。❶

(2)**东南方向**:太原—祁县—威胜军(沁州、沁县)—隆德府(潞州)—泽州—怀州—孟州—荥阳—汴梁。自太原南下、经上党向东,亦可至大名府,是连通太原与汴梁、大名府的通道。

日僧释成寻所著《参天台五台山记》中详细记载了出汴梁经晋东南、太原至五台山沿线的各州县、驿站。❷金灭北宋之役,宗翰所统女真西路军即是由大同向南,克太原,经隆德府(长治)、泽州,由天井关入河南:"八月,宗翰发自西京。九月丙寅,宗翰克太原,执宋经略使张孝纯等。鹘沙虎取平遥,降灵石、介休、孝义诸县。十一月甲子,宗翰自太原趋汴,降威胜军,克隆德府,遂取泽州。撒刺荅等先已破天井关,进逼河阳,破宋兵万人,降其城。宗翰攻怀州,克之。丁亥,渡河。闰月,宗翰至汴,与宗望会兵。宋约画河为界,复请修好。不克和。丙辰,银术可等克汴州。"❸

(3)**西南方向**:太原—汾州—晋州—绛州—解州—河中府。是连通晋中、晋西南与关中的交通路线。❹

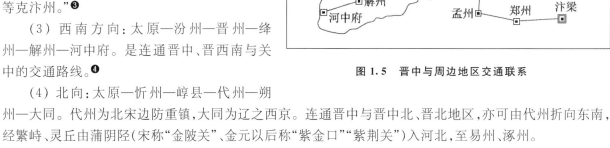

图1.5　晋中与周边地区交通联系

(4)**北向**:太原—忻州—崞县—代州—朔州—大同。代州为北宋边防重镇,大同为辽之西京。连通晋中与晋中北、晋北地区,亦可由代州折向东南,经繁峙、灵丘由蒲阴陉(宋称"金陉关"、金元以后称"紫金口""紫荆关")入河北,至易州、涿州。

(5)**西向**:汾州—石州—定胡。西渡黄河为绥德军(州)。

1.2.4　小结

本节通过自然地理、沿革地理、交通地理三方面考证,论述太原盆地及周边山区可以成为一个独立的文化地理分区,即本书关注的地理范围——"晋中地区"。这个区域有别于当前行政区划,而与唐宋时期依照"山川形便"原则划分的行政区划接近,大致相当于北宋时期太原府、汾州、平定军管辖的地域范围。唐宋时期行政区划与自然地理格局高度统一,有助于促成这一区域内古代地域文化的融合与确立。山西独特的串珠形山谷盆地格局决定了晋中地区既封闭内向,又具有与周边地区产生营造技术交流的条件,该地区古建筑既保有本地特征,也曾不断地受到外来技术的影响。外来技术本地化正是本书所关注的重要方面。

❶ (元)脱脱,等.宋史:卷四·本纪第四·太宗一[M].北京:中华书局,1977:61-62.
❷ (日)释成寻.参天台五台山记[M].白化文,李鼎霞,校点.石家庄:花山文艺出版社,2008.
❸ (元)脱脱,等.金史:卷七十四·列传第十二[M].北京:中华书局,1975:1678-1679.
❹ 王文楚.唐代太原至长安驿路考[M]//王文楚.古代交通地理丛考.北京:中华书局,1996:165-199.

2　形制类型与年代学分析

2.1　类型学与年代学的理论与方法

2.1.1　研究的问题与目的

年代学分析是建筑技术史研究的基础,只有确定了各种形制与技术现象之间的年代先后顺序,才可以讨论营造技术的演变特征与引起这些演变的原因。然而,晋中地区具有宋金时期形制特征的遗构中,大量案例缺乏可靠的年代信息。因此,对研究案例进行年代学分析,就成了本研究最基础的环节。运用类型学方法解决年代学问题是本章关注的核心问题;对研究案例进行相对年代序列梳理,是研究建筑形制与技术演变的必要环节。类型学方法是研究古代遗迹、遗物形态演化顺序的方法论,不仅可以用于研究器物的形态演化规律,也可以用来研究建筑、服饰、雕塑等物品的形态变化过程。通过对研究对象的形态作排比,探求其变化规律、逻辑发展序列和相互关系的考古学基本方法,是分析相对年代序列的方法。❶

因此,关于形制类型与年代学的研究具有三重目的:

第一,通过运用类型学方法梳理、分析各种典型形制,将具有某几种典型形制的遗构归为一型,可将研究案例分为若干型,得到类型学分型结论。

第二,根据类型学研究的分型结论,结合研究案例中已知年代信息,初步确定各型遗构所处的年代范围,构建五代宋金时期晋中地区木构建筑形制与技术演变的年代序列。

第三,分析形制类型演变的特点,并结合历史背景,推测引起形制类型演变的原因。

前两点是本章着重解决的问题,第三点将在第五章中深入讨论。

2.1.2　研究涉及的年代概念与难题

1. 形制年代与实物年代辨析

年代学研究的目的是建立不同时期建筑形制演变的相对序列,不同时期营造技术的差异可以通过现存遗构的形制差异反映出来。在这里需要谈及形制年代与实物年代的概念。

形制年代关注现存主体结构形制的始建年代。与形制年代相对应的是实物年代的概念,实物年代是指大木构架中包含的各种构件的年代层次。古代木构建筑保存至今无不经历过多次修缮,不可避免地更换一定数量的构件。❷ 例如,晋祠圣母殿自北宋中期建成之后,曾历经崇宁元年(1102 年)、至正二年(1342 年)、天顺五年(1461 年)、嘉靖四十年(1561 年)、万历十年(1582 年)、嘉庆十五年(1810 年)等多次修缮❸,构架中包含有历次修缮更换的构件。因此,叠加多个时期更换的构件,是古建筑保存的常态。年代学分析首先须辨别原始形制,排除后代改易对原形制带来的干扰。按照对原形制干扰的不同程度,可分为几种情况:

(1) 主体结构外附加结构,对原构形制改变最小,新加部分反映后世的形制特征,比较容易辨识。例

---

❶　严文明. 考古资料整理中的标型学研究[J]. 考古与文物,1984(4):31-40.

　　俞伟超. 关于"考古类型学"问题——为北京大学七七级至七九级青海、湖北考古实习同学而讲[M]//俞伟超. 考古类型学的理论与实践. 北京:文物出版社,1989:1-35.

　　栾丰实,方辉,靳桂云. 考古学理论·方法·技术[M]. 北京:文物出版社,2002:54.

❷　周淼. 虎丘云岩寺二山门实物年代与形制年代分析[J]. 建筑史,2015(1):72-85.

❸　柴泽俊,等,太原晋祠圣母殿修缮工程报告[M]. 北京:文物出版社,2000:12-13.

如,清徐狐突庙后殿前檐加出具有清式特征的四架悬山卷棚前廊。

(2)替换部分构件,原形制无明显改动,这种是最为常见的情况。由于更换的新构件须延续老构件的尺寸与榫卯做法,才能与原结构相匹配,对原结构形式与构造做法影响较小;但须根据构件样式、尺寸特征、损蚀程度等因素辨别原始构件。例如,镇国寺万佛殿外檐斗栱大部分散斗斗欹都为上曲下直,存在少数散斗斗欹内颛出峰,这些散斗的斗底进深宽度小于瓜子栱和令栱栱厚,应不是原始构件;晋祠献殿铺作层中超过 1/4 的栱、昂构件是 1950 年代修缮时所更换的,这些新换构件表面都被涂刷成黑色,比较容易识别。

(3)添加构件。对原形制产生一定的影响,须在分析时辨识、剥离后代添加构件。例如,太谷安禅寺藏经殿,原构补间位置只隐出扶壁栱而不出跳,现存补间斗栱的华栱、令栱样式与其他栱构件都不同,可能为元代延祐年间修缮时添加的;柱头斗栱的衬方头并非原形制,衬方头出头作卷云形在晋中地区元代以后非常流行。再如,清源文庙大成殿后内柱与下道丁栿是后代所加的补强构件,辅助承托四椽栿与上道丁栿。

(4)局部构造改易。较为常见的是,屋脊部分的构件容易因渗水而糟朽,一些遗构脊部构造被后世改变。如盂县大王庙后殿,脊部构造经过明显的改易,蜀柱头直接承脊槫和通长替木,不作襻间或捧节令栱,合楷侧面刻出荷叶纹样,已经不具备宋金时期形制特征。

(5)主体结构改动,仅保存斗栱构造。此种情况下,可以选取原形制比较完整的斗栱部分进行研究。例如,太谷宣梵寺正殿,是面阔五间、进深八架椽的悬山厅堂,除了前后檐柱列与斗栱,构架中的构件几乎都为明代以后更换的;窦大夫祠西朵殿和祁县子洪村汤王庙正殿也有类似情况,前廊斗栱具有宋金时期形制特征,但屋架为后代重新建造的。

2. 断代难题:年代信息缺乏

(1)年代信息的提取

历史时期考古研究中,遗迹或遗物的绝对年代通常可以依靠文献记载来确定。各种文献材料中记载的古建筑历次修建活动的年代,为判定始建年代或修缮年代提供了依据和线索。

各种纪年材料中的年代信息,可分为原始信息与转录信息。原始信息来源于建筑物中的构件题记及建筑群内的碑刻、牌匾等;转录信息大多来源于方志。转录信息可能是后人从题记、碑记等原始信息中得到的,若与建筑始建年代相隔较久远,加之原始信息不完整或丢失,转录信息自然就不完整;另外,在多次传抄、转录过程中也难免会出现纰漏、误传;因此,原始信息的可信度高于转录信息。

反映建筑修建史的各种纪年材料可提供直接年代信息和间接年代信息。前者是指各种文献中明确记载历史上始建、重建、修缮活动的年代;但纪年材料中常出现的"重建""重修"往往表意不明,需要根据现存遗构形制进行判断。后者是指文献中没有明确的建造或修缮年代信息,但是往往记载了整组建筑群的重要修建活动,需要辨析现存主体结构原形制或后代改易部分是否可与重要修建活动年份对应。

由于五代宋金时期距今久远,即使是可信度较高的原始信息中提供的直接年代信息,也需要经过校核才可用于年代学研究;校核手段包括多种纪年材料比对、与同时期年代确定的遗构做比对、附属文物年代比对、碳十四测年等。经过校核的遗构年代信息才可成为年代学研究的可靠年代信息。

(2)晋中地区研究案例年代信息概况

相比晋东南地区保存有众多檐柱题记和碑刻,晋中地区可搜寻到与研究案例现存形制相对应的可靠年代信息非常有限。

构件题记中有年代信息的 8 例:平遥镇国寺万佛殿、榆次永寿寺雨花宫、太谷安禅寺藏经殿、晋祠圣母殿、晋祠献殿、阳泉关王庙正殿、平遥文庙大成殿、阳曲不二寺正殿。

地方志记载年代信息的 11 例:平遥镇国寺万佛殿、榆次永寿寺雨花宫、西见子村宣承院正殿、晋祠圣母殿、晋祠献殿、太谷万安寺正殿、清源狐突庙后殿、太谷真圣寺正殿、清源文庙大成殿、惠安村宣梵寺正殿、子洪村汤王庙正殿前檐斗栱。

根据题记、碑记纪年可知年代或年代下限的 5 例：昔阳离相寺正殿、文水则天庙圣母殿、盂县大王庙后殿、汾阳太符观昊天上帝殿、阳曲不二寺正殿。

无文献记载和题记、根据形制特征判断为金末元初以前的案例 3 例：寿阳普光寺正殿、虞城村五岳庙五岳殿、庄子乡圣母庙圣母殿。

其中，纪年材料充足、始建年代可靠的仅 5 例：平遥镇国寺万佛殿、榆次永寿寺雨花宫、晋祠圣母殿、平遥慈相寺正殿、阳曲不二寺正殿。其他案例的各种年代信息有待校核、辨析。

2.1.3　研究方法

1. 形制年代学研究综述

（1）前人研究综述

北京大学徐怡涛先生的博士论文《长治、晋城地区的五代、宋、金寺庙建筑》，以历史时期考古学理论为指导原则，探索切合中国古代建筑遗存具体情况的年代学研究方法；经过较为系统、深入的研究，提出了长治、晋城地区的五代宋金时期的佛寺、祠庙的布局形制和单体建筑形制的相关分期结论。在分期研究的基础上，探讨了这一时期建筑形制在时间和空间上的分布和传播，并结合历史背景，对建筑形制分期的历史动因、古建筑遗存分布的历史意义等相关历史问题进行了初步探讨。❶ 徐怡涛先生在《文物建筑形制年代学研究原理与单体建筑断代方法》一文中系统阐述了适合中国文物建筑遗存条件的形制年代学研究和单体建筑断代方法：认为传统的文物建筑断代方法缺乏在特定区域内系统地分析原构形制分期的过程，也缺乏对不同原构构件年代的整合研究，其研究结论往往是鉴定者针对个别遗迹现象的主观经验判断，难以形成系统、规范、精确的研究体系；提出利用同座建筑原构形制共时性原理，可以从待鉴定建筑上提取一组已知年代变化区间的原构形制，寻找原构形制时间上的交集，从而确定一座文物建筑的始建年代区间；选取那些变化速度较快、存在时间较短或出现较晚的原构形制，即所谓具有时代敏感性的构件形制，对形制年代学研究的意义尤为重要。❷ 在徐先生指导下，一批研究和硕士论文相继完成，对四川、晋西南、河南等地区不同时段的建筑遗构作形制年代研究。❸

（2）研究方法辨析

徐先生对分区形制年代学研究方法的探索始于晋东南地区五代宋金时期遗构研究，这一地区保存遗构数量多且年代信息充分，可以根据足够数量的年代可靠案例作分期。而对于其他地区的宋金元时期建筑遗构而言，通常不具备遗构数量多和年代信息充分这两个条件。

类型学选取分期标型器的前提是，这些器型是普遍存在的，而非偶然的。在案例稀少的情况下，即使一些遗构的始建年代信息比较可靠，也是很难得出精确至年号的分期结论；若在较长时间段内仅存少数几个遗构，就没有办法证明某个遗构是当时的主流形制还是前一个时期的遗型，或是因特殊原因形成的孤例。

在目前碳十四测年结论尚不足够精确的情况下，若一个地区保存有一定数量研究时段内的遗构，但保存年代信息较少的话，也无法对各种形制的年代区间上下限作出精确至年号的判断。由于晋中地区现存题记、碑记等直接反映始建年代信息的文献少，200 余年间虽存 20 余处遗构，但只有 5 个遗构始建年代比较可靠，若依徐先生研究方法，仅凭这 5 个案例无法提供具有统计意义的样本数量，无法归纳出典型形制

❶　徐怡涛.长治、晋城地区的五代、宋、金寺庙建筑[D].北京:北京大学,2003.

❷　徐怡涛.文物建筑形制年代学研究原理与单体建筑断代方法[C]//王贵祥.中国建筑史论汇刊:第二辑.北京:清华大学出版社,2009:487-494.

❸　王书林.四川宋元时期的汉式寺庙建筑[D].北京:北京大学,2009.

徐新云.临汾、运城地区的宋金元寺庙建筑[D].北京:北京大学,2009.

王敏.河南宋金元寺庙建筑分期研究[D].北京:北京大学,2011.

郑晗.明前期官式建筑斗栱形制区域渊源研究[D].北京:北京大学,2013.

岳清,赵晓梅,徐怡涛.中国建筑翼角起翘形制源流考[J].中国历史文物,2009(1):71-79.

王子奇.山西定襄关王庙考察札记[J].山西大同大学学报(社会科学版),2009,23(4):23-27.

的年代区间上下限。因此,需要对徐先生的年代学研究方法进行调整,讨论适合晋中地区的年代学、类型学研究方法。另外,本研究尝试根据相似形制细节在不同地区出现的时序,分析技术传播的原型地与传播地,结合时代背景和重要历史事件,探讨技术传播的特点与原因。

2. 形制年代学分析途径

(1) 本研究方法

根据研究案例的结构、构造特点,可选取若干种在大多数遗构中普遍存在的、差异明显、反映时代特征比较"敏感"的典型形制。可以发现,某几种特定的典型形制在多处遗构中具有共存关系,具有共存关系的形制就构成了典型形制组合(后文中简称为"特征组")。特征组是由典型构造做法、构件样式组成,代表了一定时期内,在该地区内形成的一套较为稳定的技术做法。年代学研究的任务就是讨论各种特征组的先后顺序和演进、替代关系。

根据特征组中各种典型形制特征的演变逻辑规律,结合年代可靠案例中典型形制反映的时代特征,并与相邻地区演变规律比对,可以推导出各种典型形制的先后关系,进而可以推导出几个特征组的时代先后关系。

根据形制演变关系,可校核其他案例始建年代信息。例如,遗构Ⅰ与遗构Ⅱ年代信息可靠,遗构Ⅰ早于遗构Ⅱ,两构相隔年代较久远,且典型形制组合差异明显;若遗构Ⅲ形制与遗构Ⅰ接近,而其始建年代信息却晚于遗构Ⅱ,则说明目前可获取的遗构Ⅲ始建年代信息可能有误;若遗构Ⅲ形制与遗构Ⅰ接近,又包含有少数遗构Ⅱ的特征,而遗构Ⅲ纪年材料中的始建年代晚于遗构Ⅰ且早于遗构Ⅱ,则说明目前可获取的遗构Ⅲ始建年代信息基本可靠。归纳经过校核的研究案例年代信息,就可以得出各种形制特征组所处的大致年代范围。

也可以判定未知年代遗构的相对年代关系,并反推一些形制特征的时代顺序。例如,A、B、C、D是四种可判断时代先后顺序的典型形制,A1、B1、C1、D1早于A2、B2、C2、D2。三个年代未知的遗构中,遗构Ⅰ包括A1、B1、C1、D1,遗构Ⅱ包括A2、B2、C2、D2,遗构Ⅲ包括A1、B1、Cx、D2,那么,遗构Ⅰ早于遗构Ⅱ,遗构Ⅲ晚于遗构Ⅰ并早于遗构Ⅱ,形制Cx晚于C1并早于C2。

(2)"仿古"辨析

此处需要对古人是否具有仿古意识进行讨论,只有在古人不存在刻意仿古的前提下,上述研究方法才得以成立。在欧洲,写仿古代遗构形制是文艺复兴以后产生的一种建筑设计方法;在中国,传统样式、民族形式则是近现代以来国人的社会生活生产方式逐渐远离传统之后产生的认识,借助传统建筑形象可以树立民族国家意识、找寻历史认同感。就仿古建筑设计而言,需要对某个时代的构架形式、构造组合、构件样式、尺度设计规律等方面都进行归纳,才具有充分仿古的可能。古代匠师传承的技术体系中包括形制、尺度、工艺等多方面内容,仿造古代形式,至多是模拟某种构件样式,无法模仿特征组中的所有典型形制,构件尺寸设计方法、构件加工技术也无法复制。

在很多早期遗构中都可见到叠加有多个时期更换的构件,说明在后代修缮工程中,工匠将残损构件替换为新构件时,新构件样式依照当时的习惯做法加工而成,新构件的尺寸、榫卯与原构造匹配即可。如,位于江南地区的虎丘云岩寺二山门,历代修缮活动都大量更换构件,虽然在构造组合上延续原形制,但在构件层面,不同时期构件都体现当时的样式特征。❶

但也不可否认,古人可能在一定程度上具有复古意识。一些构件样式存在复古的可能,例如斗构件斗欹外撇出锋,晋东南地区在北宋神宗、哲宗时期出现(这种斗型在晋中地区北宋中期特征的文水则天庙圣母殿、寿阳普光寺正殿的部分栌斗与散斗中也有出现)。❷ 这种情况并不影响形制年代判断,除了斗构件,其他具有反映时代特征敏感性的构件都未复古;这种特殊的复古斗型也成为该时段内的典型时代特征。

❶ 周淼.虎丘云岩寺二山门实物年代与形制年代分析[J].建筑史,2015(1):72-85.

❷ 徐怡涛.长治、晋城地区的五代、宋、金寺庙建筑[D].北京:北京大学,2003:140-141.

3. 分型依据的选择

分析建筑形制与技术的演变,需要选取变化最频繁的形制特征。古建筑形制包括三个层面:构架结构形式、构造组合方式和构件样式。

(1) 大木构架结构形式

通常情况下,大木构架结构形式持续的时间较长,一些简单的结构形式可延续至明清时期;同一种结构形式可以用在多个地区、多种技术谱系中;而不同地区的木作技术演变也并非同步,因此不能将结构形式作为类型分析的依据。例如晋中地区简式单槽殿堂结构,从北宋初延续至金末,这个时间段内木作技术经历了数次转变;而简洁的连架厅堂结构,自北宋至明清都是最主要的结构形式之一。由于现存五代宋金时期遗构较少,若盲目分析结构形式的演进,则容易产生误读。例如,倘若寿阳普光寺正殿没有保存至今,就可能得出这样的结论:晋中地区北宋时期使用简式殿堂,金代以后转变为连架厅堂结构。而实际情况可能是,连架厅堂在北宋晋中地区曾普遍使用,但由于多用在配殿、朵殿,而未能保存至今。

转角结构类型丰富,存在新老形制长期并存的情况,不适于作为年代分析的敏感要素。如,递角栿型的出现早于平置角梁型,晋祠圣母殿殿身和副阶转角结构分别为递角栿型和平置角梁型,而建造年代晚于圣母殿的阳泉关王庙正殿的转角结构仍然为递角栿型。在本文第五章第一节中将针对华北地区转角结构的类型与演变作专门研究(图5.1)。

(2) 构造组合方式

构造组合是多种构件由榫卯连接成的、承担多种结构作用的节点,也具有典型的形制特征。构造组合中包含构件种类越多,越容易反映形制差异。适于作类型比较的构造组合包括:斗栱、梁栿节点、脊部构造。

斗栱是大木构架中最复杂、密集的构造组合,由于铺作层限定了柱头位置,斗栱也与屋架相联系,一般情况下很难改动斗栱形制;极端情况如上文中所列出的第五种情况,主体结构已经基本完全改变,但斗栱部分还保存原形制和老构件。斗栱构造中变化显著的形制包括扶壁栱、昂制、外跳横栱等。

梁栿节点,是由多种横架、纵架构件组成的构造组合,位于梁栿端头、平栿对接处,起到架起上层梁头、辅助承栿的作用。横架构件包括驼峰、栌斗、华栱、托脚等;纵架构件包括捧节令栱、替木、襻间枋、屋内额(顺身串)等。

脊部构造包括脊栿、襻间、捧节令栱、丁华抹颏栱、叉手、蜀柱、合㭼等,主要考察叉手上部所抵位置以及合㭼样式;通常认为叉手抵栿早于叉手抵襻间或捧节令栱,但脊部构造很容易被改动,本节中不将叉手作为研究讨论对象,而是在第四章第二节中讨论合㭼的样式特征。

(3) 构件样式

普遍性强和特征变化显著,是考古类型学选取具有标型器意义的典型器物应具备的两个条件。❶ 传统木构建筑由众多构件组成,斗栱与屋架中的栱、昂、斗构件数量众多,且具有特殊的样式特征;相比构造组合方式,构件样式的演变最为频繁;构件样式最适合作为类型分析的典型要素。构件样式包括形态和尺寸两个方面。构件形态包含外观和隐蔽部位的榫卯,由于无法全面调查榫卯的类型,本书中主要根据外观形态进行分析,将在第五章第二节中专门讨论榫卯类型与演变。外观形态实际上反映的是加工做法的差异,如栱头卷杀、栱眼样式、斗欹是否外撇出锋、昂嘴形状等。构件尺寸也是分析样式转变的重要因素,例如,不同时期横栱栱长差别很大;早期散斗面宽明显长于进深,后期进深长于面宽。

以栱构件为例进行说明,包括有多个可供比较的形制点:栱眼、栱头卷杀、栱头斜抹、卯口与子廕、足材榫舌、栱长等(图2.1)。斗构件也具有斗高比例、长宽比例、斗欹样式等。

综上,构架形式演变周期较长,不适宜作为年代分析的依据;复杂的构造组合反映时代差异比较明显,如斗栱构造与梁栿节点;构件层面具有最丰富的样式特征,并且变化频繁,是反映时代差异最"敏感"的形

---

❶ 俞伟超. 关于"考古类型学"问题——为北京大学七七致七九级青海、湖北考古实习同学而讲[M]//俞伟超. 考古类型学的理论与实践. 北京:文物出版社,1989:17.

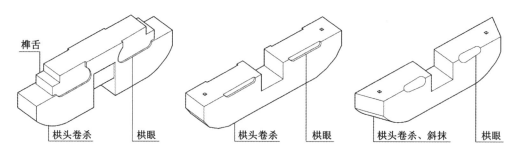

图 2.1　栱构件样式举例

制因素。斗栱构件在遗构中普遍存在,含有可供比对的要素最多,适合作为古建筑年代学研究的标型器。本书主要以原始构件样式作为类型分析的依据,构造组合方式的分型结论可以用来校核、检验根据构件样式差异所得出的分型结论。

2.1.4　年代信息可靠案例

1. 平遥镇国寺万佛殿

万佛殿明间脊槫下题记为"维大汉天会七年岁次癸亥三月建造。"❶光绪《平遥县志》载有:"镇国寺,在郝洞村,北汉天会七年建,嘉庆丙子重修。"❷

北汉天会七年为 963 年。据清华大学建筑学院取样所做碳十四测年结果,柱、阑额所用木材相应取样部位木细胞死亡时间均早于 963 年,栌斗、交互斗所用木材相应取样部位木细胞死亡时间均早于或相当于963 年,最容易在修缮过程中更换的托脚构件所用木材相应取样部位木细胞死亡时间与 963 年相当。❸

镇国寺万佛殿的斗栱构造和构件样式特征与唐辽形制相近,与现存大多数宋地遗构差别明显。因此,北汉天会七年(963 年)应为镇国寺万佛殿的始建年代。

2. 榆次永寿寺雨花宫

雨花宫明间脊槫下有一块书写题记的木板:"昔(时)大宋大中祥符元年岁次戊申柒月巳未朔拾捌日丙子重建佛殿记。"❹

清乾隆《榆次县志》载:"永寿寺在县东源涡村,相传后汉建宁元年建。隋时有田氏子得道号空王佛立其像,故又谓之空王寺。唐元和十二年,自村东徙建今所,即田故址也。宋祥福、庆历中及明嘉靖年相继增修。法宇弘厂。国朝康熙五十年复修寺内有宋崇宁时李道原舍利记石刻,又宋僧法昺所作空王行状刻于碑阴。寺楸数株其二尤古,后有高阁为游者登临。"❺

光绪《山西通志》载:"永寿寺在榆次县东源涡村建宁元年建。唐元和十二年自村东移置今所,宋大中祥符年增建经阁并浮屠二。"❻

方志中虽无明确记载大中祥符元年(1008 年)修建雨花宫,但都提及大中祥符年间是重要的增建时期,雨花宫的构造形制、构件样式与脊槫下题记为咸平四年(1001 年)的太谷安禅寺藏经殿非常接近。大中祥符元年(1008 年)应是雨花宫的始建年代。

3. 晋祠圣母殿

目前一般认为晋祠圣母殿始建于北宋天圣年间(1023—1032 年)。

元至元四年(1267 年)《重修汾东王庙记》中提道:"自晋天福六年封兴安王,迫宋天圣后改封汾东王,又复建女郎祠于水源之西,东向,熙宁中始加昭济圣母号……"

❶ 祁英涛,杜仙洲,陈明达.两年来山西省新发现的古建筑[J].文物参考资料,1954(11):55.

❷ (清)恩端.平遥县志:卷十·古迹卷[M].刻本.1883(光绪九年):23.

❸ 刘畅,廖慧农,李树盛.山西平遥镇国寺万佛殿与天王殿精细测绘报告[M].北京:清华大学出版社,2013:97-98.

❹ 莫宗江.山西榆次永寿寺雨花宫[C]//中国营造学社汇刊:第七卷第二期.北京:知识产权出版社,2006.

❺ (清)钱之青.榆次县志:卷六·坛庙[M].刻本.1750(乾隆十五年):11.

❻ (清)王轩,杨笃,杨深秀,等.山西通志:卷五十七·古迹考八[M].刻本.1892(光绪十八年):12.

1953年修缮鱼沼飞梁时发现两块柱础,础石由碑刻改制而成,碑文为金泰和八年(1208年)郝居简所撰:"旧制唐叔祠于其南向,至宋天圣中,改封汾东王,今汾东殿者是也""又复建水郎祠于其西,至熙宁中加昭济圣母,今圣母殿者是也。"❶

这两条碑记都指明,天圣年间封叔虞为汾东王,并在位于汾东王殿之西侧复建女郎祠(水郎祠),为坐西向东。然而,"天圣说"虽明确地指出了圣母殿的前身——女郎祠——的建造年代和方位,但无法证明天圣年间复建的女郎祠与现存圣母殿为同一栋建筑。

与圣母殿相关的文献中,有两个时间节点需要注意,一是熙宁十年(1077年)加封昭济圣母,一是圣母像座椅背面的元祐二年(1087年)题记。

《宋会要辑稿》中记载了北宋时期对圣母的历次加封:"平晋县有圣母祠,神宗熙宁十年封昭济圣母,徽宗崇宁三年六月赐号慈济庙,政和元年十月加封显灵昭济圣母,二年七月改赐惠远。"❷

圣母座椅背面南隅题记:"元祐二年四月十日献上圣母,太原府人在府金龙社人吕吉等,今月赛晋祠昭济圣母殿前,缴柱金龙六条,今再赛圣母坐物倚,社人姓名于后,社头吕吉,副社头韩瞻、焦昌……"圣母座椅背面北隅题记:"在前件项众德人并足。"❸"赛"为酬神之意,这条题记很清楚地说明前檐六条木雕盘龙和圣母座椅是元祐二年村民酬神敬奉之物。既然圣母座椅为元祐之物,则说明圣母像彩塑也很有可能是元祐年间塑造的。若天圣年间已经建成圣母殿,就值得思考为何六十年后才形成今日之规模。而熙宁十年加封昭济圣母之后十年间,新建了圣母殿,并塑像、献座椅、加盘龙,这个时间跨度是比较合理的。另外,金人台上的三尊宋代金人分别铸造于元祐四年(1089年)、绍圣四年(1097年)和绍圣五年(1098年),原在献殿前檐(现在位于鱼沼飞梁与献殿之间的月台上)的宋代铁狮铸造于政和八年(1118年),这些附属文物与熙宁始封年代、座椅题记年代接近,也可佐证圣母殿重建于熙宁之后,并非天圣年间建造的女郎祠。

从圣母殿的规模来分析,圣母殿殿身五间八架、副阶周匝,形制等级较高。天圣年间以后复建女郎祠,并未经官方敕封,属民间行为;山西宋元时期民间神庙主殿大多为三开间小殿,规模较大的元构洪洞水神庙正殿、蒲县东岳庙正殿,也只是在面阔三间进深六架椽的小殿外加一圈副阶。宋画中反映了北宋汴梁官式建筑规制,《清明上河图》所绘城门门屋建筑为面阔五间、进深三间的单檐庑殿建筑,《瑞鹤图》中反映的汴梁宫城城门宣德楼门屋建筑也只是五开间单檐庑殿;另据《建炎以来朝野杂记》载,南宋临安大内垂拱殿规模为五间十二架。未经敕封的民间祠庙不太可能达到晋祠圣母殿这样高的形制。因此,存在熙宁敕封之后重建、元祐初年完工的可能。

根据北京大学历史系赵世瑜教授的研究,熙宁(1068—1077年)、元丰(1078—1085年)年间北宋朝廷重视河东抵御西夏的战略地位,熙丰新法的一些重要举措在河东地区推行,晋祠成为积极开边的文化象征,晋祠水神得到朝廷重视;太原地区的经营与开发变得尤为重要,自嘉祐(1056—1063年)至熙宁年间晋祠水利灌溉面积逐渐扩大,晋祠水神地位在民间也日渐提升,晋祠已成为当地民众处理水利事务的公共空间。正是在这样的时代背景下,熙宁十年(1077年)晋祠水神被封为"昭济圣母",并成为晋祠主神。熙丰年间,北宋名臣王安礼、吕惠卿、曾布先后在太原任职,三人都曾到晋祠游览或祭祀。元祐元年(1086年),也就是敕封圣母后的第九年,曾布任河东经略安抚使,是年便率下属到晋祠祈雨。这次祈雨见于晋祠铭碑碑阴题刻:"龙图阁学士、河东经略安抚使曾布、提点刑狱、朝奉大夫范子琼,躬率僚吏,祷雨祠下。通判太原军府事田盛、高复、签书河东节度判官卢讷、知阳曲县冯忱之、走马承受王演、检法官史辩从行。元祐丙寅岁七月十三日,讷谨题。刊者任贶。"❹而乡民敬奉盘龙与圣母座椅恰恰是在曾布率群僚祈雨之后的一

❶ 牛慧彪. 叔虞祠与圣母殿——晋祠主体建筑年代探析[J]. 古建园林技术,2007(4):27-29.

❷ (清)徐松. 宋会要辑稿·礼二〇。

❸ 高寿田先生所著《晋祠圣母殿宋、元题记》与柴泽俊先生编著《太原晋祠圣母殿修缮工程报告》中所录此题记有几处差别,本书中所录题记内容根据东南大学建筑学院晋祠圣母殿精细测绘拍摄照片辨识。

高寿田. 晋祠圣母殿宋、元题记[J]. 文物,1965(12):59-60.

柴泽俊,等. 太原晋祠圣母殿修缮工程报告[M]. 北京:文物出版社,2000:13.

❹ 赵世瑜. 晋祠与熙丰新法的蛛丝马迹[J]. 史学集刊,2014:8-15.

年。这样的历史背景，也支持圣母殿始建于熙丰年间的观点。

在掌握更多年代信息之前，将圣母殿的始建年代定在北宋天圣至元祐二年的区间(1023—1087 年)比较合适。

4. 平遥慈相寺正殿

金明昌五年(1194 年)安泰所撰《汾州平遥县慈相寺修造记》(后文中简称为《修造记》)中记载宋金时期慈相寺寺史最为详细。❶

《修造记》载："汾州平遥县慈相寺者，乃古圣俱寺也。寺在县东太平乡之冀郭里，始有大士繇西极来曰无名师，宴坐于麓台山四十载。唐肃宗召诣京师，待若惇友。上元初，示化于宫城之寺邸，诏还故山，至前宋庆历间，寺僧道靖□塔藏之，寺之兴也以此。皇祐□年改赐令额。宋末兵火焚毁，惟三门、正殿存焉。"金泰和元年(1201 年)《平遥县冀郭村慈相寺僧众塔记铭》载："自有唐肃宗以来，其设寺额，本名圣俱。而是时主持教□者，即始祖无名大师也。"由此可知，慈相寺古名"圣俱寺"，至迟在唐肃宗时期(756—762 年)已经创建；北宋皇祐年间(1049—1054 年)，圣俱寺改名"慈相寺"；宋末兵燹，慈相寺唯正殿和山门幸存下来。关于唐宋时期慈相寺始创、更名、建塔的历史，在康熙四十六年、光绪九年编纂的《平遥县志》中也有记载。❷

《修造记》中还记述了金初天会年间和金中期大定至明昌年间的两次寺院扩建："迨本朝天会年间，有僧宝量、仲英相与起塔于旧址，立法堂于殿后，余稍增葺未能完备，量、英寻殁。"金天会年间(1123—1135 年)，寺僧宝量、仲英主事期间，对寺院进行一定程度的修复，主要工作是重建砖塔，在主殿后建立法堂，但不久二僧皆殁。大定十五年(1175 年)至明昌元年(1190 年)的十五年间，在主僧澄公的主持下，寺院有大规模扩建："有主僧澄公慨然叹曰，我先师辈营治田业，户甲三州，其于赡众之意勤且至矣，至于寺宇则未宏大，何以能耸动群品而坚凑善之心乎。遂请前本州岛僧正和众大德纯□，于塔后建大堂曰普光，取佛堂说法于普光明殿之遗意也。"这一次扩建部分位于塔后，建佛堂并取名"普光"。

据清乾隆四十八年(1783 年)《重修慈相寺碑记》记载，数百年风雨侵蚀，慈相寺土崩瓦解，至顺治六年(1649 年)，又遭兵火之灾，康熙时，塔后的殿宇被河水冲毁。乾隆四十六年(1781 年)整修了东西廊窑，次年维修了关帝庙(殿)。乾隆五十一年(1786 年)重修乐楼、山门。嘉庆十五年(1810 年)新建钟鼓二楼。从《冀郭慈相寺无名菩萨神圣眼药图》刻画的寺院格局所见，塔之北部犹有殿堂，说明慈相寺背面的河床是后期南移了。❸

大定至明昌年间扩建的名为"普光"的佛堂在塔后，至迟毁于康熙时的水患，并非现存慈相寺正殿。而现存正殿与塔台基间距约 15.6 米，殿与塔之间不可能再建其他建筑；加之在四椽栿下发现"宝量、仲英"题记❹，由此可以推测，现存慈相寺正殿即为金天会年间(1123—1135 年，晚于 1127 年)在殿后、塔前所建的法堂。

5. 阳曲不二寺正殿

雍正二年(1724 年)《不二寺重修正殿碑记》载："考碑记创自金明昌六年，重修于元至正十二年，明万历乙酉荣安乡人张彦果、张希琥，与僧安自然合谋共理诸废俱举。"❺1980 年代后期寺庙迁建时，在正殿的明间发现脊檩下有古代工匠的三处墨笔题记："大汉干佑玖年(956 年)丙辰岁建造都维那宋会徐德""咸平六年(1003 年)庚子岁重建""明昌六年(1195 年)岁次乙卯八月癸丑十七日重建法堂记"，三条墨书字迹清晰，分别写于明间脊槫下皮中部和两头替木遮挡处。❻ 考究此构形制，并无北汉和宋初特征，金明昌六年(1195 年)应是正殿的始建年代。

❶ (清)胡聘之.山右石刻丛编：卷二十二[M].刻本.1901(光绪二十七年)：11-15.
　中国东方文化研究会历史文化分会.历代碑志丛书：第十五册[M].南京：江苏古籍出版社，1998：843-845.
❷ (清)王夷典.平遥县志：卷六·祠祀[M].刻本.1707(康熙四十六年)：20.
　(清)恩端.平遥县志：卷十·古迹志[M].刻本.1883(光绪九年)：18.
❸ 郭步艇.平遥慈相寺勘察报告[J].文物季刊，1990(1)：82-90.
❹ 郭步艇.平遥慈相寺勘察报告[J].文物季刊，1990(1)：82-90.
❺ 张正明，科大卫，王勇红.明清山西碑刻资料选：续一[M].太原：山西出版集团，山西古籍出版社，2007：428-429.
❻ 李小涛.不二寺大雄宝殿迁建保护与研究[M].文物，1996(12)：67-74.

2.2　形制类型和年代区间分析

本节通过典型构件样式的类型比较,对晋中地区 24 个(20 处遗构、2 处已毁与 2 处仅存前檐斗栱)研究案例进行分型,并讨论各种型的年代区间。

2.2.1　典型构件样式相对年代序列

选取各遗构中普遍存在的栱、斗、昂、耍头构件作为类型分析的基本要素。以下为晋中地区遗构中存在的各种典型构件样式:

1. 栱构件样式

(1) 栱眼样式

足材栱眼分为三种形式。Z1,不下挖栱眼,只刻出心斗和平直的单材形象,栔部分逐渐收窄作榫舌插入交互斗底,晋中地区仅离相寺正殿一例,与之相似的足材栱眼做法也仅南禅寺大殿一例。Z2,在足材栱侧面隐刻出心斗,并下挖栱眼,外颛与内颛弧度一致,横抹平直。Z3,栱眼下挖深度比 Z2 大,内颛弧度饱满,外颛弧度稍小,横抹为斜线,若跳距很小,则省去横抹部分。(图 2.2)

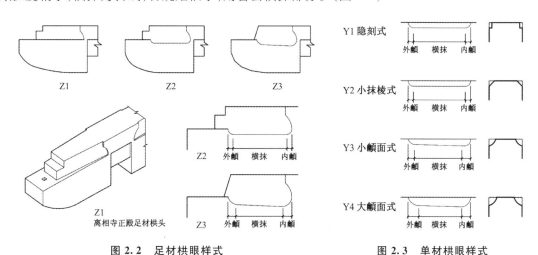

图 2.2　足材栱眼样式　　　　图 2.3　单材栱眼样式

单材栱眼分为四种形式。隐刻式(Y1),在单材栱侧面上部隐刻出栱眼形象,外颛与内颛弧度一致,横抹平直。小抹棱式(Y2),用凿子凿掉单材横栱上部棱角,凿去深度较小,棱面平直,两端凿出较小的斜面或颛面。小颛面式(Y3),内颛弧度较小,横抹角度略斜,外颛弧度很小,琴杀较小。大颛面式(Y4),内颛弧度饱满,横抹为斜线,外颛弧度较小,琴杀较小颛面式(Y3)明显增大,但栱上皮平直不起棱。(图 2.3)

(2) 栱头卷杀

栱头卷杀可做成分瓣或弧形。❶

分瓣卷杀有两种。BJ1,栱头前端与下皮砍杀长度的高长比小于或接近 2∶3,晋中地区仅镇国寺万佛殿一例,佛光寺大殿、独乐寺观音阁等唐辽建筑栱头卷杀为此式。BJ2,栱头前端与下皮砍杀长度的高长比接近《法式》所载栱头卷杀算法的 9∶16,晋中地区其他栱头分瓣案例都是这种。BJ2 比 BJ1 杀掉部分多一些,BJ1 更为饱满。

弧形卷杀也分两种。HJ1,弧度平缓、弧形延伸较长;HJ2,弧度比较饱满。(图 2.4)

---

❶　通过辨识室内风化较轻、破损较少的栱构件,容易判断分瓣与弧形的差别,但辨认分瓣数却不易;大多数栱头分瓣为四瓣,也有三瓣、五瓣存在。因此,文中只描述为"分瓣",需要对各遗构分别进行精细测绘,才能统计清楚栱构件分瓣数的情况。

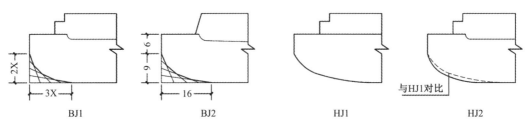

图 2.4 栱头卷杀样式

（3）横栱栱长

本书中比较的横栱包括泥道栱、瓜子栱、令栱，不计慢栱。《法式》规定泥道栱与瓜子栱同为 62 分°、令栱长 72 分°；而一些建造年代早于《法式》刊行的案例，令栱与瓜子栱长度一致或接近，都比泥道栱短，如佛光寺大殿、镇国寺万佛殿、独乐寺观音阁、新城开善寺大殿、晋祠圣母殿、义县奉国寺大殿等。在很多吸收法式技术的遗构中，令栱成为最长的横栱。有栱头斜抹的横栱，本书中依长边比较栱长。

（4）横栱斜抹

跳头横栱的两端栱头可作平直端头，也可抹出向外的斜面。

2. 斗构件样式

（1）散斗斗型

由于一些案例中齐心斗与散斗同型，不具有普遍性；很多遗构中计心、偷心处交互斗斗型不同，外跳交互斗在后世更换较多，这两种斗型不便于统计。而斗栱与梁架中的散斗数量最多，且散斗形态单一，便于统计斗型特点，因此，本书主要关注散斗斗型。散斗斗型包括长斗型(S1)、近似方斗型(S2)和类法式斗型(S3)。

长斗型与近似方斗型都是面宽尺寸大于进深尺寸，对比普光寺正殿与晋祠圣母殿的散斗，可以看出二者的差别。普光寺正殿散斗为宽 250 mm、深 200 mm，面宽尺寸与进深尺寸比（长宽比）为 1.25∶1；晋祠圣母殿散斗为宽 266 mm、深 252 mm，长宽比为 1.05∶1。本书将小斗长宽比大于 1.1 的散斗认定为长斗型，小于 1.1 的散斗为近似方斗型(图 2.5)。而《法式》中规定散斗面宽 14 分°，小于进深 16 分°，类法式斗型就为面宽小于进深。如，清源文庙大成殿散斗为宽 170 mm、深 200 mm。

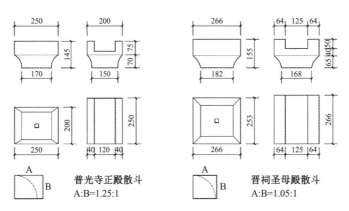

图 2.5 长斗型与近似方斗型比较

长斗型中包含一种斗欹较高的斗，比较斗欹与斗耳、斗平高度尺寸、比例，斗欹高度约占斗高的一半，可称为"高斗欹长斗型"(图 4.10)。

（2）齐心斗分化

早期建筑中齐心斗与散斗为尺寸一致的同一斗型，宋金时期出现齐心斗面宽加大，从散斗中分化出来的现象。包括两种情况，齐心斗未分化(X1)和齐心斗已独立成型(X2)。

（3）斗䫻样式

斗䫻样式包括四种：上曲下直（Q1），内顫、斗底外撇出峰（Q2），内顫不出峰（Q3），内顫小、不出峰（Q4）。（图2.6）

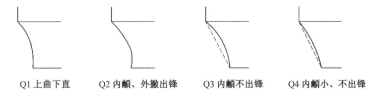

| Q1 上曲下直 | Q2 内顫、外撇出锋 | Q3 内顫不出锋 | Q4 内顫小、不出锋 |

图2.6 斗䫻样式

3. 昂构件样式

（1）昂头样式

真昂昂头包括，批竹昂、起棱批竹昂、起棱琴面昂、琴面昂。批竹昂的昂面平直，无昂嘴或是很窄的矩形昂嘴。起棱批竹昂的昂面向上凸起、中间起棱，昂嘴为三角形或五边形，也可不作昂嘴。❶ 起棱琴面昂的昂面向上凸起、中间起棱。（图2.7）

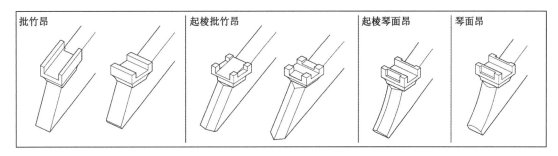

批竹昂　　起棱批竹昂　　起棱琴面昂　　琴面昂

图2.7 真昂昂头样式

假昂是指栱头前端作昂形，包括平出式假昂和下折式假昂两种。晋中地区的平出式假昂昂头平直向前伸出，有些昂嘴微微上卷，昂面向上起棱，昂嘴为五边形"⌂"；下折式假昂昂头为琴面昂，但不如平出式假昂昂嘴修长，昂面向上凸起弧面，昂嘴为"⌂"形。（图2.8、图4.15）

（2）华头子

真昂华头子分为不出华头子、一折、双瓣。平出式假昂华头子有一折出峰、两折出峰；在晋祠圣母殿殿身补间斗栱和副阶柱头斗栱、献殿柱头斗栱中，都出两道平出式假昂，下道昂底做成两折出峰，上道昂底做成一折出峰。下折式假昂华头子大多为双瓣，也有隐刻三瓣的情况（图2.8）。

4. 耍头样式

耍头包括多种形式：平出批竹昂形、平出起棱批竹昂形、平出起棱上卷昂形、方形切几头、批竹昂形、起棱批竹昂形、爵头、卷瓣形等。（图2.9）

爵头可分为三式：

爵头J1，耍头前端斜面出棱，上下抹出三角斜面（上部斜面在《法式》中称为"鹊台"）。

爵头J2，耍头前端斜面出棱，下部为折向内的弧线，上端抹出鹊台。

爵头J3，耍头前端斜面出棱，下部为折向内的直线，上端抹出鹊台。与《法式》所载造耍头之制最为接近。❷

爵头J4，在J3的上部多出两卷瓣。

---

❶ 晋祠圣母殿与隆兴寺摩尼殿都用起棱批竹昂。梁思成先生在《图像中国建筑史》中描述此两构的昂面为琴面，"但在这两组建筑中，斜面部分的上方却略为隆起，使其横截面上部呈半圆形，称为'琴面昂'""But in these two later groups, the beveled portion is scooped and pulvinated, resulting in a cross section with a rounder top, known as the *ch'ing-mien ang* or 'lute-face *ang*'"梁思成. 图像中国建筑史 [M]. 费慰梅，编，梁从诚，译，孙增蕃，校. 北京：中国建筑工业出版社，1991：81，205.

❷ 梁思成. 营造法式注释[M]//梁思成. 梁思成全集：第七卷. 北京：中国建筑工业出版社，2001：100，103，381.

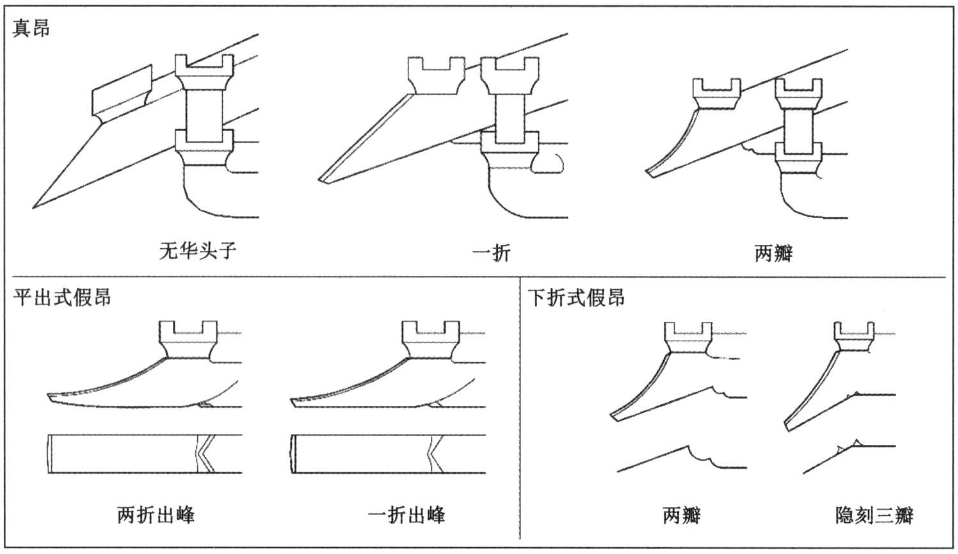

图 2.8 昂与华头子样式

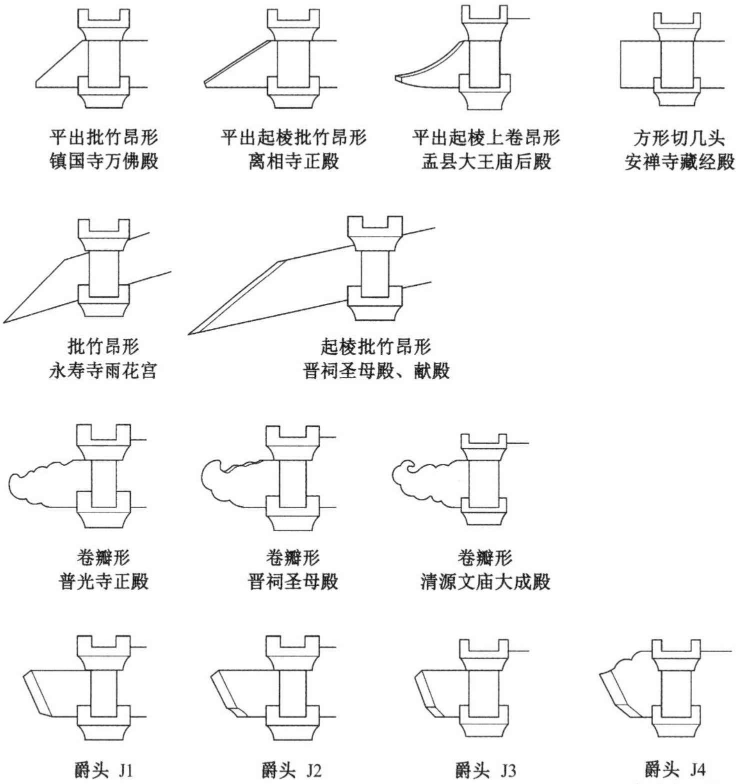

图 2.9 耍头样式

2.2.2 案例分组与排序

1. 案例分组

选取在遗构中普遍存在、差异明显的构件样式作为类型分析的要素,可以归纳出 5 种特征组合,还有一些介于两组特征之间的、或特征独特的案例,暂不归入 5 个特征组。分组要素包括:栱头卷杀样式、栱眼样式、横栱长度、散斗斗型、小斗斗欹样式、昂头样式、耍头样式等。选取分组要素还需要考虑在同一栋建筑中具有唯一性与易识别性,单材栱眼与昂头样式都可分为四种差异显著的形式,是最适合用作分组要素的。而要头样式虽多,却可在一栋建筑中存在多种要头样式,很难与其他形制组成特点鲜明的特征组,所以并非分组要素的最佳选择。斗欹内颤虽存在四种形式,但由于形态接近,上曲下直与斗底外撇出峰,内颤不出峰与内颤小、不出峰,两组样式之间很难区分,同一栋建筑中也可能同时存在。长方形斗与近似方形斗也容易受调研条件所限而混淆。再加上有两处重要遗构已毁,只能通过老照片进行辨认,都为研究者辨识带来难度。因此,同一组中允许出现两种或两种以上小斗斗欹与散斗斗型要素,可作为辅助分组要素。另外,横栱栱头斜抹并非时代特征,同时期内可能并存平直栱头或斜抹栱头❶,因此横栱栱头斜抹也不能作为分组决定要素。(表 2.1)

表 2.1　典型形制特征组比较

分组要素	第一组	第二组	第三组	第四组	第五组
栱头卷杀	HJ2	HJ2	HJ2	BJ2	BJ2
单材栱眼	Y1	Y2	Y3	Y3	Y4
足材栱眼	Z2	Z2	Z3	Z3	Z3
横栱栱长	令栱<泥道栱	令栱<泥道栱	令栱>泥道栱	瓜子栱>泥道栱	令栱>泥道栱
真昂昂头	批竹昂	起棱批竹昂	起棱琴面昂	—	琴面昂
假昂昂头	—	平出起棱琴面昂	—	—	下折琴面昂、平出琴面昂
散斗斗型	S1	S1、S2	S2	S2	S2、S3
齐心斗分化	X1	X1	—	—	X2
斗欹内颤	Q1、Q2	Q1、Q2、Q3	Q3、Q4	Q4	Q4
要头	平出批竹昂形、批竹昂形、方形切几头	起棱批竹昂形、卷瓣形、爵头J1、爵头J2	爵头J2、爵头J3	爵头J2、爵头J3	爵头J3、J4
遗构案例	榆次永寿寺雨花宫、太谷安禅寺藏经殿、文水则天庙圣母殿	晋祠圣母殿、晋祠献殿、太谷万安寺正殿、寿阳普光寺正殿、西见子村宣承院正殿、阳泉关王庙正殿	平遥慈相寺正殿、虞城村五岳庙五岳殿	子洪村汤王庙正殿前檐斗栱、太符观昊天上帝殿	阳曲不二寺正殿、太谷真圣寺正殿、惠安村宣梵寺正殿、清源文庙大成殿、庄子乡圣母庙圣母殿

第一组,形制特征包括:栱头为弧形卷杀 HJ2;足材栱眼为 Z2,单材栱眼为隐刻式 Y1;令栱、瓜子栱栱长短于泥道栱;跳头横栱栱头不作斜抹;散斗斗型为长斗型 S1,齐心斗未分化,小斗斗欹上曲下直 Q1 或内颤、斗底外撇出峰 Q2;真昂用批竹昂;要头为平出批竹昂形、批竹昂形或方形切几头。第一组案例共 3 例,为榆次永寿寺雨花宫、太谷安禅寺藏经殿、文水则天庙圣母殿。

第二组,形制特征包括:栱头为弧形卷杀 HJ2;足材栱眼为 Z2,单材栱眼为 Y2;令栱、瓜子栱栱长短于泥道栱;跳头横栱栱头不作斜抹;散斗斗型为长斗型 S1 或近似方斗型 S2,齐心斗未分化,小斗斗欹 Q1、Q2、Q3;真昂用起棱批竹昂,华头子为一折;平出式假昂为琴面昂,华头子为一折或两折出峰;要头为起棱批竹昂形、卷瓣形或爵头J1、J2。第二组案例共 6 例,为晋祠圣母殿、晋祠献殿、寿阳普光寺正殿、太谷万安寺正殿、西见子村宣承院正殿、阳泉关王庙正殿。

第三组,形制特征包括:栱头为弧形卷杀 HJ2;足材栱眼为 Z3,单材栱眼为 Y3;令栱为最长的横栱;跳头横栱栱头作斜抹;散斗斗型为近似方斗型 S2,小斗斗欹为 Q3 或 Q4;真昂用琴面昂、起棱琴面昂,华头子为两瓣;要头为爵头J2、J3。第三组案例共 2 例,为平遥慈相寺正殿、虞城村五岳庙五岳殿。

第四组,形制特征与第三组接近,差别在于栱头卷杀为 BJ2;瓜子栱为最长的横栱;小斗斗欹内颤小、不出峰 Q4。第四组案例共 2 例,为太符观昊天上帝殿、子洪村汤王庙正殿前檐斗栱。

---

❶　徐怡涛.长治、晋城地区的五代、宋、金寺庙建筑[D].北京:北京大学,2003:55.

第五组，形制特征包括：栱头卷杀为 BJ2；足材栱眼为 Z3，单材栱眼为 Y4；令栱为最长的横栱；跳头横栱栱头平直或做斜抹；散斗斗型为近似方斗型 S2 或类法式斗型 S3，齐心斗已成型，小斗斗欹内颤小、不出峰 Q4；真昂用琴面昂，华头子为两瓣；假昂大多为下折式假昂，也有平出式假昂，昂头用琴面昂；要头为爵头 J3、J4。第五组案例共 5 例，为阳曲不二寺正殿、太谷真圣寺正殿、惠安村宣梵寺正殿、清源文庙大成殿、庄子乡圣母庙圣母殿。

2. 特征组排序

根据五个年代可靠案例的形制特征，并结合华北地区其他年代明确遗构的构件样式演变的规律，可以归纳出一些典型构件样式的演变规律。以箭头"→"符号表示"早于"。

足材栱眼样式：Z1/Z2→Z3。南禅寺大殿为 Z1，佛光寺大殿为 Z2，说明两种栱眼都出现较早；Z3 在融合法式技术的遗构中普遍存在，应是法式技术传播至晋中地区之后出现的。

单材栱眼样式：Y1/Y2→Y3→Y4。南禅寺大殿、独乐寺观音阁为 Y2，佛光寺大殿、芮城五龙庙正殿、平顺天台庵正殿为 Y1，这两种栱眼样式在 10 世纪以前已经存在，而华北地区使用颤面式栱眼的案例都在 12 世纪。由 Y2 演变至 Y3、Y4，可以看出下挖颤面逐渐增大的演变趋势。

栱头卷杀：BJ1→HJ2→BJ2。

横栱栱长：令栱<泥道栱→令栱>泥道栱。

真昂头样式：批竹昂→起棱批竹昂→起棱琴面昂→琴面昂。

假昂头样式：平出式假昂→下折式假昂。

散斗斗型：长斗型 S1→近似方斗型 S2→类法式斗型 S3。

斗欹内颤：上曲下直 Q1→内颤、斗底外撇出峰 Q2→内颤不出峰 Q3→内颤小、不出峰 Q4。

要头样式：平出批竹昂形→批竹昂形→起棱批竹昂形→爵头 J1、J2、卷瓣形→爵头 J3。

由于每组形制特征要素具有时代先后顺序，因此，五个组也具有了时序，时代由先到后排序为第一组、第二组、第三组、第四组、第五组。形制特征介于两组之间的案例，在时序上也在两组之间。同时，也可推出五个特征组中的其他形制特征的先后顺序，例如，西见子村宣承院正殿、阳泉关王庙正殿等第二组遗构用高斗欹长斗型，这种斗型晚于第一组的长斗型；爵头 J4 晚于 J3。

第三、四、五组中受到营造法式技术影响的构件样式逐渐增多。下昂用琴面昂、单材颤面栱眼 Y4、栱头分瓣卷杀 BJ2、令栱长于泥道栱、类法式散斗 S3、成型齐心斗 X2、爵头 J3 等构件样式，都和《法式》规定的构件样式接近，而在《法式》刊行前建造的建筑中极少出现。

第三、四组中并存有第二组和第五组中的一些样式。其中，栱头弧形卷杀 HJ2、琴面昂起棱、小斗斗欹 Q3、爵头 J2 为第二组特征，栱头分瓣卷杀 BJ2、足材栱眼为 Z3、小斗斗欹 Q4、爵头 J3 为第五组特征。可以认为第三、四组是第二组向第五组演变的中间过程。

3. 未分组案例

此外，还有 6 例无法归入 5 个特征组：

平遥镇国寺万佛殿与第一组形制特征接近，差别在于栱头卷杀为 BJ1。

昔阳离相寺正殿，构件样式特征在晋中地区属孤例，与之相似的构件样式都出现在唐五代宋初建筑中。

盂县大王庙后殿兼具第一、二、三组的特征，除了单材栱眼为隐刻式，多数形制特征更接近第二组。

清徐狐突庙后殿构件样式特征接近第二组，但单材栱眼小颤面式 Y3 是第三、四组的特征。

窦大夫祠西朵殿前檐斗栱兼具第二组和第三组的特征，应是第二组向第三组演变过程中的中间形式。

平遥文庙大成殿与第三组接近，但外跳横栱栱长短于泥道栱，横栱栱头不作斜抹。

2.2.3　形制类型与年代区间推定

根据以上分析，可以将晋中地区 24 个研究案例归纳为 3 种形制类型：唐辽型、地方型、类法式型。借助年代可靠案例，以及上文分析的各组之间的年代先后关系，可以校核其他遗构年代信息是否可靠；归纳经过校核可靠的案例始建年代,就可以排定 3 种形制类型的年代区间。对于各型的命名,分别选取时代和样式特征两种因素,"唐辽型"是强调时代特征,"地方型"凸显地方样式特征,"类法式型"则表明是由地方技术与法式技术融合形成的。(表 2.2)

1. A—唐辽型

镇国寺万佛殿、离相寺正殿归纳为 A 型。

镇国寺万佛殿始建年代为北汉天会七年(963 年)。

昔阳离相寺内所存万历三十三年(1605 年)《重修离相禅林并创建石桥记》碑文中有这样的记载:"浮屠起于开宝,鹿野建自西山。"根据笔者实地调查与访谈,离相寺院内及川口村内没有塔或塔的遗迹,离相寺西侧为山,村民称为莲花山。"浮图""鹿野"可能是骈列文法,都指寺院。离相寺正殿形制特征极为特殊,其他并用足材栱眼 Z1 和单材栱眼 Y2 的实例,仅见于五台山南禅寺大殿;栱头弧形卷杀 HJ1 的弧度非常平缓,更似潞城原起寺正殿、福州华林寺大殿与日本和样建筑的栱头弧形卷杀;平出起棱批竹昂形要头、斗敧上曲下直,与第一组比较接近;六椽通栿结构在宋代以后也几乎不用。综合判断此构各种形制特征,早于第一组。现存遗构为开宝年间(968—976 年)原形制的可能性较大。

因此,A 型两例都始建于五代末北宋初期,形制特征与晚唐、五代、北宋初期华北地区遗构接近,加之晚唐建筑形制在辽地一直延续,可将 A 型称为"唐五代辽宋初型"(后文中简称为"唐辽型")。

2. B—地方型

第一组、第二组案例与盂县大王庙后殿、狐突庙后殿可归纳为 B 型,相比之后出现的类法式型,B 型遗构更具地方特征,并未体现出营造法式技术特点,在后文中称为"地方型"。此型案例比较多,可分为两式。

(1) 地方型 I 式

第一组案例为地方型 I 式。榆次永寿寺雨花宫始建年代可靠,建于北宋大中祥符九年(1016 年)。

以下为地方型 I 式遗构年代辨析:

太谷安禅寺藏经殿

脊槫下题记:"维大宋咸平四年岁在辛丑八月庚子朔十五日甲寅用□时昇梁永为记源旧大中十一年起置南禅院今重建造。"脊部襻间枋下题记:"维大明嘉靖五年岁次丙戌八月壬子朔初六日丁巳丙午时重修建建造僧人道明主武谨志。"❶乾隆《太谷县志》(卷五·寺观)载:"安禅寺在县西南元延祐三年建。"❷安禅寺藏经殿属于第一特征组,与大中祥符九年(1016 年)的永寿寺雨花宫相近。咸平四年(1001 年)应是主体构架建造的年代。县志所载的延祐三年(1316 年)可能发生过一次修缮活动,前后檐与山面补间斗栱出跳华栱、令栱、耍头和散斗是类法式样式,可能是此时添加的;卷云形衬方头在元代以后的建筑中普遍存在,应也是延祐三年或嘉靖五年(1526 年)所加。

文水则天庙圣母殿

目前文保单位档案中将则天庙圣母殿始建年代断为金代,断代依据是东扇板门上"皇统五年四月□日置"题记。❸ 然而,此条题记并非题于大木构架的梁栿、槫、襻间之上,题记内容也没有显示出与大木构架的直接关联,这条年代信息无法作为确定大木构架始建年代的确凿依据。第一组其他两例都建于 10 世纪到 11 世纪初,与皇统五年(1145 年)相距百年以上,而北宋中期已经形成比较成熟的地方型 II 式,建于金代初年的慈相寺正殿已经具有法式技术特征,在金代初期出现第一组形制的可能性很小。皇统五年可能与新置板门或小木作神龛有关,目前依据板门题记而认定遗构为金代建筑的方法欠妥。此构中使用的卷瓣形和梭形翼形栱与晋祠圣母殿接近,始建年代应不晚于北宋中期。

由此,地方型 I 式年代区间上限不晚于北宋咸平四年(1001 年),下限应在北宋中期,早于以晋祠圣母殿为代表的地方型 II 式。地方型 I 式与唐辽型有很多相似特征,很多构件样式与构造组合延续晚唐五代特点。

---

❶ 李会智.山西现存元代以前木结构建筑区域特征[Z]//山西省文物局.山西文物建筑保护五十年(未刊行版),2006:72-73.

❷ (清)王廷赞.太谷县志:卷五·寺观[M].刻本.1739(乾隆四年):17.

❸ 李会智.文水则天圣母庙后殿结构分析[J].古建园林技术,2000(2):7-11.

表2.2　晋中地区五代宋金时期木构建筑构件样式比较

型式	建筑名称	拱						昂、华头子		斗				其他	
		扶壁横拱	拱头卷杀	足材拱眼	单材拱眼	横拱抹面	外跳横拱长	昂/昂嘴	华头子	栌斗斗欹	散斗斗型	小斗斗欹	齐心斗成型	耍头	翼形拱
A 唐辽型	平遥镇国寺万佛殿	单材	BJ1	Z1	Y1	—	令<瓜<泥	真昂/批竹昂	无	Q1	S1	Q1	X1	平出起棱批竹昂形	卷瓣形
	昔阳离箱寺正殿	单材	HJ1	Z1	Y2	—	令<泥	—	—	Q1,Q2	S1	Q1	X1	平出起棱批竹昂形	—
B1 地方型 I式	太谷安禅寺藏经殿	单材	HJ2	Z2	Y1	—	令<泥	—	—	Q1	S1,部分高斗欹	Q1	X1	方形切几头,角缝为平出批竹昂形	—
	榆次永寿寺雨花宫	单材	HJ2	Z2	—	—	令<泥	真昂/批竹昂	无	Q1	—	Q1	X1	批竹昂形	卷瓣形
	文水则天庙圣母殿	单材	HJ2	Z2	Y1	—	令<泥	真昂/批竹昂,起棱批竹昂　补间/批竹昂	一折　隐刻单瓣	Q1,Q2	S1,部分高斗欹	Q1,Q2	X1	批竹昂形,棱形	卷瓣形,棱形
	晋祠圣母殿（殿身）	单材	HJ2	Z2	Y2	—	令=瓜<泥	真昂/起棱批竹昂	一折	Q3	S2	Q3	X1	柱头批竹昂形,补间爵头J1	卷瓣形,棱形
	晋祠圣母殿（副阶）	单材	HJ2	Z2	Y2	—	令<瓜<泥	真昂/起棱批竹昂	一折出峰,两折出峰	Q3	S2	Q3	X1	柱头爵头J2,卷瓣形　补间批竹昂形	卷瓣形,棱形
	晋祠献殿	单材	HJ2	Z2	Y2	—	令<泥	真昂/起棱批竹昂	一折出峰,两折出峰	Q3	S2	Q3	X1	柱头爵头J1,爵头J2　补间批竹昂形,爵头J1,爵头J2	卷瓣形,棱形
B2 地方型 II式	寿阳普光寺正殿	单材	HJ2	Z2	Y2	—	令<泥	平出式假昂/起棱批竹昂	两折出峰	Q1	S1,部分高斗欹	Q1,Q2	X1	屋架内卷瓣形	卷瓣形
	西见子村普济院正殿	单材	HJ2	Z2	Y2	—	—	平出式假昂/起棱批竹昂	一折出峰	Q2,高斗欹	S1,高斗欹	Q3	X1	屋架内棱形	—
	太谷万安寺正殿	单材	HJ2	Z2	—	—	—	真昂/起棱批竹昂	两折出峰	Q3	—	Q3	X1	柱头批竹昂形,爵头形　补间卷瓣形	卷瓣形,棱形
	孟县大王庙后殿	单材	HJ2	Z2	Y1	>	令<瓜<泥	平出式假昂/琴面昂	两折出峰	Q1,高斗欹	S1,高斗欹	Q1	X1	柱头平出琴面昂形　补间卷瓣形,爵头J2	卷瓣形,棱形
	阳泉关王庙正殿	单材	HJ2	Z2	Y2	—	令<瓜<泥	平出式假昂/琴面昂	一折出峰,两折出峰	Q2,高斗欹	S1,高斗欹	Q3	X1	爵头J2,平出批竹昂形,卷瓣形	卷瓣形
	清徐狐突庙后殿	单材	HJ2	Z2	Y3	—	—	—	—	Q3	S1	Q3	X1	无耍头	—

续表

型式	建筑名称	拱						昂、华头子		斗				其他	
		扶壁横拱	拱头卷杀	足材栱眼	单材栱眼	横拱抹面	外跳横拱栱长	昂/昂嘴	华头子	柱斗斗欹	散斗斗型	小斗斗欹	齐心斗成型	耍头	翼形拱
C1 类法式型 I 式	窦大夫祠西朵殿	单材	HJ2	Z2	Y3	∨	令栱长边=泥	—	—	Q3	S1	Q3	—	爵头 J2	—
	平遥慈相寺正殿	单材	HJ2	Z3	Y3	∨	令>瓜>泥	真昂/挺棱琴面昂	双瓣	Q4	S2	Q4	—	爵头 J3	卷瓣形
	虞城村五岳庙五岳殿	暗栔	HJ2	Z3	Y3	∨	令>瓜>泥	真昂/挺棱琴面昂	双瓣	Q3	S2	Q3	—	爵头 J2	卷瓣形
	子洪村汤王庙正殿	单材	BJ2	Z3	Y3	∨	瓜>令>泥	—	—	Q4	—	Q4	X1	爵头 J3	卷瓣形
	太符观昊天上帝殿	单材	BJ2	Z3	Y3	∨	瓜>令>泥	—	—	Q4	S2	Q4	X1	爵头 J2	卷瓣形
	平遥文庙大成殿	单材	HJ2	Z3	Y3	—	令=瓜<泥	真昂/挺棱琴面昂	双瓣	Q3	S2	Q3	X1	爵头 J3	卷瓣形
C2 类法式型 II 式	阳曲不二寺正殿	单材	BJ2	Z3	Y4	—	令>瓜=泥	下折式假昂/琴面昂	双瓣	Q4	S2	Q4	X2	爵头 J3	卷瓣形
	太谷真圣寺正殿	暗栔	BJ2	Z3	Y4	—	令>瓜=泥	下折式假昂/零面昂	双瓣	Q4	S2	Q4	X2	柱头足材爵头 J4，补间单材爵头 J3	卷瓣形
	惠安村宣梵寺正殿	泥道拱足材	BJ2	Z3	Y4	—	—	—	—	Q4	S2	Q4	X2	—	不对称卷瓣形
C3 类法式型 III 式	清源文庙大成殿	单材	BJ2	Z3	Y4	—	令>泥	—	—	Q4	S3	Q4	X2	柱头卷瓣形，补间爵头 J3	卷瓣形
	庄子乡圣母庙正殿	泥道栱足材 慢栱单材	BJ2	Z3	Y4	∨	令>瓜>泥	下折式假昂/零面昂	隐刻三瓣	Q4	S3	Q4	X2	柱头足材爵头 J3，补间单材爵头 J3	卷瓣形

备注：离相寺正殿补间斗栱外跳翼形栱无法判断为原物，不列入表中；
盂县大王庙后殿的单材栱构件用隐刻栱眼 Y1，其他较新的构件是小抹棱栱眼 Y2。

（2）地方型Ⅱ式

第二组案例与盂县大王庙后殿、狐突庙后殿可归纳为地方型Ⅱ式。其中,晋祠圣母殿始建年代可靠,建于北宋中期天圣至元祐二年间(1023—1087年)。类法式型遗构平遥慈相寺正殿建于金天会年间(1123—1135年),此构形制特点与地方型Ⅱ式遗构差别明显,可将天会年间作为地方型Ⅱ式遗构年代下限的参考年代。

以下为地方型Ⅱ式遗构年代辨析:

① 形制与年代信息吻合

榆次西见子村宣承院正殿

在明万历《榆次县志》中有寺史记载:"宣承院在县东西砚子村,唐咸亨二年建,宋熙宁七年僧妙果重修,金大定二年赐今额。"❶此构具有第二组典型形制特征,北宋熙宁七年(1074年)应是其始建年代。

阳泉林里村关王庙正殿

脊槫襻间枋下题记:"维南瞻竦祖大国河东路太原府平定军平定县升中郡白泉村于宣和四年壬寅岁三月庚申朔丙子日重修建记。"❷此构具有第二组典型形制特征,北宋宣和四年(1122年)应是其始建年代。

清徐狐突庙后殿

光绪《清源乡志》卷七载:"利应侯狐神庙在西马峪马鞍山下祀晋大夫狐突,元至正二十六年建。"❸卷十一载:"狐突墓,在马鞍山下。宋宣和五年封利应侯,乡人建庙以祀之。坐下有泉,遇旱祷雨辄。"❹狐突庙后殿与第二组形制接近,而与元代末期晋中地区建筑形制差异明显。外檐华栱直接承替木、衬方头为平出起棱批竹昂形,这些形制特征与汾阳东龙观北宋晚期M48墓、金代初期M2仿木构斗栱形制相似。❺北宋宣和五年(1123年)应是此构始建年代。

② 无始建年代信息

寿阳普光寺正殿前檐不用普拍枋,柱头卷杀很饱满,平梁梁头不过槫缝,都是较早的形制特征。在第二组遗构中形制最为古老,始建年代定在北宋中期比较合适。

③ 形制与年代信息不吻合

目前可查得的太谷万安寺正殿、晋祠献殿与盂县大王庙后殿的创建年代分别为金皇统七年(1147年)、大定八年(1168年)、承安五年(1200年),以下是始建年代信息来源:

太谷万安寺在乾隆《太谷县志》中有记载:"……在县治后,金皇统七年建……"❻万安寺在县衙以北,俗称"北寺"。❼

晋祠献殿的明间襻间下皮有"金大定八年岁次戊子良月创建"题记,刘大鹏《晋祠志》卷第二《亭榭》中:"献殿在圣母殿前鱼沼东金世宗雍大定八年共廿九年刱建,明万历二十二年、国朝道光二十四年间重修。"❽

盂县大王庙营建史料见于元至治三年(1323年)《重修藏山庙记》:"城右之祠仅存梁纪,则重建于金,源之承安五年,迨今百年有余矣。"❾

这三个遗构与其他年代可靠的金代建筑形制差别明显,本书对这三个遗构的始建年代提出质疑。质

---

❶ 阎朴,等.榆次县志.明万历抄本。山西榆次史志网。网址:http://www.sxycsz.cn/szb/。

❷ 阳泉郊区关王庙文管所.关王庙导引.山西省阳泉市内部图书,1996:11-12.

❸ (清)王勋祥.清源乡志:卷七·附坛庙寺观[M].刻本.1882(光绪八年):35.

❹ (清)王勋祥.清源乡志:卷十一·古迹附碑碣塚墓[M].刻本.1882(光绪八年):20.

❺ 山西省考古研究所,汾阳市文物旅游局.2008年山西汾阳东龙观宋金墓地发掘简报[J].文物,2010(2):23-38.

❻ (清)王廷赞.太谷县志:卷五·寺观[M].刻本.1739(乾隆四年):17.

❼ 万安寺在20世纪60年代后逐渐拆除,后来成为县化工厂所在地。太谷新闻网。网址:http://www.tgxww.com/a/20140919/0008514.html.

❽ 赵怀鄂.晋祠献殿[J].文物世界,1996(1):44.

❾ 李晶明.三晋石刻大全:阳泉市盂县卷[M].太原:三晋出版社,2010:32-33.

疑点在于,前两例属第二特征组,盂县大王庙后殿形制也与第二组接近。根据前文对几个特征组的梳理,第二组是以晋祠圣母殿为代表的北宋中后期形制做法,在金代初年已有法式技术传入的背景下,第二组形制做法岂能延续至金代初年,甚至金中后期,而丝毫没有融入法式技术?北宋末期的晋东南地区就已经产生了融合法式技术的新样式❶;远在晋北的大同善化寺三圣殿建于金初,也已经是类法式型;建于金初天会年间的慈相寺正殿的木构件样式已经表现出地方原有做法与法式技术融合的现象,说明这种技术转变可能在北宋晚期的晋中地区就已经开始了。而太谷万安寺正殿、晋祠献殿与盂县大王庙后殿的构件样式中并未发现融入法式特征的痕迹,在晋中地区的工匠已经开始吸收、融合法式技术的背景下,一种古老技术做法延续百年而无明显变化是很难想象的。

金皇统七年(1147 年)距北宋宣和年间(1119—1125 年)二十余年,在这一年建造万安寺正殿尚有留存北宋后期技术的可能,而另外两例都表现出与大定、承安年间其他遗构明显的差异。

金大定年间(1161—1189 年)是法式技术在山西地区普及的时期,晋中地区另外两处建造年代信息与大定年间有关的遗构——平遥文庙大成殿和子洪村汤王庙正殿前檐斗栱的构件样式——都具有法式技术特征,而献殿中却无法找到。在技术细节方面,献殿复原营造尺为 309 mm,与圣母殿复原营造尺一致,接近北宋官尺。献殿构架中甚至保存有一些样式特征早于圣母殿的老构件;有两个老栌斗斗欹侧面出板(与栱眼壁相接),在晋中地区属孤例,此种样式特点多出现在唐辽建筑中;多根泥道栱为隐刻式栱眼,与其他单材栱小抹棱式栱眼不同;大角梁与递角栿合并为同一根构件,相似的做法在晚唐五代宋初已出现(见第五章第一节)。这些技术现象都表明献殿很可能与圣母殿是同一批建造的。

晋祠圣母殿建筑群轴线附属文物的年代信息也有助于对献殿的年代判断。原在献殿前檐(现在位于鱼沼飞梁与献殿之间的月台上)的宋代铁狮铸造于政和八年(1118 年),金人台上三尊宋代金人分别铸造于元祐四年(1089 年)、绍圣四年(1097 年)和绍圣五年(1098 年),说明"圣母殿—鱼沼飞梁—金人台"的主轴线在北宋晚期已经形成;金人台与鱼沼飞梁月台间距有近 40 m,将这个区域空置是没有必要的;铁狮有镇卫之意,立于献殿门前更加合理。❷ 因此,献殿的始建年代应早于金大定年间,大定八年应是一次大修,但并未对铺作层和梁架原形制做出明显的改动;献殿构架整体形制仍保持北宋中期特征,本书认定其形制年代与晋祠圣母殿接近。❸

盂县大王庙后殿,单材栱眼为隐刻式 Y1,斗欹上曲下直 Q1,这些构件样式早于第二组形制特征。此构显示出比临近的阳泉关王庙正殿更早的样式特征,始建年代应不晚于宣和年间。金承安五年(1200 年)重修藏山庙之时,此构应已然存在。

由此,地方型Ⅱ式年代区间上限不晚于建造晋祠圣母殿的北宋中期,下限大约在宋末金初。

3. C—类法式型

第三、四、五组案例与窦大夫祠西朵殿前檐斗栱、平遥文庙大成殿可归纳为 C 型。此型的特点是本地技术与营造法式技术融合,形成与《法式》规定的构件做法较为接近的一套地方做法,在后文中称为"类法式型"。此型案例比较多,可分为三式。

(1) 类法式型Ⅰ式

第三、四组案例与窦大夫祠西朵殿前檐斗栱、平遥文庙大成殿可归纳为类法式型Ⅰ式。其中,平遥慈相寺正殿始建年代可靠,建于金天会年间(1123—1135 年)。

以下为类法式型Ⅰ式遗构年代辨析:

① 形制与年代信息吻合

---

❶ 徐怡涛. 长治、晋城地区的五代、宋、金寺庙建筑[D]. 北京:北京大学,2003:57.

❷ 梁思成,林徽因. 晋汾古建筑预查纪略[C]//中国营造学社汇刊:第五卷第三期. 北京:知识产权出版社,2006:12-67.
　晋祠文物保管所. 晋祠[M]. 北京:文物出版社,1981:3.

❸ 如果前文中对圣母殿建于熙丰年间的推测是成立的,而献殿也建于这一时期,那么,献殿中的老构件(斗欹带侧板的栌斗和隐刻式栱眼、弧形卷杀的泥道栱)极有可能取自天圣年间所建的女郎祠中的某栋建筑。天圣元年(1023 年)所建的万荣稷王庙正殿的栌斗即带侧板,这在宋构中是很少见的;此构的单材栱也为隐刻栱眼。

平遥文庙大成殿

脊槫下有墨笔题记:"维金大定三年岁次癸未□月一日辛酉重建。"❶双瓣华头子、爵头 J3 等斗栱构件样式和法式非常接近,但栱头为弧形卷杀 HJ2,昂头为起棱琴面昂,令栱与瓜子栱短于泥道栱。相邻的晋东南地区遗构在大定年间已经普遍具有法式特征,平遥文庙大成殿建于金大定三年(1163 年)的可能性较大。

祁县子洪村汤王庙正殿前檐斗栱

《祁县志》卷四"祠庙"载:"……在紫红镇双泉山半,金大定中建,……"❷此构栱头分瓣卷杀为 BJ2,要头为爵头 J3,比慈相寺正殿表现出更多的法式技术特征;单材栱眼 Y3,令栱短于瓜子栱,形制特征早于金后期的不二寺正殿。此构建于金大定年间(1161—1189 年)的可能性较大。

② 无始建年代信息

窦大夫祠西朵殿前檐斗栱

据金大定二年《英济侯感应碑》所载:"旧庙临汾源而靠诸泉,宋元丰八年六月二十四日,汾水涨溢,遂易今庙。"❸如今的窦大夫祠是北宋元丰八年(1085 年)之后陆续兴建的。西朵殿前檐斗栱兼具第二组和第三组的特征,足材栱眼 Z2、小斗斗型 S1 形制特征早于慈相寺正殿,始建年代应早于金大定二年(1162 年)。

汾阳太符观昊天上帝殿

据昊天上帝殿前檐墙壁所嵌金承安五年(1200 年)《太符观创建醮坛记》碑碣,证明此构的始建年代在金代晚期以前。单材栱眼为小顭面 Y3,要头为爵头 J2,形制特征晚于慈相寺正殿而早于不二寺正殿。

汾阳虞城村五岳庙五岳殿

虞城村五岳庙五岳殿,柱头斗栱真昂昂头为起棱琴面昂,爵头 J2、斗欹内顭不出峰 Q3 的形制特征略早于慈相寺正殿。

由此,类法式型Ⅰ式的年代区间上限在宋末金初,下限约在大定年间。类法式型Ⅰ式斗栱构件表现出地方做法吸收法式技术,但不及类法式型Ⅱ式吸收法式技术充分。

(2) 类法式型Ⅱ式

第五组案例中的真圣寺正殿、不二寺正殿、宣梵寺正殿、清源文庙大成殿可归纳为类法式型Ⅱ式。其中,阳曲不二寺正殿始建年代可靠,建于金明昌六年(1195 年)。

以下为类法式型Ⅱ式遗构年代辨析:

太谷蚍蜉村真圣寺正殿

据乾隆《太谷县志》载:"贞圣寺在县东南七十里佛谷村金正隆二年建。"❹此构与不二寺正殿的斗栱形制是融合法式技术最为典型的,补间斗栱挑斡,考虑到相邻的晋东南地区在此时已经充分融合法式技术,金正隆二年(1157 年)应是此构的始建年代。

太谷惠安村宣梵寺正殿

明成化《山西通志》载有:"宣梵寺在太谷县东南十八里惠安都,金承安五年建,国朝洪武间,并光化、法安、圣果、万安、光梵、慈济、永宁、慧明、净觉、福严、法云、慈圣、观音十二寺入焉。"❺此构泥道栱为足材,形制特征晚于不二寺正殿,金承安五年(1200 年)应是其始建年代。

❶ 祁英涛,杜仙洲,陈明达.两年来山西省新发现的古建筑[J].文物参考资料,1954(11):55.

❷ (清)陈时.祁县志:卷四·祠庙[M].刻本.1780(乾隆四十五年):22.

❸ (清)胡聘之.山右石刻丛编:卷二十[M].刻本.1901(光绪二十七年):6-10.
中国东方文化研究会历史文化分会.历代碑志丛书:第十五册[M].南京:江苏古籍出版社,1998:785-787.

❹ (清)王廷赞.太谷县志:卷五·寺观[M].刻本.1739(乾隆四年):19.

❺ (明)李侃,胡谧.[成化]山西通志:卷五(山西大学图书馆藏民国二十二年景钞明成化十一年刻本)[M]//四库全书存目丛书编纂委员会.四库全书存目丛书·史部一七四.济南:齐鲁书社,1996.

清源文庙大成殿

光绪《清源乡志》:"文庙在城之西南金太和三年知县张德元建,元延祐年知县彭殷辅重修,明洪武间……"❶此构构架形制较规整,沿用了宋构常用的简式单槽殿堂结构,前后檐明间用两朵补间斗栱,散斗为类法式斗型S3,这些特征晚于不二寺正殿,金泰和三年(1203年)应是此构的始建年代。

由此,类法式型Ⅱ式的年代区间上限在金正隆、大定年间,下限至13世纪初的金代末期。

(3) 类法式型Ⅲ式

第五组案例中的庄子乡圣母庙圣母殿可归纳为类法式型Ⅲ式。

此式区别于类法式型Ⅱ式的特点是跳头横栱栱头斜抹、扶壁横栱用足材,这两种特征在元代较常见。庄子乡圣母庙正殿补间斗栱挑幹前端不出下昂,而是水平折出作耍头,元代以后的挑幹多做成这样。而此构五铺作斗栱用材比元构略大,屋架构造严整,梁栿节点不用蜀柱,都比大多数元代建筑形制古老一些。因此,类法式型Ⅲ式的年代区间晚于类法式型Ⅱ式,应在金末元初。

2.2.4　构造组合方式校核分型

1. 斗栱构造

(1) 扶壁栱形制

扶壁栱形制主要为单栱素枋和重栱素枋两种。仅则天庙圣母殿为"单栱+两层素枋+单栱+替木、承椽枋"。

根据年代可靠案例形制特征可知,单栱素枋早于重栱素枋。

唐辽型与地方型遗构都为单栱素枋,类法式型Ⅰ式中兼有单栱素枋和重栱素枋两种,类法式型Ⅱ式和Ⅲ式都用重栱素枋。

(2) 五铺作外跳横栱形制

晋中地区研究案例中,使用五铺作斗栱的遗构数量最多,便于统计外跳华栱承横栱的形制。可分为四种形式:偷心(W1)、偷心处施翼形栱(W2)、单栱承罗汉枋(W3)、重栱承罗汉枋(W4)。

根据年代可靠案例形制特征可知,W1最早,W3其次,W4最晚。

地方型Ⅰ式斗栱为W1,地方型Ⅱ式斗栱并存有W2、W3、W4,类法式型Ⅰ式中存在W3、W4,类法式型Ⅱ式与Ⅲ式斗栱为W4。

(3) 偷心交互斗节点

晋中地区是现存唐宋时期遗构中使用翼形栱最为普遍的地区。翼形栱通常施于华栱跳头偷心处,并在交互斗所承足材华栱上隐出心斗。以下统计华栱偷心交互斗节点的做法,可分为三种形式:不施翼形栱(T1);偷心处施翼形栱,翼形栱材厚较横栱材厚略小(T2);偷心处施薄翼形栱,翼形栱材厚约为横栱材厚的一半(T3)。(图2.10)

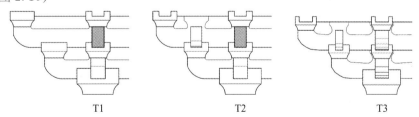

T1　　　　　　　T2　　　　　　　T3

图2.10　偷心交互斗节点样式

根据年代可靠案例形制特征可知,T1最早,T2其次,T3最晚。

唐辽型与地方型Ⅰ式为T1。地方型Ⅱ式主要为T1;并出现一栋建筑中并用T1、T2与T3的情况,如,万安寺正殿斗栱外跳为T2,里跳为T1、T3。类法式型Ⅰ式斗栱分别用T1、T2与T3。类法式型Ⅱ式

❶　(清)王勋祥.清源乡志:卷五·学校[M].刻本.1882(光绪八年):1.

与Ⅲ式斗栱偷心处为 T3。

通过三类斗栱构造组合形制的比较，发现前文中根据构件样式所作分型的先后顺序与典型斗栱构造的先后顺序基本吻合。并可得到以下结论：

唐辽型、地方型Ⅰ式与类法式型Ⅱ式、Ⅲ式的三种构造组合比较统一。扶壁重栱、跳头重栱都是《法式》中规定的构造做法，主要在类法式型中使用，可见构造做法的演变也是趋向于法式特征的。

类法式型Ⅰ式中，三类构造组合都存在多种形制，兼具地方型Ⅱ式与类法式型Ⅱ式的各种形制，与前文分析认为类法式型Ⅰ式是地方技术与法式技术融合的中间过程的推断相符。（表2.3）

表 2.3　典型构造组合形制比较

型、式	建筑名称	扶壁栱形制	五铺作外跳横栱	偷心交互斗节点
A 唐辽型	平遥镇国寺万佛殿	单栱素枋	—	T1
	昔阳离相寺正殿	单栱素枋	—	T1
B1 地方型Ⅰ式	太谷安禅寺藏经殿	单栱素枋	—	T1
	榆次永寿寺雨花宫	单栱素枋	W1	T1
	文水则天庙圣母殿	单栱+两层素枋+单栱+替木、承椽枋	W1	T1
B2 地方型Ⅱ式	晋祠圣母殿	单栱素枋	W3	T1、T2
	晋祠献殿	单栱素枋	W2	T1、T2
	寿阳普光寺正殿	单栱素枋	—	—
	西见子村宣承院正殿	单栱素枋	—	T1、T3
	太谷万安寺正殿	单栱素枋	W2	T1、T2、T3
	盂县大王庙后殿	单栱素枋	W4	T1
	阳泉关王庙正殿	单栱素枋	W4	T1
	清徐狐突庙后殿	单栱素枋	—	—
C1 类法式型Ⅰ式	窦大夫祠西朵殿	重栱素枋		
	平遥慈相寺正殿	重栱素枋	W4	T3
	虞城村五岳庙五岳殿	单栱素枋	W4	T3
	子洪村汤王庙正殿	单栱素枋	W3	T3
	太符观昊天上帝殿	重栱素枋	W3	T1
	平遥文庙大成殿	重栱素枋	—	T2
C2 类法式型Ⅱ式	阳曲不二寺正殿	重栱素枋	W4	T3
	太谷真圣寺正殿	重栱素枋	W4	T3
	惠安村宣梵寺正殿	单栱素枋	—	—
	清源文庙大成殿	重栱素枋	—	T3
C3 类法式型Ⅲ式	庄子乡圣母庙正殿	重栱素枋	W4	—

2. 梁栿节点

除慈相寺正殿、平遥文庙大成殿、太符观昊天上帝殿的梁栿节点比较特殊外，大多数晋中地区五代宋金时期遗构的梁栿节点构造特征相近，可以梳理出演变序列。根据梁头是否过槫缝、是否每间都用通长襻间、托脚所承不同构件、是否使用屋内额，可分为两式。（图2.11、图2.12、表2.4）

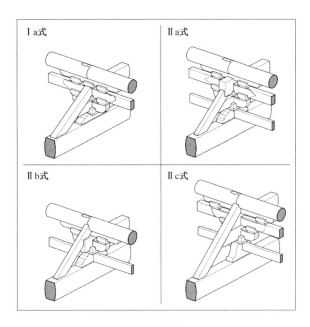

图 2.11　梁栿节点一

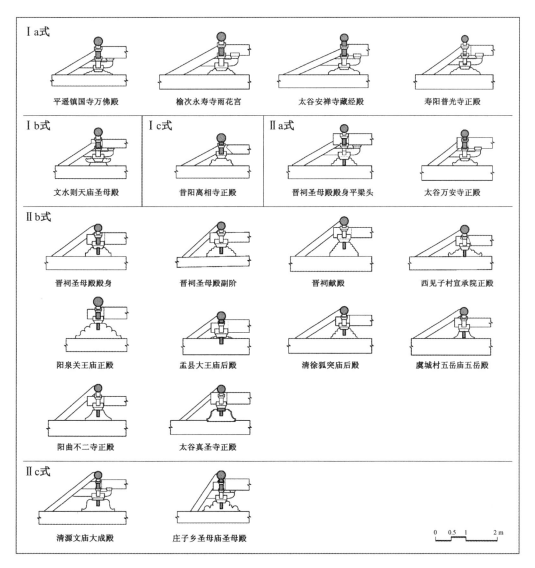

图 2.12　梁栿节点二

表 2.4　晋中地区梁槫节点类型

式		案例	梁头过槫缝	托脚所抵位置	是否用华栱	通长襻间	用屋内额	型式
Ⅰ式	Ⅰa	平遥镇国寺万佛殿	×	梁头	✓	逐间	×	A
		榆次永寿寺雨花宫	×	梁头	✓	逐间	×	B1
		太谷安禅寺藏经殿	×	梁头	✓	—	×	
		寿阳普光寺正殿	×	梁头	✓	次间	×	B2
	Ⅰb	文水则天庙圣母殿	×	梁头	✓	逐间	×	B1
	Ⅰc	昔阳离相寺正殿	×	梁头	×	逐间	×	A
Ⅱ式	Ⅱa	晋祠圣母殿殿身平梁头	✓	梁头		逐间	✓	
		太谷万安寺正殿	✓	梁头		逐间	✓	
	Ⅱb	晋祠圣母殿殿身其他梁头	✓	槫	×	逐间	✓	B2
		晋祠圣母殿副阶	✓	槫	×	×	✓	
		晋祠献殿	✓	槫	×	×	✓	
		西见子村宣承院正殿	✓	槫	×	×	✓	
		阳泉关王庙正殿	✓	—	×	明间	✓	
		盂县大王庙后殿	✓	槫	×	×	✓	
		清徐狐突庙后殿	✓	槫	×	×	✓	
		虞城村五岳庙五岳殿	✓	槫	×	×	✓	C1
		阳曲不二寺正殿平梁头	✓	槫	×	×	✓	C2
		太谷真圣寺正殿平梁头	✓	槫	×	×	✓	
	Ⅱc	清源文庙大成殿	✓	槫	✓	逐间	✓	C3
		庄子乡圣母庙正殿	✓	槫	✓	逐间	✓	

备注	①"√"表示属于此做法,"✕"表示非此做法,"—"表示无法确认。
	②"样式"是指前文中根据构件样式所做的分型,"A"代表唐辽型、"B1"代表地方型Ⅰ式、"B2"代表地方型Ⅱ式、"C1"代表类法式型Ⅰ式、"C2"代表类法式型Ⅱ式、"C3"代表类法式型Ⅲ式。
	③ 由于上下两层梁栿间距过小,导致驼峰较小或不用驼峰、屋内额的构造节点,不列为比较项。如,镇国寺万佛殿四椽栿与下道六椽栿之间距离较小,栌斗做成骑栿斗;阳曲不二寺正殿、太谷真圣寺正殿前檐四椽栿与劄牵之间高度较小,栌斗下仅作很矮的驼峰而不作屋内额。
	④ 永寿寺雨花宫下平槫节点,外檐柱头斗栱下昂后尾作挑至下平槫缝梁头,属于特例,不列入比较项。
	⑤ 安禅寺藏经殿上部梁架被当代新加天花遮挡,不可见梁架结构,根据李会智先生所著《山西现存元以前木结构建筑区期特征》文中插图判断,明间用通长襻间,次间情况不明。❶
	⑥ 太谷万安寺正殿托脚已失,根据华栱切几头判断,托脚应抵梁头。目前无法判断阳泉关王庙正殿是否用托脚。
	⑦ 狐突庙后殿在栌斗与驼峰之间插入普拍枋,驼峰侧面可见屋内额卯口,推测普拍枋为后代所加,原有屋内额。太谷真圣寺正殿承平梁的栌斗下用普拍枋与屋内额,普拍枋尺寸较大,目前无法判断是否为原物。

Ⅰ式,分为三个亚式。

Ⅰa式为完整样式,梁头不过槫缝,托脚抵在梁头,不用屋内额;在下层梁背上架驼峰,驼峰承栌斗,栌斗承作切几头的华栱,华栱上承梁栿。纵架方向出捧节令栱、襻间枋、替木。

Ⅰb式与Ⅰa式接近,只是梁头上部出头,压住托脚;仅文水则天庙圣母殿一例。

Ⅰc式为简化样式,栌斗直接承梁头,托脚抵梁头并插入栌斗斗口,不用华栱承梁,因此纵架也少一层捧节令栱;仅昔阳离相寺正殿一例。

❶　李会智.山西现存元以前木结构建筑区期特征[C]//李玉明.2010年三晋文化研讨会论文集.太原:三晋文化研究会,2010:329-400.

Ⅱ式,分为三个亚式。

Ⅱa式,梁头过槫缝,托脚抵在梁头下部,用单材华栱承梁栿,逐间用襻间,捧节令栱承襻间。

Ⅱb式,梁头过槫缝,托脚抵槫,用栌斗承梁栿,用屋内额,多数案例不用襻间,或只在明间用襻间。托脚要穿过梁头才能抵槫,需在梁头开斜槽。

Ⅱc式,梁头过槫缝,托脚抵槫,用足材华栱承梁栿,用屋内额,逐间用襻间,捧节令栱承襻间。

对照前文中根据斗栱构件样式对遗构所做的分型,可以与梁槫节点的几种形式取得基本对应的关系:

(1)梁槫节点Ⅰ式基本为唐辽型和地方型Ⅰ式,寿阳普光寺正殿也是地方型Ⅱ式中形制最古老的。

(2)梁槫节点Ⅱ式基本为地方型Ⅱ式和类法式型。梁槫节点Ⅱa式为地方型Ⅱ式;梁槫节点Ⅱb式应用最为广泛,地方型Ⅱ式、类法式型Ⅰ式和类法式型Ⅱ式多数为梁槫节点Ⅱb式。

(3)梁槫节点Ⅱc式为类法式型Ⅲ式。

通过对斗栱构造与梁槫节点的类型梳理,可以与前文中所做的分型取得对应关系,证明通过构件样式对遗构进行分型的方法是可行和有效的,分型结果是合理的。

2.2.5　小结

1. 类型学与年代学分析结论

本节根据晋中地区24个五代宋金时期案例的构件样式特征进行类型分析,构建各种构件样式演变的相对年代序列,由此可以校核研究案例年代信息,并分别讨论各型的年代区间。

经本节讨论,根据典型构件样式特征,晋中地区五代宋金时期木构建筑可分为3种形制类型,3种形制类型之间存在渐进演变关系,反映了本研究时段内晋中地区建筑形制与营造技术的演变特点。五代宋初遗构为唐辽型,形制承袭自中晚唐时期。北宋前期的地方型Ⅰ式继承了很多唐末五代形制,至北宋中期形成以晋祠圣母殿为代表的地方型Ⅱ式。宋末金初以降,受营造法式技术传播的影响,地方营造技术中逐渐融入法式技术,形成类法式型。类法式型Ⅰ式显示出技术融合的过渡阶段特征,类法式型Ⅱ式已经表现出很典型的法式特征,类法式型Ⅲ式在Ⅱ式的基础上略有变化。

接下来章节中的技术史研究正是以本章形制年代学研究为基础展开的。

2. 四座重要早期建筑年代推敲

经过本节研究,发现4座重要早期建筑的断代问题值得引起学界关注。

昔阳离相寺正殿形制特征古老,若经碳十四测年测得老构件木材死亡年代早于或接近10世纪六七十年代,则说明此构始建年代为北宋开宝年间(968—976年),在年代上与镇国寺万佛殿(963年)并驾齐驱,是极为难得的10世纪遗构。离相寺正殿与镇国寺万佛殿,如同晋中北地区的南禅寺大殿和佛光寺大殿,代表了本地区现存最古老的结构形式和样式特征。

目前学界将文水则天庙圣母殿、晋祠献殿、盂县大王庙后殿三构认定为金代建筑,断代依据都是片面的年代信息。经过本节分析认为,文水则天庙圣母殿形制特征为地方型Ⅰ式,始建年代不晚于北宋中期;晋祠献殿与盂县大王庙后殿形制特征属地方型Ⅱ式,始建年代不晚于宋末金初。本文对这3个重要遗构年代提出质疑,但尚不能得出最终的断代结论,需要等待未来更为细致的调查和碳十四测年校核。从三个遗构中选取样式最古老的若干构件做碳十四测年,若经验证确实为金代构件,则说明金代存在传统的北宋地方样式和新的类法式样式并存的局面;若测得老构件木材死亡年代在北宋中后期时段,则说明地方型技术传统终止于12世纪初宋末金初这个时间段,继之而起的融合法式技术特点是类法式型技术。

3. "法式化"变革

根据对构件样式与构造组合的类型研究可知,法式技术的传播对晋中地区金代以后建筑面貌有着深远的影响。法式技术,指北宋晚期在都城开封地区形成的官式营造技术,其技术特点集中体现在成书于北宋崇宁年间的《营造法式》中。法式技术在山西、河北地区的传播主要在宋末至金中后期。受法式技术的影响,地方建筑的构造做法、构件样式转变为具有法式特征的演变进程,本书称之为地方营造技术的"法式化"变革(后文中简称为"法式化"),将在第五章中继续关于技术传播和法式化的讨论。

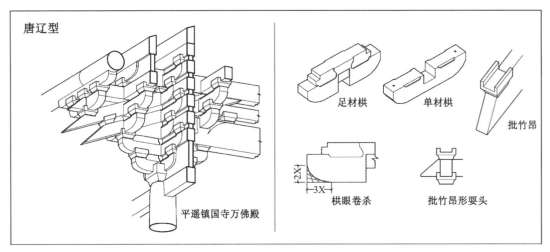

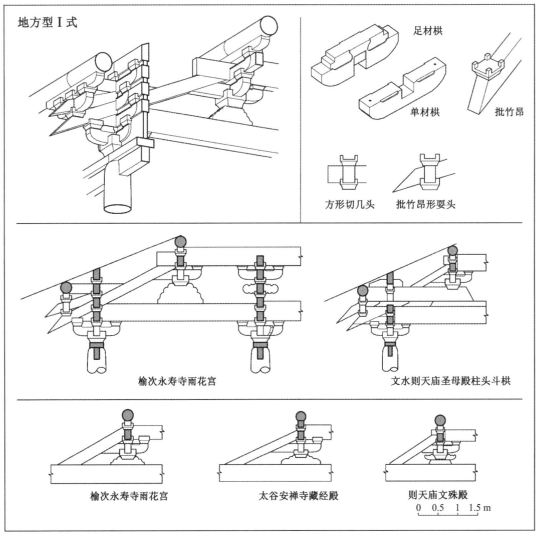

图 2.13　图版—唐辽型与地方型 I 式

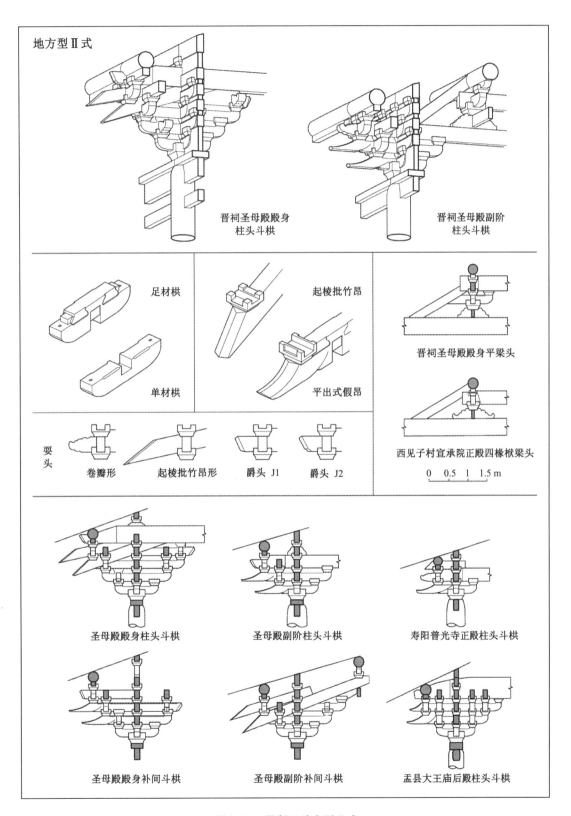

图 2.14 图版二地方型Ⅱ式

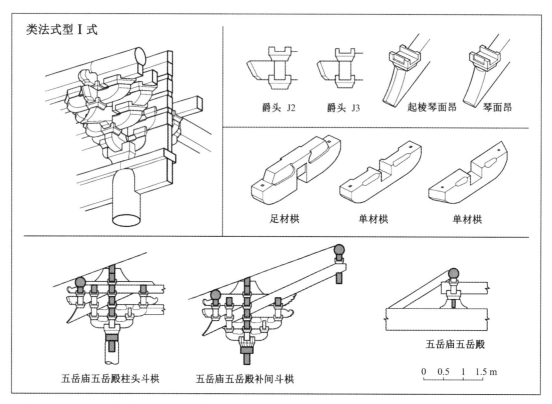

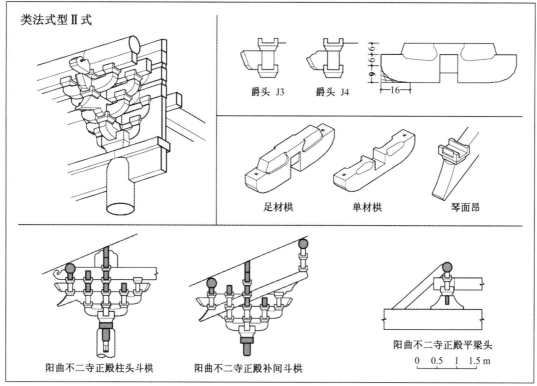

图 2.15   图版三类法式型 I 式和类法式型 II 式

3 大木构架结构形式与构成分析

大木构架结构形式研究是现代建筑史学者运用建筑学知识、从结构分型的角度分析古代木构建筑的认识途径。《法式》文本与图样中反映出编著者有意识地归纳出殿堂、厅堂、余屋这三种结构形式,说明北宋时期的营造管理者与实施者就已具有结构分型的意识,不同的结构形式对应于不同的建筑等级和功能。前辈学者的研究工作,是将实物调查结合《法式》研究后进行归纳、分型,在研究方法上体现出由借助《法式》信息到重视实物特点,再转向重视营造思维和建构逻辑的特点。

关于早期大木构架结构分型,最早的论述出自陈明达先生。在《营造法式大木作研究》一书中,区分了殿堂、厅堂、余屋、副阶等几种形式,并结合《法式》图版与实例分析了殿堂与厅堂的特点。❶ 稍后几年的另一本著作《中国古代木结构建筑技术(战国—北宋)》中,将当时获知的案例归纳为三种形式:海会殿形式、佛光寺形式、奉国寺形式。❷

1980年代已有学者以差异性视角审视结构形式的多样性与丰富性。潘谷西先生在《〈营造法式〉解读》中提到实际中常有相互跨类混用的现象。❸ 《中国古代建筑技术史》第五章"木结构建筑技术"第五节"宋代木结构"由祁英涛先生执笔,文中认为一些现存宋代建筑木构架处于殿堂式与厅堂式之间,如一些宋代中小型建筑,并列举青莲寺大殿、永寿寺雨花宫、初祖庵正殿三个典型案例;将这些建筑归为区别于殿堂式、厅堂式、柱梁作的"其他"形式。❹

傅熹年先生在《中国科学技术史:建筑卷》中提出了较为系统的分型方式,书中将晚唐五代辽宋金时期木构建筑分为柱梁式、穿斗式和木构拱架三类。傅氏研究认为殿堂与厅堂构架都从属于柱梁式,殿堂型包括基本形式和简化形式,厅堂型构架包括基本形式、兼有殿堂构架特点的厅堂构架、使用大阑额的厅堂构架。❺ 祁英涛先生所提的"其他"形式,在傅熹年先生的分型框架下从属于殿堂型的简化形式。张十庆先生在《从建构思维看古代建筑结构的类型与演变》一文中,提出"层叠"与"连架"两种建构逻辑,为结构形式分析提供了新的思路和分析方法。❻

结构分型是结合遗构实物特征与《法式》信息归纳而成的理论模式,目前的研究成果存在两种局限性。其一,不同区域建筑结构形式差异极大,根据华北地区早期遗构建立的结构分型标准,显然无法概括不同建筑区系、不同时期出现的多种结构形式。以宁波保国寺大殿为代表的江南方三间歇山建筑,结构构成特点是以四内柱构成核心框架,再由若干楁梁架附加于核心框架四周,形成井字形结构;而以华严寺海会殿为代表的华北地区连架悬山建筑,是由若干楁屋架串联而成,每个楁架为四架椽屋前后附加梁架构成。此二者都被概括为厅堂结构,但却属于南北不同谱系,谱系差异性远大于厅堂共性。其二,以往的结构分型研究与《法式》语汇解读密不可分,《法式》提供了殿堂、厅堂、余屋、斗尖亭榭等概念,一些大型建筑可以用殿堂、厅堂区分,但一些小型建筑结构很难归为殿堂或厅堂结构(由于现存早期遗构都不属于余屋和亭榭),理论化的"殿堂""厅堂"两分法与实物结构形式丰富性、兼容性产生了矛盾。如,南禅寺大殿、镇国寺万佛殿一般的通栿结构,兼可用于歇山或悬山构架,底层梁栿可用双栿也可只用一道,且可配置多种铺作

❶ 陈明达.营造法式大木作研究[M].北京:文物出版社,1981.
❷ 陈明达.中国古代木结构建筑技术:战国—北宋[M].北京:文物出版社,1990:44-47.
❸ 潘谷西,何建中.《营造法式》解读[M].南京:东南大学出版社,2005:30.
❹ 中国科学院自然科学史研究所.中国古代建筑技术史[M].北京:科学出版社,1985:91-98.
❺ 傅熹年.中国科学技术史:建筑卷[M].北京:科学出版社,2008:451-469.
❻ 张十庆.从建构思维看古代建筑结构的类型与演变[J].建筑师,2007(2):168.

等级的斗栱,很难契合于典型的殿堂或厅堂特征;再如,晋东南地区宋金时期的悬山建筑,屋架侧样是与该地区简式殿堂相似的层叠式结构,但也具有厅堂槫架相连的特点。

为了避免上述局限,本章讨论基于以下三点认识:①"层叠"与"连架"两种建构方式在同一栋建筑中可混用;②存在"非标准殿堂""非标准厅堂"的简单结构形式;③充分发掘各种地方结构形式的特点。

晋中地区是现存元代以前遗构结构类型最丰富的地区。在本章中,笔者根据遗构特点进行分型,梳理这一地区两百余年间存在的结构形式,并揭示其形制来源;在此基础上,选取典型结构形式进行结构构成分析。结构构成关注柱额、斗栱、横架、纵架、转角等结构搭接组合的关系,并涉及一些尺度构成分析,用以探究古代设计方法。由于现存遗构数量较少且类型多样,以单线索的技术演进逻辑阐释研究时段内构架的演变显然是不明智的。例如,镇国寺万佛殿用双栿,而晋祠圣母殿只用了上道梁栿(位置同草栿),不能认为后者由前者演化而成,否则就无法解释金构平遥文庙大成殿、虞城村五岳庙五岳殿中的双栿现象;再如,北宋遗构多用简式单槽歇山殿堂,金构多用连架悬山厅堂,如果没有近年来新发现的寿阳普光寺正殿这处北宋连架厅堂,就很容易得出连架厅堂结构是金代由其他地域引入的结论。

面对晋中地区元代以前的大木构架研究,需要从两个方面进行反思:①官式建筑形制如何投射到地方建筑中,在地方建筑中如何简化、融合,因此需要探明何为最典型的官式形制;②地方建筑的不同结构形式的特点以及相互之间的渗透、交融。

本章选取三个专题进行论述,希望能将本研究时段内大木构架的演进特征清晰地展现出来:

第一节,以七铺作双栿制为线索,揭示晚唐至宋金时期官式殿堂建筑斗栱的构成特征。平遥的两个遗构案例——镇国寺万佛殿和平遥文庙大成殿——分别具有唐辽官式和《法式》的特征,是七铺作双栿斗栱在晋中地区的典型案例。

第二节,针对数量保持较多的中小型民式案例作分析,主要是单槽简化歇山殿堂和通柱式连架悬山厅堂的结构特点,并述及通槫结构。

第三节,以形制等级最高的重檐建筑晋祠圣母殿的结构构成特点作为切入点,讨论宋辽金时期大型构架形制与构成特点,以及对后世的影响。

3.1　官式殿堂斗栱:七铺作双栿制探析

七铺作双栿制是晚唐至金代北方地区高等级官式建筑斗栱定制。晋中地区的平遥县保存有两个使用七铺作双栿的遗构——镇国寺万佛殿与平遥文庙大成殿,这两例的样式类型分属唐辽型与类法式型Ⅰ式,两例的构架结构形式也存在明显的差异。本节以七铺作双栿斗栱为线索,讨论具有官式背景的高等级建筑中柱头斗栱的形制特点。

3.1.1　研究对象——七铺作双栿斗栱

唐五代辽宋金时期北方遗构中出现的七铺作斗栱大多都是双杪双下昂,两道昂用真昂;与之相伴生的是双栿,上道栿压在两道昂后尾上,里跳华栱承托的下道栿在昂下。❶ 元代遗构中不存这种等级的斗栱;明清时期在最高规格建筑中虽有使用,但斗栱用材等级骤减,全做假下昂,双栿构造早已消失。

采用这种斗栱形制的遗构共八例,出现于晚唐至金中期,在北方地区延续长达三百余年,考虑到敦煌盛唐壁画中已有七铺作斗栱形象,其出现的时代上限还可能再上溯百年。八个案例分布在多个地区,晋中两例、晋北两例、晋东南一例、晋中北一例、辽西一例、冀东北一例(图 3.1)。唐五代辽宋金时期,北方各区域木构建筑形制与做法不断变化,并存在明显的地域差异;而只有这种七铺作双栿斗栱形制延续绵长、地域广布。本节正是通过分析七铺作柱头斗栱案例,探讨唐五代宋辽金时期北方地区官式建筑斗栱形制的

---

❶　文中提及与天花有关的双栿时称为草栿、明栿,其余用上道栿、下道栿。

特点。❶ 为行文简练,以此八例的建造年代先后为序,后文中以序号代指各案例。(表3.1、图3.2)

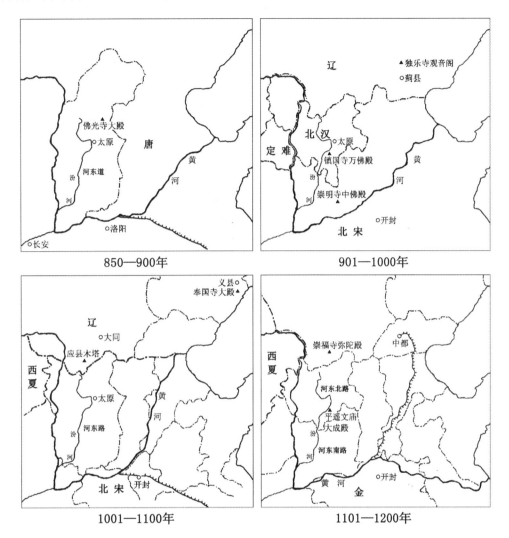

850—900年 | 901—1000年 | 1001—1100年 | 1101—1200年

图3.1 七铺作双栱斗栱案例的时空分布

表3.1 北方七铺作遗构案例

序号	建筑名称	建造年代	构架描述	地点
案例 I	佛光寺大殿	唐·大中十一年(857年)	七间八架庑殿	山西五台县
案例 II	镇国寺万佛殿	北汉·天会七年(963年)	三间六架歇山	山西平遥县
案例 III	崇明寺中佛殿	宋·开宝四年(971年)	三间六架歇山	山西高平县
案例 IV	独乐寺观音阁二层	辽·统和二年(984年)	五间八架歇山	天津蓟县
案例 V	奉国寺大殿	辽·开泰九年(1020年)	九间十架庑殿	辽宁义县
案例 VI	应县木塔一、二层	辽·清宁二年(1056年)	八边形面阔三间	山西应县
案例 VII	崇福寺弥陀殿	金·皇统三年(1143年)	七间八架歇山	山西朔州
案例 VIII	平遥文庙大成殿	金·大定三年(1163年)	五间十二架歇山	山西平遥县

---

❶ 有些案例转角斗栱角缝出由昂,形成双杪三下昂形象,与本文讨论不产生矛盾。此八例山面柱头斗栱、丁栱也为双杪双下昂七铺作双栱制,与前后檐基本一致,本文主要讨论七铺作的等级与形制意义,略去对山面构造的讨论。

陵川县北马村玉皇庙用单杪三下昂七铺作斗栱,此例形制特殊,面阔五间进深六架椽悬山,后檐斗栱只做四铺作、不用双栱,始建年代与历史背景还有待研究。此例不具备官式建筑特征,故不作为典型研究案例。

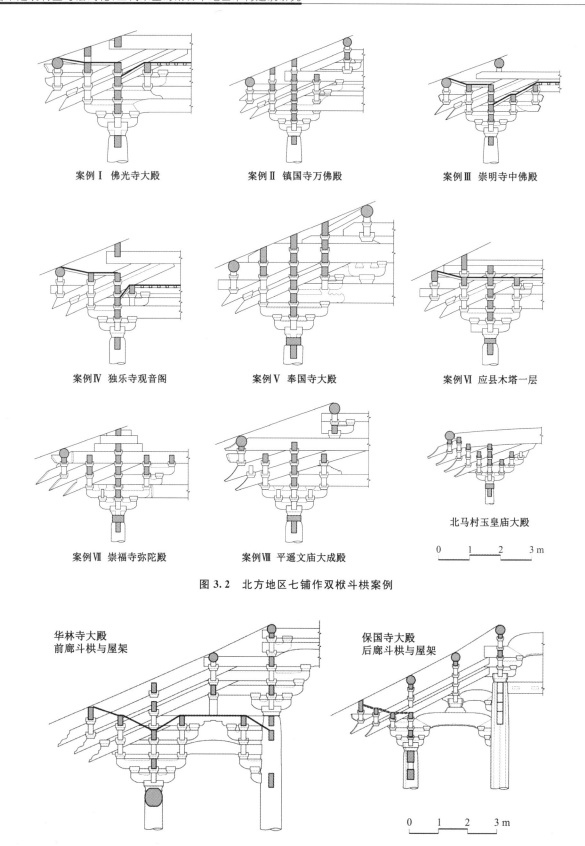

案例Ⅰ 佛光寺大殿　　　　案例Ⅱ 镇国寺万佛殿　　　　案例Ⅲ 崇明寺中佛殿

案例Ⅳ 独乐寺观音阁　　　　案例Ⅴ 奉国寺大殿　　　　案例Ⅵ 应县木塔一层

案例Ⅶ 崇福寺弥陀殿　　　　案例Ⅷ 平遥文庙大成殿　　　　北马村玉皇庙大殿

0　1　2　3 m

图 3.2　北方地区七铺作双杪斗栱案例

华林寺大殿
前廊斗栱与屋架

保国寺大殿
后廊斗栱与屋架

0　1　2　3 m

图 3.3　南方七铺作斗栱案例

　　南方地区虽存四例早期双杪双下昂七铺作斗栱(福州华林寺大殿、宁波保国寺大殿、莆田元妙观三清殿、肇庆梅庵大殿),但形制、结构做法与北方案例存在明显差异。昂尾常承两到三架椽,且只做一道月梁与斗栱相交;多数北方七铺作斗栱的令栱耍头层与柱头枋材栔对位,降一足材的高度,实际是六铺作出檐高度,而南方案例的令栱耍头层不与柱头枋材栔对位。❶ 福建与广东案例均在令栱耍头位置出昂头,如同三道下昂。加之南方宋元时期高等级斗栱案例稀少,若干案例建造年代尚未考定,南方区域社会历史发展也异于北方,无法纳入本节研究范畴。(图3.3)

3.1.2　七铺作双栱做法类型分析

虽然七铺作斗栱案例保存较少,也不集中于同一区域,无法进行统计学意义上的类型分析,但仍可通过类型比较的方式来认识这些案例所体现出的地域差异与时代变化。

1. 斗栱类型分析

以斗栱形制、构件样式、天花构造的各要素作为分型依据,可分为三型。分型依据中较为重要的是昂与耍头样式、外跳一三跳交互斗加工方式、扶壁栱形制、昂斜度等。(表3.2)

表3.2　北方双杪双下昂七铺作斗栱类型比较❷　　　　　　　　　　单位:cm

型		唐辽型						地方型	类法式型
案例		案例Ⅰ	案例Ⅱ	案例Ⅲ	案例Ⅳ	案例Ⅴ	案例Ⅵ	案例Ⅶ	案例Ⅷ
草栿铺作层		八	七	七	七	七	七	六	七
明栿铺作层		三	四	六	三	四	四	三	四
构件样式	栱头卷杀	BJ1	BJ1	BJ1	BJ1	BJ1	BJ1	HJ2	HJ2
	昂形	批竹昂	批竹昂	起棱批竹昂	批竹昂	批竹昂	批竹昂	起棱批竹昂	起棱琴面昂
	耍头	挑尖形	平出批竹昂形	近似爵头J2	方形切几头	方形切几头	方形切几头	起棱批竹昂	爵头J3
	三跳交互斗	斜斗	斜斗	斜斗	斜斗	斜斗	斜斗	无	正斗
	首跳交互斗	截纹看面	截纹看面	顺纹看面	截纹看面	截纹看面	截纹看面	顺纹看面	顺纹看面
天花	天花	有	无	有	有	无	无	无	无
	素枋	有	有	无	明栿上缴背	无	无	无	无
	算桯枋	有	无	无	无	无	无	无	无
构造做法	扶壁栱	单栱素枋	单栱素枋	单栱素枋	单栱素枋	单栱素枋	单栱素枋	单栱素枋	重栱素枋
	华头子	无	无	无	无	无	无	无	有
	衬方头	出头	不出头	不出头	不出头	不出头	不出头	上道栿出头	上道栿出头
	昂斜度	47:21	47:21	47:21	46:21	49:21	约5:2	约5:2	约10:3
用材	材等(尺长)	一(29.8)	四(30.6)	四(30.3)	二(29.4)	一(30.2)	二(29.5)	二(31)	二(31.2)
	单材	30×20.5	21.4×15.6	21.3×15.2	24×16.5	29×20	25.5×17	25×16	26×17
	栔	13	10.2	9.2	10	14	11~13	11	11

(1)唐辽型,为案例Ⅰ、Ⅱ、Ⅲ、Ⅳ、Ⅴ、Ⅵ。唐五代宋初的三个遗构都为此型,在辽构中一直使用,而在10世纪以后的宋地就不见踪迹。各案例的时代地域差异在耍头样式上表现得最明显,案例Ⅰ用挑尖形,案例Ⅱ是平出批竹昂形,案例Ⅲ为爵头,三辽构为方形切几头。各例扶壁栱都是单栱素枋,昂斜度也基本一致,栱头都为分瓣卷杀BJ1。

(2)地方型,仅案例Ⅶ一例,使用起棱批竹昂,耍头也为起棱批竹昂形,栱头为弧形卷杀HJ2;昂的斜度约5:2,与唐辽型的昂斜度接近;天花构造全部省略。

❶ 根据广州大学岭南建筑研究所2011年测绘成果,肇庆梅庵大殿令栱并不与柱头枋材栔对齐。袁艺峰.肇庆梅庵大殿[D].广州:广州大学,2013.

❷ 案例Ⅰ、Ⅱ、Ⅲ、Ⅳ、Ⅴ昂斜度参考清华大学建筑学院刘畅教授团队的系列研究成果。

刘畅,廖慧农,李树盛.山西平遥镇国寺万佛殿与天王殿精细测绘报告[M].北京:清华大学出版社,2013.

徐扬,刘畅.高平崇明寺中佛殿大木尺度设计初探[C]//王贵祥.中国建筑史论汇刊:第八辑.北京:清华大学出版社,2013:257-279.

刘畅,孙闯.也谈义县奉国寺大雄殿大木尺度设计方法——与温玉清先生讨论[J].故宫博物院刊,2009(4):33-49.

（3）类法式型,仅案例Ⅷ一例,使用起棱琴面昂、华头子、法式爵头、栱头弧形卷杀 HJ2,扶壁栱用重栱素枋;且昂的斜度约是 10∶3;天花构造全部省略。唐辽型与地方型斗栱都是将令栱耍头层降低一足材,第三跳头斜斗不与柱头枋材栔对齐;而案例Ⅷ却未降低令栱高度,第三跳头交互斗及翼形栱与柱头枋材栔对齐。

以上对比说明,唐辽型与地方型做法接近,而与类法式型斗栱差别较大。此八例用材尺度较大,以《法式》八等材计,只有案例Ⅱ、Ⅲ用材稍小,其他六例均用一、二等材。案例Ⅱ、Ⅲ用四等材,按《法式》规定正是用于三间殿堂。

2. 构架类型分析

根据构架组成关系进行分型,可分为三类。（表 3.3）

表 3.3　构架类型分析

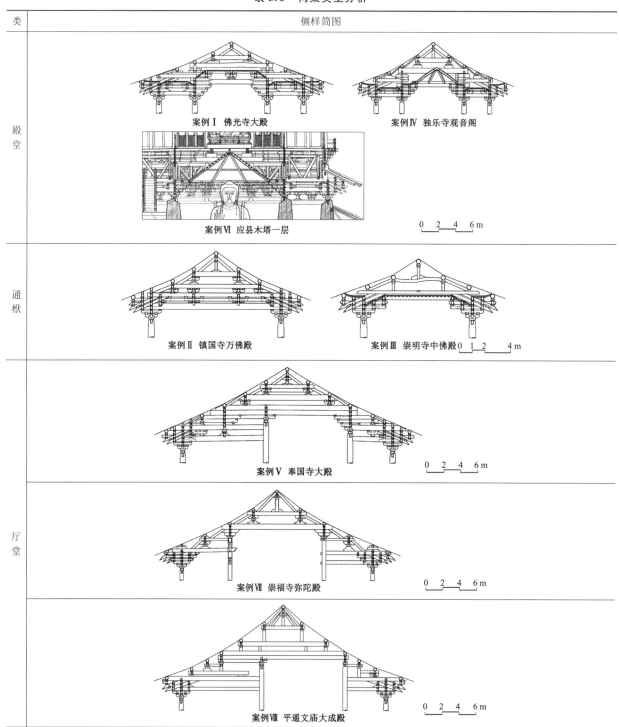

类	侧样简图
殿堂	案例Ⅰ 佛光寺大殿　　案例Ⅳ 独乐寺观音阁 案例Ⅵ 应县木塔一层　　0 2 4 6m
通栿	案例Ⅱ 镇国寺万佛殿　　案例Ⅲ 崇明寺中佛殿 0 1 2 4m
厅堂	案例Ⅴ 奉国寺大殿　　0 2 4 6m 案例Ⅶ 崇福寺弥陀殿　　0 2 4 6m 案例Ⅷ 平遥文庙大成殿　　0 2 4 6m

（1）殿堂类，包括案例Ⅰ、Ⅳ、Ⅵ。大木构架由自下而上的柱网层、铺作层、梁架层层叠构成，内外两圈柱，为《法式》所载的金厢斗底槽。带平闇天花，天花上用草架结构。

（2）通栿类，包括案例Ⅱ、Ⅲ，为六椽通栿歇山，大木构架由自下而上的柱网层、铺作层、梁架层层叠构成。案例Ⅱ彻上明造，梁架加工精致，六椽明栿入斗栱处隐刻出月梁梁背弧线与心斗；案例Ⅲ天花已失，罗汉枋、柱头枋上可见峻脚椽卯口，明栿为"凸"字形，上部有承天花的棱台，推测原有天花。

（3）厅堂类，内柱高于檐柱，无内外槽联系紧密的铺作层。案例Ⅴ是傅熹年先生划分的"兼有殿堂构架特点的厅堂构架"，双栿插入内柱或内柱头斗栱，内柱头仍有内槽铺作；前内柱向内移两椽架。案例Ⅶ为大型连架厅堂，两山面、后檐和前檐稍间柱缝双栿插入内柱柱身；前檐斗栱不做下道栿，是由于前内柱在纵架方向的移动造成前檐明间、次间檐柱与内柱不对位，上道栿可架于大内额上，下道栿缺少搭接构件。案例Ⅷ也为大型连架厅堂，双栿插入内柱柱身，前内柱向内移两椽架。

层叠式的金厢斗底槽殿堂结构，自9世纪一直延续至11世纪，且都用天花。厅堂类构架内柱抵到梁栿节点，无清晰的上下结构分层，不用天花。❶

通栿类结构简单，也表现出层叠式特征；既可以架设天花，也可以作露明造。五代与宋初的两通栿遗构规模较小，仅面阔三间进深六架椽，而其他使用七铺作双栿斗栱的遗构规模均较大。这种高规格斗栱与小型建筑的组合在北方地区非常独特，可能与当时山西中南部地区北汉与后周、北宋之间连年战争导致的社会动荡、财力匮乏有关。

3. 比较结论

分析斗栱类型与构架类型的匹配关系，可以得到以下结论：

（1）七铺作双栿斗栱最初用于殿堂结构，双栿即殿堂结构的明栿与草栿；五代时期已用在彻上明造的通栿建筑中；辽金时期用于彻上明造的厅堂。双栿现象，是由于取消殿堂天花、构架彻上露明，将草栿暴露出来形成上道栿。可将佛光寺大殿斗栱与梁栿的构造形制视为完备形制，具备明栿、草栿、算桯枋、素枋，素枋用来承算桯枋，后代遗构的里跳梁枋都作了不同程度的简化（图3.4）。案例Ⅰ、案例Ⅳ双栿之间有一道素枋承托算桯枋；案例Ⅲ的天花直接架在明栿上，省掉素枋和算桯枋；案例Ⅵ省掉素枋；案例Ⅱ虽然不作天花，但仍保留有素枋这根构件，可能是对传统做法的习惯性延续。案例

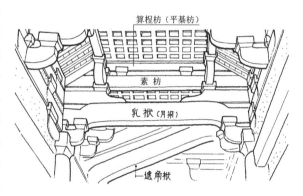

图3.4 案例Ⅰ佛光寺大殿梁架仰视

Ⅴ、Ⅶ、Ⅷ用于内柱通高的厅堂，由于彻上露明、不作天花，只保留双栿而省略掉算桯枋和素枋。

（2）唐辽型斗栱形制、做法在二百年间变化相对稳定，昂形、昂斜度、扶壁栱、交互斗做法等关键要素基本保持一致。唐辽型斗栱外跳形制基本一致，根据各种构架不同而调整里跳，但始终保持双栿。斗栱与构架的发展已经成为两条线索，斗栱是标示建筑等级的符号，构架则因功能需要和技术改进等因素而不断变化。

（3）地方型斗栱案例Ⅶ与唐辽型有继承关系，而类法式型斗栱案例Ⅷ的构造做法与唐辽型、地方型差异明显。这两个金构的存在，说明虽然构造做法和构件样式出现变化，但大型建筑柱头斗栱七铺作双栿制一直延续至金代中前期。

（4）自唐代至金代，上道栿所在的铺作层位置逐渐降低，上道栿与斗栱的结合趋向紧密。唐构案例Ⅰ

---

❶ 平遥文庙大成殿现存有平棊天花，前檐天花架在上道栿上皮，前后内柱间、神龛上的天花悬于六椽栿之下。但并没有算桯枋承天花，藻井小木作斗栱用材很小，都不具备金代特征。杜仙洲先生执笔《两年来山西省新发现的古建筑》"平遥文庙大成殿"一节，提道：天花以上草架做法杂乱，大概是清代修理的结果。据清道光二十四年(1844年)《平遥县重修文庙碑记》记载，文庙建筑群经历了康熙、乾隆、道光历次修缮。现存天花应是清代重修梁架之后，为遮挡草架才加设的。祁英涛，杜仙洲，陈明达. 两年来山西省新发现的古建筑[J]. 文物参考资料，1954(11)：54-57.

的草栿与柱缝最上层承橑枋平齐,草栿为第八层铺作(自栌斗算起);而金构案例Ⅶ的上道栿已降到衬方头层,上道栿为第六层铺作(自栌斗算起)。上道栿逐渐降低,使得昂尾过柱缝部分逐渐缩短,昂的"斜梁"作用减弱。

(5) 在三个厅堂建筑中也是七铺作与双栿并用。双栿一直并用,可能由于斗栱用材较大,铺作层高度较大,双栿可以起到辅助斗栱结构稳定、防止失稳变形的作用。具有金代建筑特征的陵川县北马村玉皇庙用单杪三下昂七铺作斗栱,材厚 120 mm、足材广约 240 mm,铺作层高度不大,省掉下道栿是可行的。

3.1.3 官式建筑斗栱制度探讨

1. 唐辽官式斗栱

唐辽型六例除案例Ⅲ外,其他五例都具有官方背景。案例Ⅰ是长安王姓右军中尉、贵妇人宁公遇等人捐助兴建的,又有多位河东道、代州官员督造;案例Ⅱ现存的半截碑碑文也提示镇国寺的建造与北汉时期权臣有联系;案例Ⅳ与蓟州玉田韩家密切相关;案例Ⅴ可能有辽圣宗太后萧绰家族的背景;陈明达先生认为案例Ⅵ的修建与辽兴宗后肖氏及其父肖孝穆有关。案例Ⅲ是由宋初的行颙禅师赴汴梁求得赐额,并远寻哲匠、结构斋堂;在这一过程中,也可能引入了当时的官式形制。❶ 可以作出这样的推测,唐辽型七铺作双栿制应是晚唐五代辽时期官式建筑的形制做法,可能来源于唐代两大政治中心——长安和洛阳。另外,地方型案例Ⅶ是金熙宗时期开国侯翟昭度奉敕所建,也具有官方背景。❷

2. 北宋汴梁官式斗栱

《法式》卷第三十一大木作制度图样中描绘了四种殿堂建筑侧样,除了单槽图样的副阶部分外,各种殿堂的殿身与副阶全作天花用双栿,说明至少在编纂、刊行《法式》的北宋末期,汴梁地区的殿堂建筑也遵循带天花用双栿的形制。(图 3.5)

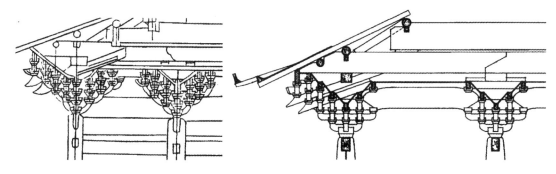

图 3.5 《营造法式》图样中的七铺作双栿斗栱

《法式》图样提供了北宋官式建筑斗栱的形制信息,即五铺作为单杪单下昂,六铺作为单杪双下昂,七铺作为双杪双下昂,八铺作为双杪三下昂。搜集汴梁官式建筑斗栱的图像信息,《清明上河图》中描绘的汴梁城楼用双杪双下昂七铺作斗栱,以及《瑞鹤图》中的宫城正门宣德门用单杪双下昂六铺作斗栱❸,可以推想,只有宫城中的大庆殿、紫宸殿最有可能使用双杪三下昂八铺作斗栱。

3. 样式多样性

现存八个七铺作案例都是外跳隔跳计心,而在北方小木作遗物与图像材料中所见的七铺作形象,并非

---

❶ 陈明达.应县木塔[M].北京:文物出版社,2001.
　　杨新.蓟县独乐寺[M].北京:文物出版社,2007.
　　建筑文化考察组.义县奉国寺[M].天津:天津大学出版社,2008.
　　刘畅,廖慧农,李树盛.山西平遥镇国寺万佛殿与天王殿精细测绘报告[M].北京:清华大学出版社,2013.
　　徐扬,刘畅.高平崇明寺中佛殿大木尺度设计初探[C]//王贵祥.中国建筑史论汇刊:第八辑.北京:清华大学出版社,2013:257-279.
❷ 柴泽俊.朔州崇福寺[M].北京:文物出版社,1996.
❸ 傅熹年.宋赵佶《瑞鹤图》和它所表现的北宋汴梁宫城正门宣德门[M]//傅熹年.中国古代建筑十论.上海:复旦大学出版社,2004:
231-243.

如此单一。大同华严寺薄伽教藏殿壁藏七铺作斗栱只在第三跳偷心;应县净土寺天宫楼阁七铺作斗栱全计心;晋城南村二仙庙神龛七铺作斗栱只在首跳偷心;在敦煌壁画和《清明上河图》《法式》图样中的七铺作斗栱外跳为全计心,可见,在宋辽时期北方地区应存在有多种计心位置的七铺作斗栱。在本节所论八例的时代、地域范围内也很可能出现过其他形制的七铺作斗栱。北马村玉皇庙正殿前檐斗栱就是一例,外跳逐跳重栱计心,里跳逐跳单栱计心。

4. 双昂制的延续

斗栱各跳出栱头或是用昂,看似有多种组合方式,但在北宋以后的北方官式建筑中却已形成固定的形式。虽无文献明确记载,但可以在大量金元明清官式建筑中得到印证。最为典型的特征是,在六、七铺作斗栱中通常作双下昂,可称为"双昂制"。《法式》大木作制度图样中表现的六、七铺作斗栱即遵循双昂制原则。法式化后的金代六铺作斗栱都为单杪双下昂,典型案例如大同善化寺三圣殿、曲阜孔庙金代碑亭上檐、绛县太阴寺大殿;而建于法式化之前的晋祠圣母殿的六铺作斗栱为双杪单下昂。江南地区元代遗构金华天宁寺大殿和武义延福寺大殿都为单杪双下昂六铺作斗栱;在与江南地区宋元时期建筑渊源颇深的日本禅宗样建筑中,使用单杪双下昂六铺作斗栱是基本定制,也可作为江南地区双昂制流行的旁证。

值得一提的是,北宋时期山西地方建筑五、六铺作斗栱出下昂形要头,已经表现出模拟双昂的意图,可能是受到当时官式建筑斗栱双昂形制的影响。晋祠圣母殿是法式化之前的遗构,殿身柱头斗栱为双杪单下昂六铺作,但出批竹昂形要头,形成模拟双杪双下昂七铺作的形象。类似的要头作下昂的做法,在宋金时期地方建筑五铺作斗栱中非常普遍,单杪单下昂五铺作斗栱就可模拟单杪双下昂六铺作。(图3.6)

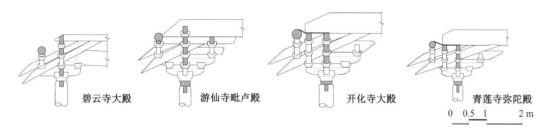

图 3.6　晋东南地区地方型遗构柱头斗栱

由于构架结构变化,元代以后的木构中已不见双栱,七铺作斗栱也仅见于皇家建筑主殿,但双昂一直是元明清官式定制,延续长达六百余年。❶ 元代以后的北方柱头斗栱用假昂,六铺作(七踩)用单杪双下昂、七铺作(九踩)用双杪双下昂的双昂形制最为常见,大量五铺作(五踩)斗栱也做成双昂;著名遗构中,曲阳北岳庙德宁殿、永乐宫三清殿与纯阳殿、太原崇善寺大悲殿、长陵祾恩殿、故宫午门、太庙享殿等都符合双昂形制。双昂形制成为一直延续的匠作传统,虽无法见诸文献典籍,但可以通过现有材料梳理出双昂形制传承的现象。

3.1.4　小结

本节通过对实物遗存和图像材料的解读,发现北方晚唐至金代中期存在着一种高等级斗栱——双杪双下昂七铺作双栱制,用于具有官方背景的建筑上。

(1) 唐五代辽宋金时期,七铺作双栱制是官式建筑采用的高等级斗栱形制。从《法式》大木作制度图样来看,开封地区官式建筑做法中依然使用七铺作双栱斗栱,带天花用双栱是北宋官式建筑的定制。

(2) 在晚唐至辽代的二百年间,唐辽型斗栱形制与做法的变化较为缓慢,但构架类型发生了剧烈变

---

❶ 在元明清都城北京周边的山西、河北地区,一些民间建筑六铺作斗栱的外跳华栱栱头全做成假昂,但双昂制在官式建筑中一直延续。较为著名的明清官式建筑案例中,仅清代故宫太和殿、曲阜孔庙大成殿两个单杪三下昂特例。

化。说明七铺作双杪斗栱构造做法逐渐固化，定型成为一种官式建筑定制。

（3）晋中地区保存的镇国寺万佛殿、平遥文庙大成殿是揭示大型官式建筑斗栱与屋架组合演变进程的重要案例。七铺作双杪斗栱充分说明了这两处遗构的官式背景，是区别于本地区其他遗构结构形式的最主要特征。

3.2　中小型建筑的形制与结构构成

现存的 10～12 世纪遗构中，以五间八架、三间六架、三间四架等规模的中小型建筑数量为最多。这些中小型建筑大多为民间营造的地方建筑，或效仿官式形制，或融合多种结构形式，结构类型丰富、构架灵活多变。本节着重分析延续时间久、最具晋中地方特色的两种结构形式——简式单槽歇山殿堂与通柱式连架厅堂——的形制与结构构成特点。另外，通栿结构是一类融合多种形制、延续时间较久的结构形式，在晋中地区也不乏实例，本节着力于解析其中的多种构成形式。

3.2.1　小型简式单槽歇山殿堂

所谓简式殿堂之"简"，是相对于标准殿堂结构，斗栱与梁栿结合部分不用双栿结构，彻上明造不作天花，是一种标准殿堂结构的简化形式。由于只用一道梁栿与斗栱组合，或压在铺作层上、或插入铺作层；若梁栿压在斗栱上，铺作层与梁架层分层清晰；若梁栿插入斗栱中，铺作层与梁架层就融合在一起了。北宋大型建筑晋祠圣母殿殿身部分与隆兴寺摩尼殿都为简式殿堂结构。

面阔三间、进深六架椽的简式单槽歇山建筑，则是华北地区宋金时期小型建筑中最为常见的；与江南地区流行的三间八架椽歇山厅堂（如宁波保国寺大殿、甪直保圣寺大殿）对比，表现出鲜明的南北构架形式差异。在太原盆地及邻近地区留存有几处面阔三间、进深三间六架椽的小型简式单槽歇山殿堂，这几处遗构呈现出典型的区域特征，以下对这种简式单槽殿堂的形制与结构构成特点进行简要分析。

1. 典型案例

在太原盆地及周边山区还保存有小型简式单槽歇山殿堂，共计三例：太原盆地内的清源文庙大成殿，东部太行山区的阳泉关王庙正殿和西部吕梁山区的石楼县兴东垣东岳庙正殿。另外，位于太原盆地的榆次永寿寺雨花宫和太谷万安寺正殿虽已被拆除，但中国营造学社前辈曾对这两栋建筑进行过测绘并保留有资料，可知也是简式单槽歇山殿堂。❶ 其中，最早的案例是建于北宋初期的永寿寺雨花宫，最晚的案例是建于金末的清源文庙大成殿，从上一章根据构件样式所作分型来看，永寿寺雨花宫为地方型Ⅰ式，万安寺正殿与阳泉关王庙正殿为地方型Ⅱ式，清源文庙大成殿为类法式型Ⅱ式，兴东垣东岳庙也接近地方型。虽然这几栋建筑的构造做法、构件样式差异很大，但简式单槽殿堂的构架构成特征一直延续，成为一种地方小型寺院、祠庙建筑主殿的定制。晋祠圣母殿殿身是面阔五间、进深四间八架的简式单槽殿堂结构，与这五栋小型建筑平面形制、结构形式相似，只是构架规模更大、铺作等级更高；说明简式单槽殿堂结构不只是用在建造小型殿宇，也可用于晋祠圣母殿这种大型建筑中。（图 3.7）

2. 基本结构构成

（1）平面、空间特征

五个案例都为面阔三间、进深三间，由于常在角间架设递角栿或抹角栿，角间平面都为正方形；万安寺正殿角间无递角栿或抹角栿，但角间也为正方形。永寿寺雨花宫与万安寺正殿明间面阔略大于山面中进进深，平面为近似方形；而另外三例则是明间面阔与山面中进进深相同，平面为正方形；清源文庙大成殿和兴东垣东岳庙正殿更是面阔三间、进深三间的间广都相等。（表 3.4）

---

❶　中国营造学社前辈并未完成万安寺正殿测绘图，根据清华大学建筑学院保存的中国营造学社测稿，可以对其平面和侧样作出复原。

莫宗江. 山西榆次永寿寺雨花宫[C]//中国营造学社汇刊：第七卷第二期. 北京：知识产权出版社，2006.

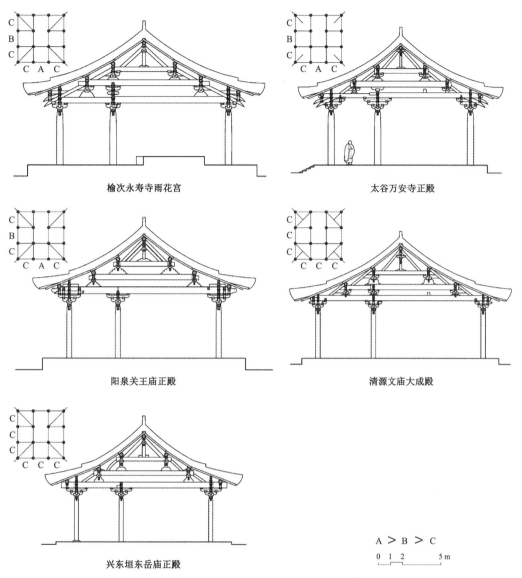

榆次永寿寺雨花宫

太谷万安寺正殿

阳泉关王庙正殿

清源文庙大成殿

兴东垣东岳庙正殿

A > B > C

0 1 2   5m

图 3.7 晋中地区简式单槽殿堂遗构❶

表 3.4 简式单槽殿堂柱网平面尺寸   单位:mm

		榆次永寿寺雨花宫	太谷万安寺正殿	阳泉关王庙正殿	清源文庙大成殿	兴东垣东岳庙正殿
面阔方向	明间	4 830	3 910	4 060	4 370	3 500
	次间	4 220	3 660	3 820	4 370	3 500
进深方向	中进	4 740	约 3 740	4 060	4 370	3 500
	前后进	4 220	3 660	3 820	4 370	3 500

　　五个案例总进深都为六架椽,内柱与内槽壁位于前檐上平槫缝,形成深两架的前槽和深四架的后槽。永寿寺雨花宫、阳泉关王庙正殿、兴东垣东岳庙正殿都是在内槽柱缝设墙体、门窗,前槽为开敞的前廊,后槽为殿内空间;而另外两构则在前檐柱缝设门窗。根据营造学社前辈拍摄的照片,1930 年代万安寺正殿的门窗是后代所更换,门窗是否经过外移,已无法考证。清源文庙大成殿前檐平柱向明间一侧有安插门楣的双卯,次间还留存有门楣,但格扇门已不存;前檐柱脚鼓墩柱础侧面开有插地栿的槽,说明清代格扇门在前檐柱缝。此两例内槽柱缝上都有精致的内槽扶壁栱,分割前后空间的意图很明显,始建时很可能也是在

❶　清源文庙大成殿的鼓墩柱础为清代样式,图中省略。

内槽柱缝设门窗、墙体。

(2) 结构特点

晋中小型简式单槽歇山殿堂遗构与晋祠圣母殿的结构和构造做法非常接近,都是内外柱等高、不用双栿、屋架彻上露明、梁栿之间用驼峰、栌斗承托;也做成单槽形式,屋架侧样为"前乳栿对四椽栿用三柱",用前内柱承内槽斗栱;但规模较小,不作重檐,斗栱铺作数少。根据永寿寺雨花宫与万安寺正殿斗栱与底层梁栿构造,可推测出两种双栿简化形式:前者为省掉上道栿,若添加上道栿,恰好可压住下昂后尾;后者为省掉下道栿,只有上道梁栿压在铺作层上,与晋祠圣母殿殿身檐部构造非常相似。(图 3.8)

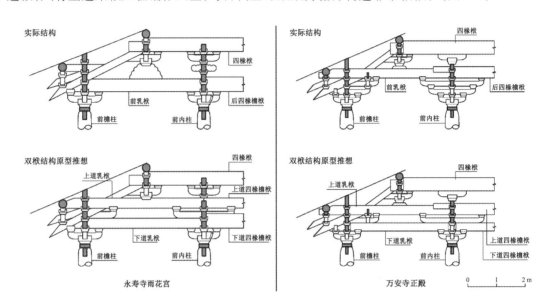

图 3.8　简式单槽殿堂双栿结构原型推想

明间梁架共三层梁栿,最下一层梁栿的前乳栿与四椽栿在前内柱缝相对,中间一层用前劄牵对三椽栿或四椽通栿,最上为平梁;一般用驼峰、栌斗、与托脚相交作切几头的华栱承托上层梁栿(只有兴东垣东岳庙正殿用蜀柱承托平梁,蜀柱落在驼峰上);内槽柱缝上有数道扶壁素枋拉接各缝梁架。山面梁架为四架椽梁架,平梁、蜀柱等构造与柱缝上的屋架一致,最下为山面平槫,山面平槫在丁栿、内槽缝处对接。山面梁架中段由丁栿或内槽缝柱头枋承托;山面梁架两端下平槫交圈节点落在递角栿或抹角栿上,万安寺正殿则为平置角梁后尾承下平槫交圈节点。(图 3.9)

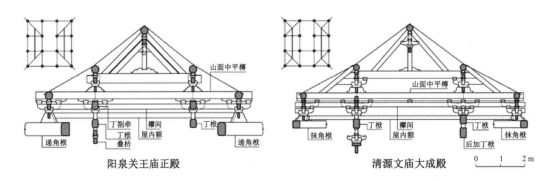

图 3.9　简式单槽殿堂山面梁架

(3) 内槽壁构造

内槽壁构造,是指位于内槽缝上,由阑额至下平槫之间的斗栱、柱头枋、丁栿构件组成的纵架结构。在木构件间填充草泥或照壁版,起到分隔室内外空间的作用。在结构上,可拉结内槽缝上的柱、斗栱、明间梁架、山面梁架,并承山面梁架。除了清源文庙大成殿用不出华栱的补间重栱,其他四例只在每间补间位置柱头枋上隐出横栱。内槽壁中多道栱、枋层层横列,是简式单槽殿堂中结构形式美感最为突出的部分。

根据次间内槽壁用斗栱、柱头枋或丁栿的组合方式,可分为三式。(图 3.10)

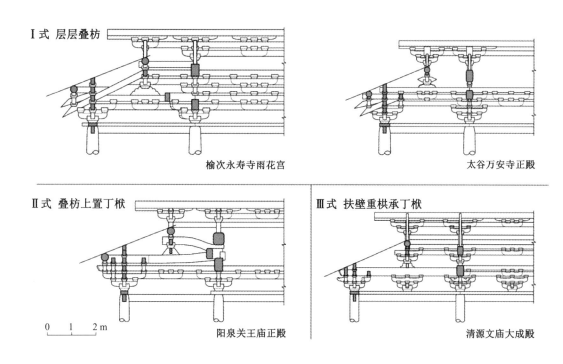

图 3.10 简式单槽殿堂内槽壁

Ⅰ式,层层叠枋。榆次永寿寺雨花宫、太谷万安寺正殿、兴东垣东岳庙正殿次间内槽壁不作丁栿,内柱头斗栱与山面柱头斗栱间有若干道柱头枋拉结,柱头枋承山面梁架的平槫。

Ⅱ式,叠枋上置丁栿。阳泉关王庙正殿的次间内槽缝,丁栿在两层柱头枋上,丁栿承山面梁架的平槫。晋祠圣母殿稍间内槽壁也为此式。

Ⅲ式,补间重栱承丁栿。清源文庙大成殿的次间阑额承不出华栱的补间重栱,补间扶壁重栱承丁栿,丁栿承山面梁架的平槫。

结合几个案例年代先后关系,不难梳理出次间内槽壁构造由叠枋向丁栿演变的趋势:早期案例保持殿堂内槽缝上叠枋的特点,继而出现叠枋与丁栿并置的构造,后期丁栿取代柱头枋。就拉结内外斗栱和梁栿、承托山面梁架的结构作用而言,丁栿比叠枋更加简捷、有效。

3. 与晋东南简式殿堂的区别

通过与晋东南地区简式殿堂结构的比较,可以更加明晰晋中地区的特点。晋东南地区六架歇山殿与晋中地区小型简式单槽殿堂较为相似,都具有面阔三间、进深三间六架、上下结构分层、平面接近正方形的特征。晋东南地区佛殿与祠庙正殿建筑结构形制基本一致,区别在于内柱位置与门窗、墙体的围合方式,是同一种结构的两种空间处置方式。晋东南祠庙正殿用"后四椽栿对(压)前乳栿用三柱"侧样,很多案例是门窗在内槽柱缝,前廊开敞。而寺院正殿恰好相反,是同样的结构反转放置,侧样为"前四椽栿对(压)后乳栿用三柱",两根后内柱之间是佛像背后的影壁墙,这样的平面格局便于信众绕佛像礼拜,门窗在外檐柱缝,不设前廊。而晋中的寺院、祠庙正殿都用同样的结构形式。

晋东南小型简式单槽殿堂的梁架结构与晋中地区存在明显差异,宋构多为乳栿与四椽栿相对,金构则变为乳栿过柱缝作楷头、四椽栿压乳栿(图 3.11);常用蜀柱直接承托平梁。承下平槫的劄牵后尾插入蜀柱,而不用四椽栿承下平梁,有些更是直接将下平槫和劄牵搁置底层梁栿上,很多遗构的梁栿与蜀柱的用料、加工均不算规整。这种梁架做法可能是由带天花的殿堂草架结构演变而成的。晋中地区简式殿堂的梁架层层垒叠、驼峰承托,大多数遗构的梁栿加工比较规整,显然更加考究。这种梁架结构的差异在两个地区元代遗构中仍然延续。

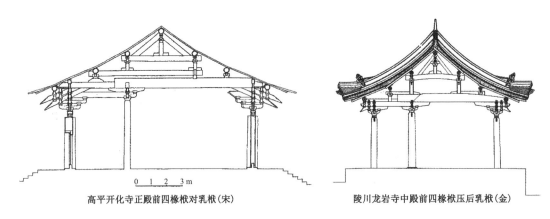

高平开化寺正殿前四椽栿对乳栿(宋)　　　　陵川龙岩寺中殿前四椽栿压后乳栿(金)

图 3.11　晋东南简式单槽殿堂横剖面

3.2.2　通柱式连架厅堂

　　通柱式连架厅堂(后文中简称为"通柱厅堂")是晋中地区中小型建筑中常见的另一种主要结构形式。所谓"通柱式"是指构成屋架的各榀横架中,内柱通高、直抵梁栿节点。宋式特征明显且样式年代早于晋祠圣母殿的寿阳普光寺正殿为通柱厅堂,建于五代宋初的正定文庙大成殿、晋西南地区的宋构万荣稷王庙正殿(天圣元年,1023 年)、晋北地区的辽构大同华严寺海会殿与太行、太岳地区的宋构沁县大云寺正殿也为通柱厅堂,都说明这种由柱梁构成榀架、檐部用斗栱的通柱厅堂结构,曾是 11 世纪华北宋地与辽地常用的结构形式。

　　1. 典型案例

　　晋中地区留存有数量较多的宋金元时期通柱厅堂,这种厅堂结构在明清时期仍然延续。早期遗构中,通柱厅堂以悬山建筑为主,也有用作歇山主殿的。❶ 晋中通柱厅堂遗构中,宋构仅寿阳普光寺正殿一例;建于金代的有平遥慈相寺正殿、汾阳虞城村五岳庙五岳殿、阳曲不二寺正殿、太谷蚍蜉村真圣寺正殿、太谷惠安村宣梵寺正殿、榆次庄子乡圣母庙圣母殿,以及吕梁山区的柳林香严寺大殿、东配殿;较为典型的元代案例包括晋祠唐叔虞祠正殿、晋祠十方奉圣寺景清门和过殿、太谷白城村光化寺正殿、汾阳法云寺正殿、平遥利应侯庙正殿等。窦大夫祠西朵殿与子洪村汤王庙正殿的原构可能也是通柱厅堂。

　　2. 基本结构构成

　　(1) 榀架类型

　　分析单个榀架的构成关系,主要是以"四架椽屋"为中进主体构架,前后插入一椽架或两椽架结构,中进四椽屋架与前后附加结构共同组成一榀屋架,由纵向构件将数榀屋架连接起来构成整体构架。下文中以简便的"X1—X2—X3"方式表述榀架侧样椽架数,X1、X2、X3 分别表示前廊、中进、后廊椽架数,可分为以下几种侧样类型:(图 3.12)

　　"1—4—1"型:普光寺正殿是以四架椽屋为基本框架,在前后各附加一椽屋架。柳林香严寺大殿也为此型。阳曲不二寺正殿是"1—4—1"型的变体。

　　"2—4—2"型:惠安村宣梵寺正殿,中部四架椽屋部分全部为明清时期更换,仅前后檐斗栱与部分劄牵、乳栿为金代原构件。元代建筑太谷光化寺正殿也为此型。

　　地方建筑中存在大量不等坡悬山建筑,在中进四架椽屋前后附加的前后廊椽架数不等,通常前廊大于后廊,或不做后廊,成为"前长后短"的不等坡屋架。不等坡屋架在明清时期山西地方寺院、祠庙、民居中很常见,其源头至少可追溯到金代。

　　"1—4"型:包括虞城村五岳庙五岳殿、太谷真圣寺正殿。

　　"2—4—1"型:平遥慈相寺正殿,门窗安置位置在前檐下平槫下,乳栿下由门窗抱框柱支撑;室内形成

---

　　❶　祁县兴梵寺正殿为歇山建筑,由于现代吊顶遮蔽,无法探明屋架结构。兴梵寺正殿室内有前后两排内柱,可能为 1—4—1 榀架。

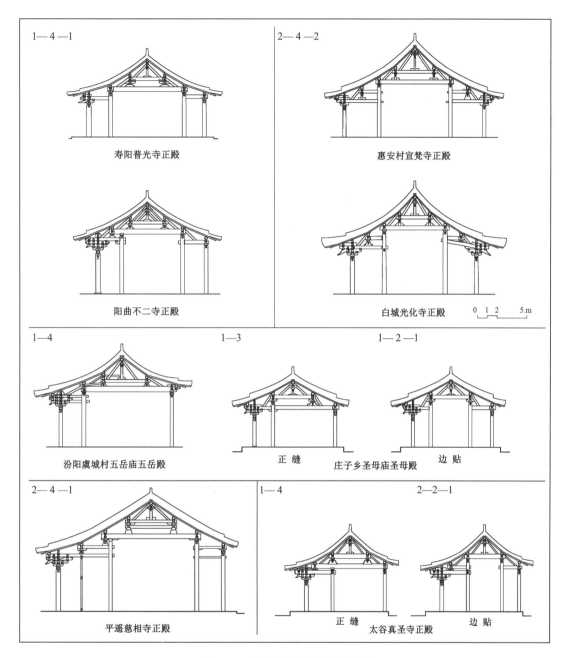

图 3.12 晋中地区通柱厅堂类型

了前后进各一椽架、中进四架椽的"1—4—1"格局。

另外,还存在一种与"X1—4—X3"模式不同的"1—3"型:庄子乡圣母庙圣母殿的四架椽屋内用前内柱直顶到平槫下,对应于《法式》图样中的"四架椽屋劄牵三椽栿用三柱"。榆社寿圣寺山门(宋式,后代更换构件很多)、金构柳林香严寺东配殿、元构晋祠十方奉圣寺过殿也是这种构架。❶

一些通柱厅堂的边贴和居中的椓架不同,边贴屋架后檐平槫下多立一根柱,既可减省梁栿所需大料,也有助于增强边贴屋架稳定性。如,庄子乡圣母庙圣母殿山面边贴屋架为"1—2—1",太谷真圣寺正殿边贴为"2—2—1"。

(2)斗栱配置

晋中地区通柱厅堂的斗栱配置特点,可概括为:

---

❶ 晋祠十方奉圣寺过殿于 1981 年由汾阳三泉镇平陆村二郎庙迁至晋祠博物馆内。

① 地方型Ⅱ式的普光寺正殿，前檐柱头用四铺作斗栱，后檐为把头绞项作，前后檐都不作补间斗栱。

② 类法式型Ⅰ式、Ⅱ式和Ⅲ式的遗构，除了慈相寺正殿规模较大外，其他都是面阔三间悬山建筑，前檐柱头用五铺作斗栱，后檐为把头绞项作（也可作斗口跳）；前檐每间施一朵补间斗栱，下昂后尾作挑斡，挑至下平槫，后檐不作补间斗栱。

③ 类法式型Ⅱ式的宣梵寺正殿，面阔五间、进深八架，规模较大；此构前后檐都用五铺作斗栱，不作补间斗栱。另一座五间八架歇山建筑，元构太谷光化寺正殿也是柱头斗栱五铺作，且四面都无补间斗栱。

（3）前内柱

通柱厅堂的槫架中常出现内柱与平槫不对位的现象。包括以下三种情况：

① 前内柱内移

阳曲不二寺正殿与太谷真圣寺正殿最为典型，原本位于前檐下平槫缝的前内柱向内移动，下平槫与四椽栿梁头落在前廊梁栿上（图3.13）。移柱的主要原因，是由于前檐使用斗栱，但撩风槫至下平槫的檐步椽架并未加长，檐步椽架与其他椽架接近，造成前檐柱缝与下平槫缝距离过近，若前内柱在下平槫下，则前廊非常狭窄；为了保证足够的前廊宽度，必须将前内柱向内移动。不二寺正殿前檐柱与前内柱距与檐部椽架平长一致，也与后廊跨度一致，前内柱向内移动的距离恰好是令栱出跳距离。在真圣寺正殿中，前檐椽架甚小，前内柱直接移至上平槫缝，边贴则是前檐上平槫缝与后檐平槫缝有抵到平梁的内柱，边贴为"2—2—1"侧样。

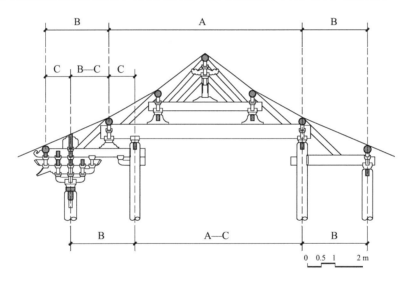

图3.13　阳曲不二寺正殿移柱

② 前内柱内收

另一种情况是前内柱内收，代表案例为慈相寺正殿，四椽栿上各椽架相等，山面前内柱不作内收，只是明间与次间槫架的前内柱向内收约530 mm，内收的距离较小，可能也是出于扩大前廊的目的。明间与次间的四槫屋架的前内柱承四椽栿前端，四椽栿端头落在前檐劄牵上。（图3.14）

③ 前内柱头作四铺作斗栱或斗口跳

这种处理手法的目的是在内柱头营造斗栱形象。柳林香严寺大殿，前后内柱头都作四铺作斗栱，出华栱承梁头，柱缝与跳头各有一根槫，但椽架交接在柱缝上（图3.14）。元构平遥郝洞村利应侯庙正殿前内柱头都做成斗口跳。

（4）普拍枋

寿阳普光寺正殿是晋中地区最早的悬山通柱厅堂，前檐不用普拍枋，柱头直接承栌斗，前檐柱间施阑额；现存普拍枋叠在阑额上，两端抵住栌斗斗欹，应是后世添加之物。据前文年代学研究，普光寺正殿的始建年代应不早于榆次永寿寺雨花宫、太谷安禅寺藏经殿，说明在北宋中前期，普拍枋并非必备，可能仅在周圈使用斗栱的转角造建筑中使用；可能是当时的官式形制投射到地方建筑中的结果，形制等级稍低的悬山厅堂建筑中还不用普拍枋。

类法式型悬山通柱厅堂大多为前廊开敞、前檐用补间斗栱;前檐柱间用普拍枋,普拍枋与阑额组成"T"形构造;除虞城村五岳庙五岳殿前内柱头用很薄的普拍枋外,其他悬山遗构的内柱间与后檐柱间不用普拍枋,柱间仅施以阑额。悬山通柱厅堂前檐使用补间斗栱与普拍枋,可能是对高等级建筑形制的模仿,而在内柱缝、后檐则延续了本地长久以来的传统构造做法。

从结构稳定性的角度观察,普拍枋起到拉结柱头、承补间斗栱的作用。通柱厅堂中不同柱缝使用普拍枋与否,除了可以从模仿官式形制的方面考虑,也可以从结

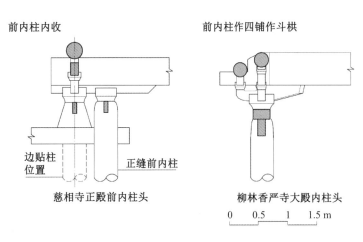

图 3.14　前内柱内收(左)与前内柱柱头四铺作斗栱

构合理性的角度得到解释。前檐柱缝用普拍枋对前檐结构稳定有积极的作用;而在内柱缝与后檐无须承托补间斗栱,厚土墙可以保证山面与后檐构架结构稳定,内柱间与后檐柱间无须另加普拍枋。立架建造时,阑额拉结柱头形成框架,并可充当临时脚手架;木构架搭建完成后,夯筑土墙起到了扶持木构架的主要作用。

3. 通柱厅堂的分布范围

通柱厅堂构造简单,在晋北、晋中北、晋西南地区宋金时期都有遗存案例,晋中地区保存数量尤多。北宋前期的庑殿建筑万荣稷王庙正殿就用通柱厅堂,朔州崇福寺弥陀殿和平遥文庙大成殿虽为使用殿堂斗栱构造的大型歇山建筑,但其屋架结构形式已具有较为简化的厅堂椽架特征。下表为对已发现的山西地区辽宋金时期通柱厅堂所作的初步罗列(表 3.5)。

表 3.5　山西各地区辽宋金时期通柱式连架厅堂案例

地区	庑殿、歇山案例	悬山案例
晋北	朔州崇福寺弥陀殿、崇福寺观音殿、应县净土寺大殿	大同华严寺海会殿
晋中北	定襄关王庙正殿	佛光寺文殊殿、定襄洪福寺正殿
晋中	平遥文庙大成殿、祁县兴梵寺正殿	寿阳普光寺正殿、西见子村宣承院正殿、平遥慈相寺正殿、虞城村五岳庙五岳殿、太谷真圣寺正殿、阳曲不二寺正殿、惠安村宣梵寺正殿、庄子乡圣母庙圣母殿、杨方村金界寺正殿
吕梁	柳林香严寺毗卢殿	柳林香严寺东配殿、香严寺大雄宝殿
晋西南	万荣稷王庙正殿	夏县余庆禅院正殿
太行、太岳山区	武乡会仙观三清殿	榆社寿圣寺山门、武乡应感庙正殿、沁县大云寺正殿
晋东南	—	平顺回龙寺正殿

山西大部分地区都保存有宋金时期通柱厅堂遗构,只是在晋东南地区很少见到,该地区悬山建筑侧样与当地简式殿堂一致,就笔者调查所见,仅平顺回龙寺正殿一个通柱厅堂案例。然而,地处晋东南与晋中之间太行、太岳山区的榆社、武乡、沁县,保存有若干用通柱厅堂的宋金元时期案例。在这一地区出现通柱厅堂,很可能是受到晋中地区营造技术体系的影响。代表案例有:榆社寿圣寺山门、武乡会仙观三清殿、武乡应感庙正殿、沁县大云寺正殿、沁县南涅水洪教院正殿等(图 3.15)。其中,武乡会仙观三清殿与武乡应感庙正殿的前乳栿与后四椽栿虽插入前内柱身,但保持与晋东南地区简式殿堂相似的梁栿上下叠压关系。

近十几年来在山西原宋统区发现的若干通柱式连架厅堂,使得全面认识宋金时期厅堂建筑形制特征成为可能。11 世纪的华北地区已经普遍使用通柱厅堂结构,典型案例有宋构万荣稷王庙正殿、寿阳普光寺正殿、榆社寿圣寺山门、沁县大云寺正殿和辽构大同华严寺海会殿。通过本文对辽宋金时期通柱式连架

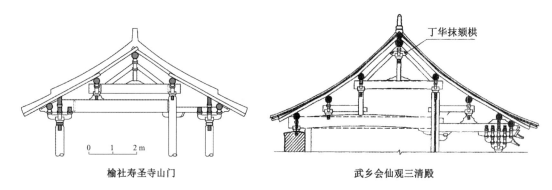

榆社寿圣寺山门　　　　　　　　　　丁华抹颏栱　武乡会仙观三清殿

图 3.15　太行、太岳山区通柱厅堂遗构横剖面

厅堂的梳理,可以弥补学界对早期厅堂结构认识的一些缺环。

3.2.3　通栿结构形式

　　除了简式单槽殿堂与通柱式连架厅堂外,通栿结构是晋中地区小型建筑选用的另一种结构形式。受制于梁栿取材长度,通栿结构进深有限,周圈檐柱围合成一个完整的建筑空间。目前山西地区保存有一定数量的早期通栿遗构,两座唐代小型建筑都用通栿,在五代辽宋金时期小型建筑中的应用也很普遍。(表 3.6)

表 3.6　山西地区元代以前通栿结构案例

地区	庑殿、歇山	悬山
晋北	大同善化寺普贤阁	—
晋中北	五台南禅寺大殿	—
晋中	平遥镇国寺万佛殿、昔阳离相寺正殿、太谷安禅寺藏经殿、晋祠献殿、清徐狐突庙后殿	盂县大王庙后殿
晋西南	芮城五龙庙正殿	—
晋东南	平顺天台庵正殿、高平崇明寺中佛殿、晋城青莲寺藏经阁、平顺淳化寺正殿、陵川小会岭二仙庙正殿、陵川南吉祥寺正殿、陵川崔府君庙门楼、西溪二仙庙梳妆楼	—
河北	易县开元寺毗卢殿、观音殿、药师殿	—

　　晋中地区保存有五个通栿歇山建筑案例,分别是平遥镇国寺万佛殿、昔阳离相寺正殿、太谷安禅寺藏经殿、晋祠献殿、清徐狐突庙后殿,都是面阔三间、进深三间的歇山建筑,其中前两例是六架椽屋,其他三例为四架椽屋。另外。盂县大王庙后殿是用四椽通栿悬山建筑。晋中地区元代以后建造的主殿很少用通栿结构,多为通柱厅堂;通栿结构主要用在主殿前的小型献殿,可能与做通栿的大料在后世不易获取有关。(图 3.16)

　　通栿结构并非组合式结构,不具备简式单槽殿堂和通柱厅堂的结构特点,是一种最简单的结构形式。陈明达先生将通栿建筑与通柱厅堂都归为海会殿形式❶,但通栿结构并不具备通柱厅堂栿架构成特点,需要对通栿建筑的结构构成作进一步的分析。通栿结构的梁架部分如同通柱厅堂中部的六架、四架椽屋结构,梁栿节点做法也与其他结构形式相同;与《法式》大木作制度图样中的"四架椽屋通檐用二柱"厅堂侧样更为接近,可以认为是一种最简单的厅堂结构。但配置不同形制的外檐斗栱与梁栿,会具有不同的结构特点。例如,镇国寺万佛殿用七铺作斗栱、上下两道六椽栿,表现出结构层叠的殿堂结构特点。离相寺正殿、安禅寺藏经殿、狐突庙后殿外檐斗栱都只出一跳,是最简单的厅堂结构;晋祠献殿斗栱为五铺作,也是结构简单的厅堂。盂县大王庙虽为悬山厅堂,但梁架压在铺作层上,屋架侧样具有殿堂上下分层的特点;前后檐都用五铺作斗栱,前檐明间补间斗栱出斜栱;简单的梁架与较为精致复杂的铺作层相配,体现出民间祠庙建筑营造中,工匠有意识地用五铺作平出昂、补间斗栱出斜栱的方式增强斗栱的表现力。

---

❶　陈明达.中国古代木结构建筑技术(战国—北宋)[M].北京:文物出版社,1990:44-47.

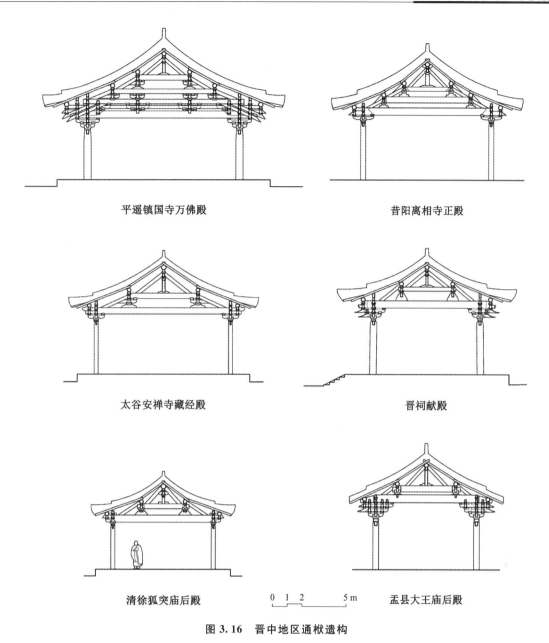

平遥镇国寺万佛殿   昔阳离相寺正殿

太谷安禅寺藏经殿   晋祠献殿

清徐狐突庙后殿   孟县大王庙后殿

0 1 2   5 m

图 3.16 晋中地区通栿遗构

要之,通栿结构更似厅堂;配置以高等级斗栱和双栿构造,就于一定程度上具有了殿堂结构特征。

3.2.4 特殊结构形式

晋中地区尚存若干特殊结构形式,每一个特殊样本都代表着历史上在晋中地区存在过的一种结构形式,可能曾有大量案例使用这些结构形式,但是仅有一个幸运者留存至今。透过对这些特殊样本的分析,可以观察到更加丰富的结构构成方式,发现地域间的技术传播与多元融合。

(1)文水则天庙圣母殿

则天庙圣母殿的构架中兼具了殿堂与通柱厅堂的结构特点。

前后檐柱头斗栱构造保存了殿堂双栿遗制。前后檐假昂做法非常特殊,梁栿出头削斜,梁头侧面隐刻出假昂刻线和假华头子,假昂头插在梁头下皮。前檐还作剳牵,剳牵与五椽栿之间加入一块平行四边形垫木,这样,假昂头、梁头隐刻、平行四边形垫木,共同构成了一根昂的完整形象;因此,可以推测,前檐斗栱与梁栿相交节点是模仿剳牵压住昂与昂形要头后尾的双栿结构。后檐柱头斗栱构造与前檐相似,只是以一根枋替代剳牵。(图 3.17、图 3.18)

则天庙圣母殿的前五椽栿与后剳牵相对插入后内柱身;以柱、梁相交构成屋架,是“1—5”厅堂椽架的特点。若不用内柱,将五椽栿与劄牵替换为上下两道六椽通栿,则可还原为具有殿堂结构特点的通栿结构(所需六椽通栿长约 11.5 m,镇国寺万佛殿下道六椽栿长约 11.9 m、太谷安禅寺藏经殿四椽通栿长约 10.5 m,如可得大料,用六椽通栿是可行的)。目前无法判断两根后内柱是否为原始形制,须今后经碳十四测年检验后内柱、前五椽栿、后劄牵是否与整体构架为同一时期的构件。❶

(2)西见子村宣承院正殿

宋构西见子村宣承院正殿没有采用晋中地区较为常见的通柱厅堂构架,其明间侧样形式与晋中简式单槽殿堂一致,说明这种单槽侧样在宋金时期的应用不仅限于小型歇山殿堂。层层叠梁构成屋架,可以使观者得到与殿堂建筑类似的观感;尽管此构只是三间悬山殿,设计者依然希望取得殿堂建筑的形象特征。

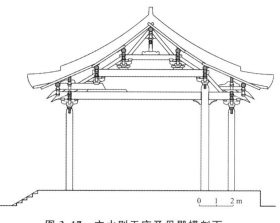

图 3.17　文水则天庙圣母殿横剖面

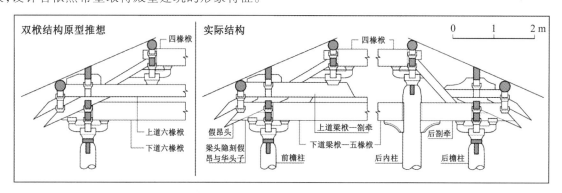

图 3.18　则天庙圣母殿前后檐结构

明间槫架前檐柱、前内柱、后檐柱等高,侧样为前乳栿对后四椽栿,第二层梁栿为四椽通栿。梁栿之间用驼峰、栌斗承托。边贴形制与明间槫架不同,前檐前内柱向内移动一椽架,前檐柱与前内柱承一根乳栿,下平槫、四椽栿前端落在乳栿中段。山面前内柱虽然内移,但并不直接抵四椽栿,仍与檐柱等高,内柱头与四椽栿之间为两层足材栱和替木。后檐下平槫缝下,施一根后内柱抵四椽栿后端;后劄牵插入后内柱身,这是通柱厅堂槫架的结构特征。(图 3.19)

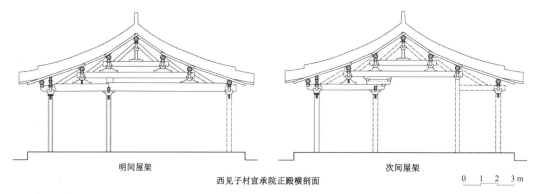

明间屋架　　　　　　　　　　　　次间屋架

西见子村宣承院正殿横剖面

图 3.19　西见子村宣承院正殿剖面

❶ 五台延庆寺大殿具有相似的问题,西缝梁架为六椽栿通檐用二柱,而东缝梁架则为前五椽栿对劄牵用三柱。李会智先生认为东缝梁架经后世修缮时改易所致。李会智.山西现存元以前木结构建筑区期特征[C]//李玉明.2010年三晋文化研讨会论文集.太原:三晋文化研究会,2010:329-400.

（3）汾阳太符观昊天上帝殿

太符观昊天上帝殿虽也为六架椽屋前后槽形式的歇山建筑,但其屋架做法与前述五例明显不同。最明显的差异体现在两个方面:

首先,上下层梁栿间用蜀柱而不用驼峰。尤为突出的是,前内柱上对接了两层蜀柱,下层蜀柱落在四椽栿梁头上,下层蜀柱头承前劄牵与后三椽栿;下层蜀柱进深面较宽,形似高驼峰,便于插入丁栿;上层蜀柱承平梁头。汾阳一带的多处元代建筑中,仅堡城寺村龙王庙正殿前内柱头使用了蜀柱,其他元构仍延续使用驼峰的传统,说明以蜀柱承托梁架的做法在晋中地区并非主流做法。

梁栿间用蜀柱、内槽柱缝上架栿项柱,在河南、山东地区宋元时期建筑中很常见。如少林寺初祖庵正殿、广饶关帝庙正殿、元构襄城乾明寺中佛殿前内柱头架起栿项柱,元构济源大明寺中佛殿则是后内柱头架起栿项柱。(图3.20)

另外,昊天上帝殿后四椽栿压前乳栿构造也是晋中地区宋金时期孤例。但在太原盆地西南端的汾阳与孝义,这里保存的元构延续了使用梁栿叠压的做法,如汾阳法云寺正殿、堡城寺村龙王庙正殿、孝义贾家庄村三皇庙三皇殿、白壁关净安寺大殿。❶

太符观昊天上帝殿特殊的结构做法——梁架中用蜀柱和栿项柱、前后梁栿叠压——与河南、晋东南地区做法更为相似,很可能是地区间技术传播的结果。

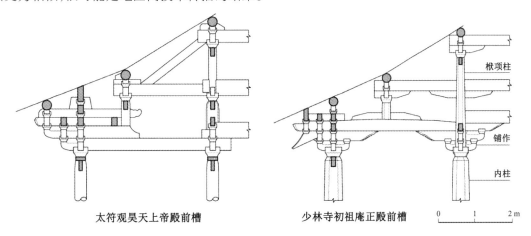

太符观昊天上帝殿前槽　　　　少林寺初祖庵正殿前槽

栿项柱

铺作

内柱

0　　　1　　　2m

图3.20　太符观昊天上帝殿与少林寺初祖庵正殿前槽剖面

3.2.5　小结

本节分析了晋中地区五代宋金时期中小型建筑的类型与结构构成特点,分别讨论了简式单槽殿堂、通柱式连架厅堂、通栿结构及若干特殊案例的结构构成等问题,使得晋中地区小型民间建筑丰富的体系呈现出来。

简式单槽殿堂与通柱式连架厅堂,是五代宋金时期晋中地区最具代表性的两种结构形式,应是宋金时期最流行和普及的结构形式。前者案例多为法式化以前的,但也有法式化程度较高的清源文庙大成殿;后者流传年代很久远,至迟宋代已有,金代以后成为主流并延续至近代。

简式单槽殿堂结构规整、严谨,在中小型地方建筑中最为精致,元代以后见不到这种结构形式,通柱厅堂结构成为主流。究其原因,一方面,效仿官式建筑色彩浓重的简式殿堂让渡于建造更为简便的通柱厅堂;另一方面,可能是金末战乱导致晋中地区简式殿堂形制传承的中断。

❶　李会智.山西现存元代以前木结构建筑区域特征[Z]//山西省文物局.山西文物建筑保护五十年(未刊行版).2006:52-107.

3.3　晋祠圣母殿重檐建筑形制与结构构成分析

3.3.1　重檐普及初始:晋祠圣母殿创建的建筑史背景

在中国传统建筑形制等级序列中,重檐建筑代表着最高形制等级。有关重檐建筑的描述在唐代以前的文献中并不多见,仅见于《礼记·明堂位第十四》以"山节藻棁复庙重檐",描述天子明堂形制。但这条文献并不能表明汉代以前的"重檐"建筑形制是否与后世一致,也无法了解重檐建筑形制是否用在其他建筑中。案《礼记疏》,孔颖达引皇侃的解释"外檐下壁复安板檐以辟风雨之洒壁",说明自南北朝至初唐时期的主流重檐建筑,是在外檐以下用木板做成屋檐,遮蔽风雨以保护墙壁,但不一定已形成围绕殿身的回廊,也不是瓦顶。❶目前已掌握的唐代以前的壁画、明器、画像砖石等图像资料中,存在重层建筑或多重屋檐的形象,但不足以准确认定为副阶周匝式重檐建筑,也无法佐证唐代以前重檐建筑已形成固定形制并大量建造。

从目前掌握的实物遗址与图像材料看,唐代重要的大型建筑为单檐建筑或重层楼阁。例如,据唐人李华所撰《含元殿赋》中"飞重檐以切霞"的诗句,大明宫含元殿长期被认为是重檐建筑;但是根据1995—1996年对含元殿遗址的发掘,可推知含元殿为单檐建筑。❷承袭唐代形制的辽构,也都是重层楼阁或单檐大殿。及至北宋初年(开宝四年,971年)敕建的隆兴寺大悲阁,依然延续了重层楼阁的形式。❸

今日所习见的副阶周匝式重檐建筑,是在北宋时期才形成完备的结构形制,并开始广泛应用于宫殿、坛庙、寺观的重要建筑中。金刻《蒲州荣河县创立承天效法厚德光大后土皇地祇庙像图》和《大金永安重修中岳庙图》上,详细刻画了汾阴后土庙和登封中岳庙的格局,庙貌图中都出现了多处副阶周匝式重檐建筑形象,且都以重檐建筑作为建筑群中轴线上的主体建筑。由于这两组建筑群都是在宋太祖至真宗时期奠定格局,此后未经重大改动,金代庙貌图实际反映了北宋前期的建筑群规模与形制。❹因此,汾阴后土庙和登封中岳庙的重檐建筑可以认为是最早出现的一批副阶周匝式重檐建筑。建筑群主体建筑由单檐建筑和重层楼阁向重檐建筑的转变,是唐宋时期建筑形制与艺术转变的一种表征,奠定了近一千年以来高等级建筑的典型形式。

太原晋祠圣母殿建于北宋天圣年间(1023—1032年),是现存最早的副阶周匝式重檐歇山建筑遗构,殿身面阔五间、进深四间八架,副阶面阔七间、进深六间十二架,1961年被评为第一批全国重点文物保护单位。晋祠圣母殿的建造年代距离重檐建筑形制定型并奠定最高形制等级的时段不远,由于规模较大、铺作等级高,其形制与结构特点可以集中反映出重檐建筑大量普及之初的构成方式。本节以圣母殿构架的构成特点为线索,从殿身与副阶的结构构成、铺作等级、抬柱式减柱方面探究北宋时期大型重檐建筑的形制问题,结合《法式》文本与图样,还原北宋汴梁官式重檐建筑的一些特点,以及北宋时期重檐建筑形制对后世的影响。(图3.21、图3.22)

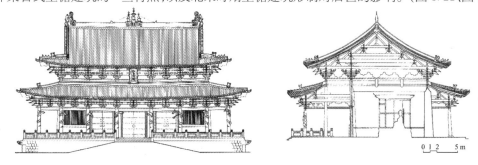

图3.21　晋祠圣母殿立面图与剖面图

❶　(汉)郑玄注,(唐)孔颖达疏,(唐)陆德明音义.附释音礼记注疏:卷第三十一[M]//清嘉庆二十年南昌府学重刊宋本十三经注疏本,北京图书馆藏.

❷　(唐)李华.含元殿赋[M]//李遐叔文集:卷一.清文渊阁四库全书本.
中国社会科学院考古研究所西安唐城工作队.唐大明宫含元殿遗址1995—1996年发掘报告[J].考古学报,1997(3):341-406.
傅熹年.对含元殿遗址及原状的再探讨[J].文物,1998(4):76-87.

❸　隆兴寺大悲阁二层、三层,以及转轮藏殿、慈氏阁的二层,均曾有副阶缠腰,无法证明是否为原形制.

❹　郭黛姮.中国古代建筑史:第三卷　宋辽金西夏建筑[M].2版.北京:中国建筑工业出版社,2009:157-166.

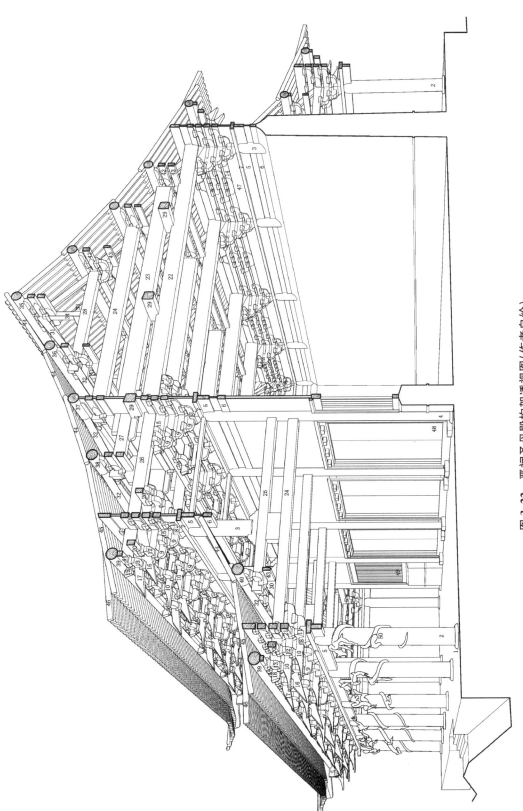

图 3.22 晋祠圣母殿构架透视图（作者自绘）

1. 柱础 2. 副阶檐柱 3. 殿身檐柱 4. 殿身内柱 5. 阑额 6. 由额 7. 普拍枋 8. 栌斗 9. 华栱 10. 华栱平出假昂 11. 泥道栱 12. 瓜子栱 13. 令栱 14. 扶壁栱 15. 翼形栱 16. 昂 17. 昂形要头 18. 要头 19. 罗汉枋 20. 衬方头 21. 柱头枋 22. 六椽栿 23. 四椽栿 24. 五椽栿 25. 三椽栿 26. 乳栿 27. 劄牵 28. 平梁 29. 丁栿 30. 驼峰 31. 叉手 32. 托脚 33. 合楷 34. 蜀柱 35. 脊榑 36. 上平榑 37. 中平榑 38. 下平榑 39. 撩风榑 40. 平榑 41. 替木 42. 橑同 43. 屋内额 44. 丁栿 45. 椽 46. 檐椽 47. 飞子 48. 版门 49. 直棂窗 50. 木雕盘龙

3.3.2   简式单槽殿堂:圣母殿殿身的结构构成

通过与《法式》图版中反映的结构完备的标准殿堂结构作对比,可见晋祠圣母殿殿身部分为简式单槽殿堂形式。圣母殿彻上明造不作天花,梁架全为明栿,斗栱与梁架间不存在草栿、明栿并置的双栿结构,是一种标准殿堂结构的简化形式(图3.23)。殿身进深八架椽,内柱与内槽斗栱位于前檐中平槫缝,形成深两架的前槽和深六架的后槽,构成单槽格局。

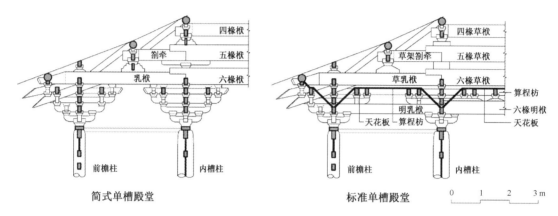

图 3.23   圣母殿殿身结构简化示意

根据前文研究,在晋祠圣母殿所在的太原盆地及周边山区,简式单槽歇山殿堂是宋金时期营造小型殿宇所采用的主要结构形式。现存具有晋中地区形制特征的小型简式单槽殿堂共 3 例,另有两例因中国营造学社前辈调查而保留有照片与测绘资料,实物已被拆除。

这 5 个案例中,永寿寺雨花宫(宋大中祥符元年,1008 年)、阳泉关王庙正殿(宋宣和四年,1122 年)、清源文庙大成殿(金泰和三年,1203 年)的形制特征与文献记载的建造年份吻合,万安寺正殿与兴东垣东岳庙正殿也符合宋金时期形制特征。❶ 这 5 栋建筑构架构成特征一致,比晋祠圣母殿规模小、斗栱铺作数少,形成山西中部地区宋金时期小型寺院、祠庙建筑主殿的定制。共同特征包括:

(1)面阔三间、进深三间六架椽,平面接近正方形。

(2)内外柱等高,构架由自下而上的柱网层、铺作层、梁架层组成。

(3)不用双栿、天花,屋架彻上露明。

(4)内柱与内槽斗栱位于前檐上平槫缝,形成深两架的前槽和深四架的后槽,也做成单槽形式。

(5)斗栱为四铺作或五铺作。

我们可以认为,圣母殿殿身采用的简式单槽殿堂形式,在北宋初年的晋中地区已经基本形成,并在北宋时期晋中地区殿宇中广泛使用,与相邻的晋东南地区简式单槽殿堂差别明显,营造圣母殿的匠师选择了最为熟悉的本地歇山殿堂结构形式。

3.3.3   等级弱化:圣母殿副阶的结构构成

1. 殿身与副阶的结构形式差异

圣母殿的副阶选取了和殿身不同的结构形式。殿身为自下而上由柱网层、铺作层、梁架层垒叠而成的简式殿堂结构。副阶则是由周圈 22 榀屋架插入殿身柱、相互之间以纵架串联而成的,每个榀架由檐柱、斗栱、梁栿构成;其中 4 榀承前檐四架梁栿,18 榀承两架梁栿。副阶结构体现出榀架相连的特征,接近厅堂结构。晋祠圣母殿殿身为简式单槽殿堂结构,副阶为厅堂榀架,与《法式》单槽图样所反映的殿身、副阶结构形式差异比较接近。现存众多元代以前的重檐建筑都表现出这种殿身与副阶结构差异特点;其中,大型

---

❶ 据乾隆《太谷县志》:"万安寺……在县治后,金皇统七年建。"但万安寺正殿的形制特征与晋祠圣母殿接近,创建年代可能为北宋。(清)王廷赞.太谷县志(卷五 寺观)[M].刻本.1739(乾隆四年):17.

遗构如辽构应县木塔一层、元构曲阳北岳庙德宁殿,中小型遗构如晋西南地区的蒲县东岳庙正殿和洪洞水神庙明应王殿。

　　而对比《法式》卷第三十一中的双槽、金箱斗底槽(后文中简称为"斗底槽")、单槽三种殿堂侧样的图样,不难发现在檐部斗栱、底层梁栿构造上的差别(图 3.24)。❶ 双槽、斗底槽图样中的殿身部分与副阶部分一致,都为用明栿、带天花的标准殿堂结构;副阶内侧峻脚椽落在殿身柱缝由额上,副阶草架用斜置的草乳栿。单槽图样中殿身部分也为用双栿带草架的殿堂结构,而副阶部分梁架为彻上露明的乳栿承劄牵,是结构较为简单的、常用在厅堂建筑中的槫架结构。《法式》图样中,单槽殿堂的副阶不用完备的殿堂结构,且殿身椽架数(8 架)少于斗底槽和双槽(10 架)。反映出在北宋时期官式建筑等级序列中,双槽与斗底槽的形制等级高于单槽,单槽用于等级较低的殿堂中。

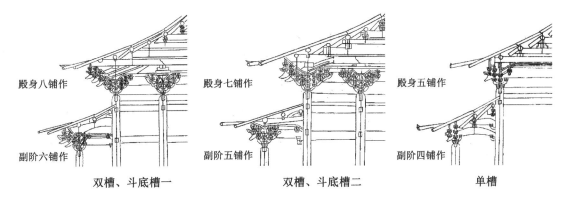

殿身八铺作　　　　殿身七铺作　　　　殿身五铺作

副阶六铺作　　　　副阶五铺作　　　　副阶四铺作

双槽、斗底槽一　　　双槽、斗底槽二　　　单槽

图 3.24　《营造法式》殿堂图样

　　很遗憾的是,目前保存的宋辽金时期重檐建筑实例都不同于《法式》双槽、斗底槽图样中反映的结构形式。应县木塔主体为斗底槽殿堂,副阶接近厅堂结构。隆兴寺摩尼殿是仅存的早期重檐斗底槽殿堂,殿身与副阶檐部结构一致,大致与《法式》斗底槽殿身与副阶结构形式一致的意图相吻合,但摩尼殿殿身与副阶都是不作天花、明栿的简式殿堂结构(图 3.25)。标准的《法式》双槽和斗底槽重檐建筑可能曾用于汴梁宫室、坛庙、寺观建筑中。

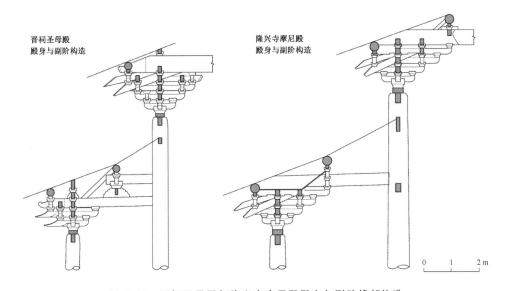

晋祠圣母殿
殿身与副阶构造

隆兴寺摩尼殿
殿身与副阶构造

0　　1　　2 m

图 3.25　晋祠圣母殿与隆兴寺摩尼殿殿身与副阶檐部构造

❶　梁思成.营造法式注释[M]//梁思成.梁思成全集:第七卷.北京:中国建筑工业出版社,2001:450-451.

2. 副阶铺作数减跳

圣母殿殿身斗栱用六铺作，而副阶斗栱为五铺作，副阶斗栱比殿身斗栱减了一跳。《法式》总铺作次序中有相似的规定："凡楼阁……其副阶缠腰铺作，不得过殿身，或减殿身一铺。"❶即楼阁的副阶斗栱铺作数不超过殿身斗栱的铺作数。对比三种《法式》殿堂侧样的图样，也可以归纳出副阶斗栱铺作数减跳的规律，但并不一定只减少一铺作。从隆兴寺摩尼殿、应县木塔这两处 11 世纪的重檐遗构的副阶铺作来看，也与《法式》规定吻合。元明清时期北方重檐建筑案例中，也延续了这种副阶斗栱铺作数不多于(通常小于)殿身斗栱铺作数的特点。(图3.26、表3.7)

铺作数是标示建筑等级的重要要素，由殿身与副阶铺作数的差异，可以体现副阶居于从属地位。这种副阶斗栱铺作数减跳的现象，可能是源于最初的板檐结构。板檐的形象在宋代屋木画中可以看到，如《商山四皓会昌九老图》《水殿招凉图》等。板檐由建筑外的细柱支撑或由柱身插栱承托，是较为

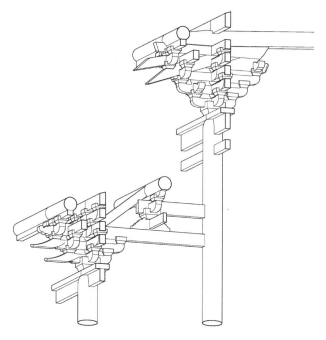

图 3.26 圣母殿山面檐部结构

简单的结构，并逐渐固化成了形制等级的要求。日本法隆寺金堂副阶为板檐，药师寺东塔则体现出副阶出檐小、檐部结构简单的特点，可能比较接近副阶出现的初始形态，在晋东南的金构西溪二仙庙梳妆楼二层也保存着这种特点。

表 3.7 《法式》图样与华北地区宋元时期重檐建筑斗栱铺作数比较

案例		斗栱铺作数		案例		斗栱铺作数	
		殿身	副阶			殿身	副阶
《法式》	双槽、斗底槽图样一	8	6	金构	曲阜孔庙金代碑亭	6	5
	双槽、斗底槽图样二	7	5		西溪二仙庙梳妆楼二层	4	把头缴项作
	单槽图样	5	4		寺润三教堂	4	把头缴项作
宋构	太原晋祠圣母殿	6	5	元构	曲阳北岳庙德宁殿	6	5
	正定隆兴寺摩尼殿	5	5		洪洞水神庙明应王殿	5	4
辽构	应县木塔一层	7	5		蒲县东岳庙大殿	6	4

综上，对于圣母殿，不管是殿身与副阶结构形式差异，还是副阶斗栱铺作数减跳，都是通过结构与构造的差异来体现同一栋建筑中主体与从属部分的等级差异，起到弱化副阶形制等级的作用。这种重檐建筑殿身与副阶的结构选型、铺作数的关联关系一直延续至清代。

3.3.4 梁栿抬柱：重檐建筑扩大空间的策略

1. 梁栿抬柱式减柱法

前廊梁栿抬柱式减柱法是晋祠圣母殿的典型结构特征。四根殿身前檐柱不落地，在中段被截断，落在副阶三椽栿上；副阶前檐斗栱承四椽栿和三椽栿，副阶梁栿后尾插入殿身内槽柱身。前廊空间中减掉四根殿身前檐柱，副阶前檐与殿身前槽组成一个面阔五间、进深两间四架椽的前廊空间(图3.27)。这种减柱

---

❶ 梁思成.营造法式注释[M]//梁思成.梁思成全集：第七卷.北京：中国建筑工业出版社，2001：107.

做法与学界熟知的大额式(或组合横额式)减柱不同,只有与副阶梁栿组合起来才能实现,可称之为梁栿抬柱式减柱法(后文中简称为"抬柱式"做法)。

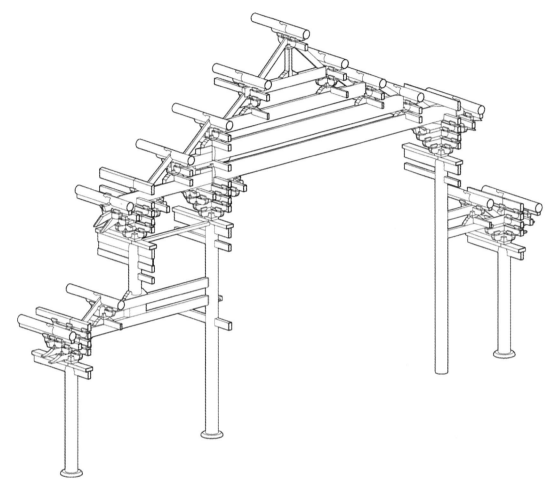

图 3.27　圣母殿当心间屋架轴测图

2. 重檐建筑抬柱类型

重檐建筑抬柱式做法在宋代以后南北方重檐遗构中都有出现,与宋元时期江南建筑渊源颇深的日本禅宗样佛殿建筑中也可见到,是古代重檐建筑中常见的做法。通过最简便的梁栿承柱手法,便可实现空间整合,应是抬柱式做法跨越时代与地域局限而被广泛使用的重要原因。宋至清代的重檐建筑中还存在多种抬柱式减柱形式,可分为以下几种形式(图 3.28):

(1)前后廊抬柱式。宋金时期木构中重檐建筑很少,仅留存圣母殿一例抬柱式。据复原研究,宋构苏州罗汉院大殿(宋太平兴国七年,982 年)为副阶柱头斗栱所承三椽栿后尾插入殿身内柱柱身,殿身前檐柱落在副阶三椽栿上❶,明代苏州文庙大成殿(明成化十年,1474 年)也为相似的结构。

(2)两山面抬柱式。广府地区的德庆学宫大成殿(元大德元年,1297 年)山面也用抬柱式,大丁栿承两根殿身山面柱。❷ 明清官式建筑常在山面重檐结构中使用抬柱式,这种山面用抬柱式的结构做法适用于前廊或后廊开敞、两山面尽间纳入室内空间的情况,成为一种常见的官式定制。最典型的明清官式建筑案例,长陵祾恩殿及天安门、端门、午门门楼,都是山面殿身柱落在副阶斗栱与殿身内柱间的丁栿上。❸

❶　张十庆.苏州罗汉院大殿复原研究[J].文物,2014(8):81-96.

❷　吴庆洲,谭永业.粤西宋元木构之瑰宝——德庆学宫大成殿(一)[J].古建园林技术,1992(1):42-51.
　　吴庆洲,谭永业.粤西宋元木构之瑰宝——德庆学宫大成殿(二)[J].古建园林技术,1992(2):49-55.

❸　傅熹年.中国古代城市规划、建筑群布局及建筑设计方法研究:上册[M].北京:中国建筑工业出版社,2001:134.

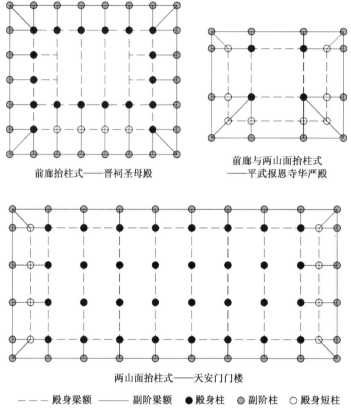

前廊抬柱式——晋祠圣母殿

前廊与两山面抬柱式
——平武报恩寺华严殿

两山面抬柱式——天安门门楼

—— 殿身梁额　—— 副阶梁额　● 殿身柱　◐ 副阶柱　○ 殿身短柱

图 3.28　重檐建筑抬柱式示意

（3）前后廊与两山面皆可作梁栿抬柱,堪称最为典型的抬柱式减柱法。四川地区的平武报恩寺大悲殿和华严殿(明正统五年至天顺四年,1440—1460 年),殿身面阔三间、进深两间,殿身周圈檐柱共 10 根,仅留殿身后檐两根平柱,其余 8 根檐柱都落在副阶斗栱与内柱柱身间的梁栿及前檐递角栿上。❶ 隆兴寺毗卢殿建于明万历年间(1573—1620 年),殿身前后檐当心间与两山面心间檐柱落在副阶梁栿上,殿身只有四根角柱落地。

3.3.5　小结

本节梳理了北宋初期重檐建筑定型并开始普及的建筑史背景,以晋祠圣母殿重檐结构为典型案例,分别讨论了殿身结构形式的选择、弱化副阶手法、梁栿抬柱式减柱法等问题,结合《法式》文本与图样,探究北宋时期官式大型重檐建筑的形制与构成问题。希望为学界提供关于古代重檐建筑的基本分析思路和基础研究材料。

---

❶　向远木.四川平武明报恩寺勘察报告[J].文物,1991:1-19.

4 构造与构件层面的技术史问题

在前面的章节中,分别讨论了样式类型和年代学、结构形式等问题,本章着眼于构造形制与构件样式的层面,选取若干具有典型意义的技术现象进行解读,经过对研究材料的整理,力求提取出 10 世纪后期到 13 世纪初期晋中地区木构建筑发展演变的一些线索。所谓地域特征,最直接地体现在构造形制与构件样式的地区内相似性和与其他地区的差异性。因此,本章也是对晋中地区五代宋金时期木构建筑地域特征的深入阐述。

4.1 斗栱形制与构造分析

4.1.1 补间斗栱形制特点

1. 斗栱外跳形制完型

山西地区五代宋初遗构中已使用补间斗栱。镇国寺万佛殿柱头斗栱与补间斗栱形制差别很大。补间斗栱里外跳不对称,里外跳各出两跳华栱;外跳第一跳华栱不作里跳,为丁头栱;外跳瓜子栱承罗汉枋与承椽枋,里跳瓜子栱承罗汉枋。而其他几栋与镇国寺万佛殿建造年代接近的 10 世纪遗构中,离相寺正殿(四铺作)、大云院弥陀殿(五铺作)与独乐寺观音阁平坐部分(出三跳)的柱头斗栱与补间斗栱外跳形制已经是一致的。可见,华北地区 10 世纪的低等级铺作已使用完整的补间斗栱。

然而,11 世纪初期的晋中地区案例中,却不见出跳的补间斗栱,只在补间位置的柱头枋上隐出扶壁栱。11 世纪中期的晋祠圣母殿中出现补间斗栱,但与柱头斗栱形制不统一。至 12 世纪初期的遗构中,补间斗栱才与柱头斗栱外跳形制取得一致。这种 11 到 12 世纪的遗构中,补间斗栱从无到有,柱头斗栱与补间斗栱外跳形制从不统一到逐渐趋同的过程,即可概括为斗栱外跳形制的"完型"过程。斗栱外跳形制完型,是指补间斗栱形成整朵斗栱构造,补间斗栱外跳与柱头斗栱外跳具有相同的形制特征,是宋金时期建筑斗栱部分极为显著的变化。当然,完型问题是在柱头斗栱与补间斗栱不出斜栱的情况下进行讨论的。需要分别讨论简式殿堂、通柱厅堂这两种不同结构形式中补间斗栱的演变特点。(图 4.1)

简式殿堂。建于北宋前期的永寿寺雨花宫补间位置不出跳,只在柱头枋上隐出扶壁栱。晋祠圣母殿殿身部分与太谷万安寺正殿,柱头斗栱用真昂,补间斗栱各层构件都为水平构件。这种柱头斗栱与补间斗栱形制不统一的矛盾,在之后两例中,以柱头斗栱外跳形制趋近于补间斗栱的方式得到解决。阳泉关王庙正殿与清源文庙大成殿柱头斗栱外跳不用昂,与补间斗栱外跳形制取得一致。

通柱厅堂。宋构寿阳普光寺正殿补间位置为柱头枋隐出扶壁栱。晋祠圣母殿副阶部分的斗栱形制与晋西南地区通柱厅堂万荣稷王庙正殿接近,都是柱头斗栱华栱平出,而补间斗栱用下昂挑斡,可以推知,与圣母殿同期的晋中地区通柱厅堂的斗栱形制应该是相似的。金代以后,很多通柱厅堂的补间斗栱仍用挑斡,但柱头斗栱用下昂或下折式假昂,使得柱头与补间斗栱外跳形制趋于一致。通柱厅堂的柱头斗栱外跳形制也趋近于补间斗栱,由于一直延续补间斗栱用真昂挑斡,柱头斗栱中必须使用下昂或下折式假昂。类法式型Ⅰ式的慈相寺正殿和虞城村五岳庙五岳殿都是柱头斗栱用真下昂,而类法式型Ⅱ式的不二寺正殿和真圣寺正殿的柱头斗栱都用下折式假昂了。

要之,五代宋初晋中地区遗构使用补间斗栱,而稍后的 11 世纪初的遗构却不用补间斗栱,还有待发现更多材料才能探明其中缘由。北宋中期以后补间斗栱在民间建筑中普及,但起初存在柱头斗栱与补间斗栱形制不一的情况;北宋末期以后,柱头斗栱与补间斗栱外跳取得一致的形制特征。

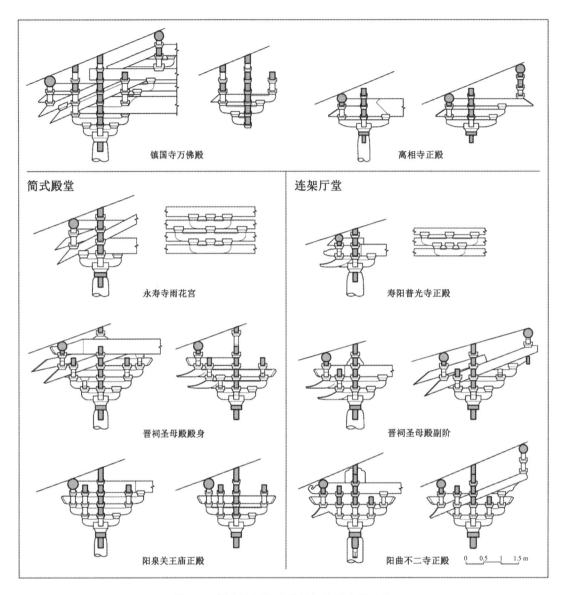

图 4.1　晋中地区柱头斗栱与补间斗栱对比

2. 补间斗栱的非结构性

华北地区宋金时期地方建筑中，补间斗栱逐渐成为必备的构造，其形制等级意义与装饰意义愈发突出，然而却与补间斗栱产生之初的结构意义发生背离。下文从几个方面逐层分析地方建筑中补间斗栱的非结构性。

（1）补间斗栱配置特点

首先来看晋祠圣母殿补间斗栱的配置情况。圣母殿殿身部分只在前檐和山面前稍间用补间斗栱，每间各施一朵；副阶部分只在前檐和山面前尽间用补间斗栱，每间各施一朵；殿身与副阶的后檐和其他山面开间不用补间斗栱，只在补间位置的柱头枋上隐出扶壁栱。殿身内槽柱缝上，当心间与次间各用一朵补间斗栱，稍间补间位置的柱头枋上隐出扶壁栱。圣母殿两山面与后檐檐部屋架所承荷载与前檐相同，仅靠两柱头斗栱间的撩风槫、平槫与替木足以承受屋面荷载，可以推想补间斗栱并非圣母殿结构必须。圣母殿的营造者很清楚补间斗栱标示等级的形制意义，以及由此产生的装饰作用。很可能在此时官式建筑中使用补间斗栱已成为定制，民间祠庙建筑开始效仿官式建筑的补间斗栱，但只用在引人注目的前檐。（图 4.2）

这种只在前檐用补间斗栱的现象还存在于多处民间中小型歇山建筑中。例如，汾阳太符观昊天上帝

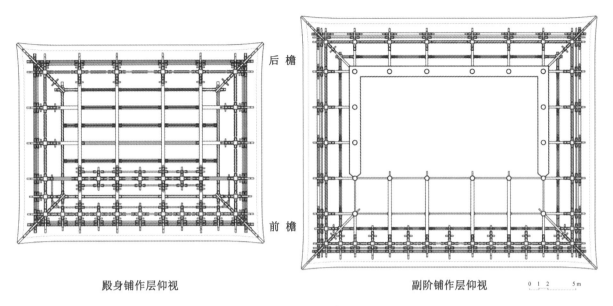

| 殿身铺作层仰视 | 副阶铺作层仰视 |

图 4.2　晋祠圣母殿铺作层仰视

殿,也是前檐和山面前进开间各施一朵补间斗栱,山面中进和后进开间、后檐都不加补间斗栱;晋东南地区的金构长子县府君庙正殿前檐五开间用补间斗栱,两山面与后檐都不用补间斗栱。

在悬山建筑前檐施加补间斗栱就更加普遍。比较普光寺正殿与不二寺正殿这两个案例,就可以很清楚地发现宋金时期悬山厅堂结构构成的改变。普光寺正殿当心间面阔 3 830 mm、3 470 mm,不二寺正殿当心间面阔 4 060 mm、3 784 mm,二者开间间广相差不大。普光寺正殿前檐为四铺作斗栱,不作补间斗栱;而不二寺正殿的前檐为五铺作斗栱,并且每间施补间斗栱。二者的后檐柱头斗栱都为把头绞项作,且都不用补间斗栱。两构的斗栱用材尺寸也比较接近,普光寺正殿材广 200 mm,华栱材厚 140 mm,横栱材厚 120 mm;不二寺正殿材广 210 mm,材厚 140 mm。经过比较两构的规模、用材,可以认为,不二寺正殿的补间斗栱并不是结构必须。(图 3.12、图 3.13)

(2) 补间斗栱成为结构负担

在建造晋祠圣母殿的时期,补间斗栱的形制意义和审美意义提升,甚至居于结构意义之上。圣母殿阑额尺寸较小,与补间斗栱构成一对矛盾。补间斗栱自身的荷载落在阑额、普拍枋中部,常因阑额与普拍枋不足以承受补间斗栱荷载而产生压弯形变。多数晋中地区宋金时期案例阑额厚度比材厚略大、广约为一足材,与江南地区或明清时期官式额枋相比,尺度明显偏小。例如,圣母殿阑额的广、厚均小于华栱;阑额广为单材广的 1.33 倍(华栱材广为单材广的 1.5 倍),阑额厚与泥道栱材厚接近,为 120～140 mm,却小于华栱材厚 160 mm。相比之下,同期的江南地区几处宋构都使用肥硕的阑额或月梁形阑额承补间斗栱,保国寺大殿月梁形阑额广为单材广的 2.2 倍、厚为单材厚的 1.44 倍。圣母殿和献殿的当心间间广同为 16 尺,比榆次永寿寺雨花宫、太谷万安寺正殿等地方建筑开间大一些,而阑额用材尺寸并未相应地增大;晋祠两构的当心间补间斗栱已将阑额、普拍枋压弯下沉到肉眼可清晰辨识的程度。圣母殿副阶前檐当心间撩风槫中部压弯下沉约 20 mm,而阑额中部下沉约 60 mm;而后檐当心间撩风槫中部压弯下沉 15 mm,阑额中部下沉只有 12 mm。献殿前后当心间两侧各有两根立颊柱撑阑额底,但阑额中部下沉也超过 30 mm。由此可知,晋中地区地方建筑中的补间斗栱不仅并非结构必须的构造,甚至有可能成为结构负担。

(3) 挑斡构造

华北地区现存最早的补间斗栱挑斡案例是晋祠圣母殿和万荣稷王庙正殿,此两例都是北宋天圣以后的建筑。由于更早的案例缺失,很难判断天圣年间之前,华北地区是否存在挑斡做法。补间斗栱作挑斡,是晋中地区厅堂建筑的典型特点,这种斗栱形制一直延续到清代(图 4.3)。

宋金时期主要为下昂挑斡,下昂昂尾挑至下平槫;元代以后很多遗构中的挑斡与要头为同一构件。太谷真圣寺正殿用下昂挑斡,昂下并置一根枋木,与少林寺初祖庵正殿、济源奉先观三清殿一致,晋东南地区的中坪二仙宫和董峰万寿宫也用此法。具有金末元初样式特征的庄子乡圣母庙圣母殿的挑斡与要头为一根构件,晋东南金代建筑中有两个与之相似的实例:西李门二仙庙正殿前檐当心间补间斗栱和中坪二仙宫前檐补间斗栱。

长挑斡是较为独特的挑斡形式,晋中以外的地区没有见到这种实例。晋中地区长挑斡案例包括:平遥慈相寺正殿、虞城村五岳庙五岳殿、庄子乡圣母庙圣母殿。这几栋遗构都为通柱厅堂,前廊为一架进深,由于前廊步架跨度不能过小,导致昂尾延伸较长。过长的挑斡受压弯矩很大,慈相寺正殿和庄子乡圣母庙圣母殿补间斗栱里跳加华栱或鞾楔,一定程度上起到减少昂尾净挑长度的作用。

与江南地区厅堂柱头斗栱也用昂尾作挑斡不同,华北地区厅堂柱缝用梁栿承槫,补间斗栱挑斡仅起辅助承挑的作用;在很多情况下,昂尾有构件承托,已是斜向联系构件,而非起承挑作用了。虞城村五岳庙五岳殿的昂尾落在柱头枋上,晋祠圣母殿副阶补间斗栱昂尾、献殿前后檐当心间补间斗栱昂尾落在屋内额上,在这三例中,昂尾挑斡由杠杆受力的悬挑构件转变为斜向联系构件。

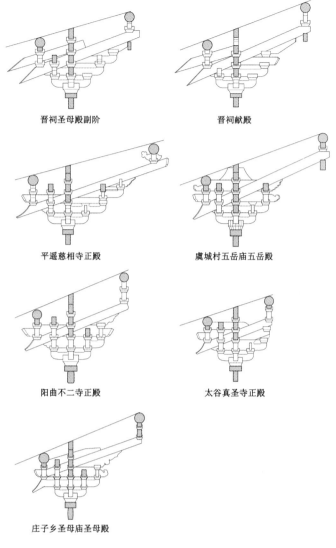

图 4.3   晋中地区补间斗栱挑斡

明代以后梁栿与柱头斗栱成为主要承力结构,但补间斗栱仍然做出挑斡。很多地方建筑案例中,挑斡用材很小,只是搭在补间斗栱与下平槫之间,几乎是可有可无的构造了。

4.1.2   "米"字形斜栱

斜栱是装饰性极强的斗栱构造做法。陈薇先生称斜栱"虽然远谈不上中流砥柱,但也非隐沤潜流",并在《斜栱发微》一文中对斜栱构造作了深入的专题研究。[1] 受调查条件所限,早先发现使用斜栱的案例大多为辽地辽金时期大型建筑,斜栱的使用也被认为是辽金建筑的显著特征。[2] 萧默先生在《敦煌建筑研究》中提到敦煌第146窟五代壁画中出现两处补间斗栱出斜栱的形象,认为斜栱的出现比辽金早,流行地域也远为广大。[3] 通过整理宋地宋金时期斜栱案例可以发现,除了为学界熟知的隆兴寺摩尼殿、佛光寺文殊殿外,斜栱都用于中小型建筑中,其中几处遗构显示出明显的宋式特征。

本研究时段内,晋中地区用斜栱的遗构很少,仅存三个案例,分别用在太谷万安寺正殿前后檐当心间

❶   陈薇.斜栱发微[J].古建园林技术,1987(4):40-45.
❷   中国科学院自然科学史研究所.中国古代建筑技术史[M].北京:科学出版社,1985:104.
❸   萧默.敦煌建筑研究[M].北京:文物出版社,1989:236.

补间斗栱、盂县大王庙后殿前檐补间斗栱、阳泉关王庙正殿前檐平柱柱头斗栱。三处斜栱案例都是五铺作，从中心出45°斜栱的"米"字形结构，即斜缝也向里外各出两跳，与华栱共同承托令栱，里外跳令栱做成三个令栱鸳鸯交手状。（图4.4）

阳泉关王庙正殿前檐当心间斗栱　　　　　　　盂县大王庙后殿前檐当心间斗栱

图4.4　晋中地区斜栱案例

宋地宋金时期遗构中斗栱出斜栱的都为四、五铺作，大多为"米"字形，少数为外跳双"米"字形；除了正定隆兴寺摩尼殿后牌坊的补间斗栱为里外跳三"米"字形斜栱外，未见其他宋地六、七铺作斗栱出斜栱的案例。晋北辽地斜栱类型比较丰富，应县木塔、华严寺大殿、善化寺大殿和普贤阁用不出华栱的"X"形斜栱；善化寺三圣殿六铺作斗栱，当心间补间斗栱外跳为三"米"字形；崇福寺弥陀殿七铺作斗栱做成里外跳双"米"字形斜栱。（图4.5）

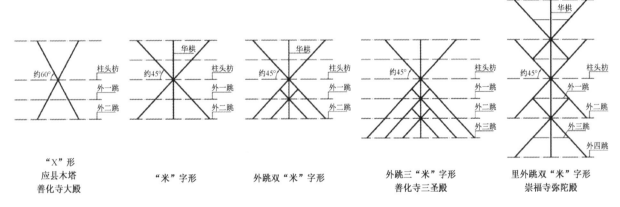

"X"形　　　　　　"米"字形　　　　外跳双"米"字形　　　外跳三"米"字形　　里外跳双"米"字形
应县木塔　　　　　　　　　　　　　　　　　　　　　　　善化寺三圣殿　　　崇福寺弥陀殿
善化寺大殿

图4.5　斜栱类型示意

晋中北、晋东南和正定地区都保存有使用斜栱的遗构，其中，隆兴寺摩尼殿、定襄关王庙正殿、南吉祥寺正殿、小会岭二仙庙正殿为宋代建筑，三个晋中遗构也都体现典型的法式化以前的地方型Ⅱ式特征。可见，斜栱是11世纪华北地区辽地和宋地均大量存在的；宋地晋中北地区用斜栱最普遍；晋东南地区保存有近百处五代宋金时期遗构，但用斜栱的遗构屈指可数；正定地区遗构数量虽少，但隆兴寺摩尼殿这样的巨构使用斜栱，金代临济寺青塔中也有斜栱形象，可见这一地区斜栱也曾较为流行；三个晋中斜栱案例中，仅万安寺正殿位于太原盆地，另外两处位于太行山区，这种斜栱构造很可能是受到相邻的晋中北、晋东南、正定地区的影响，从古代交通地理的角度分析，阳曲、盂县与正定地区联系更为便捷。

分析宋地宋金时期三开间小型建筑中斜栱的施用位置，不难看出工匠通常将斜栱置于前檐或前后檐当心间，前檐当心间往往是着力突出的视觉中心，歇山建筑的山面心间也是突出的重点。（表4.1）

表 4.1　山西宋地宋金时期斜栱类型统计

地区	遗构	构架	铺作数	"米"字形	外跳双"米"字形
晋中北	定襄关王庙正殿	三间四架歇山	五	前后檐与两山面补间斗栱❶	前檐当心间正中补间斗栱
	佛光寺文殊殿	五间八架悬山	五	前檐稍间与后檐当心间补间斗栱	前檐当心间与次间补间斗栱
	五台延庆寺正殿	三间六架歇山	五	前后檐当心间与两山面心间补间斗栱	—
	定襄洪福寺正殿	五间八架悬山	五	前檐补间斗栱	—
	繁峙三圣寺正殿	三间四架歇山	五	前檐补间斗栱	—
晋中	太谷万安寺正殿	三间六架歇山	五	前后檐当心间补间斗栱	—
	阳泉关王庙正殿	三间六架歇山	五	前檐平柱柱头斗栱	—
	盂县大王庙后殿	三间四架悬山	五	前檐补间斗栱	—
晋东南	南吉祥寺正殿	三间六架歇山	五	前后檐当心间与两山面心间补间斗栱	—
	小会岭二仙庙正殿	三间六架歇山	五	前檐当心间补间斗栱	—
	南神头二仙庙正殿	三间六架歇山	五	—	前檐当心间补间斗栱
	石掌村玉皇庙正殿	三间六架歇山	四	前檐当心间补间斗栱	—
	高平圣姑庙正殿	三间六架歇山	五	—	前后檐当心间补间斗栱
	东邑龙王庙正殿	三间四架歇山	五	前檐次间补间斗栱	前檐当心间补间斗栱

4.1.3　斗栱构造中的特殊样本

　　虽为独特的样本，但是现存五代宋金时期遗构数量不及曾经存在过的各式殿宇总数的百分之一，这些样本可能代表了当时的某种流行做法，也可能代表了某种古老遗制，都为技术史研究提供了重要线索。

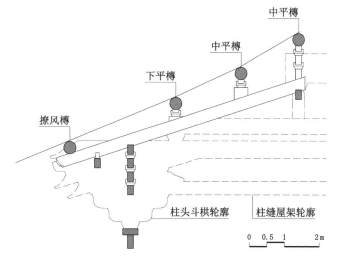

图 4.6　平遥文庙大成殿大斜梁

1. 大斜梁

　　学界一般认为大叉手、大斜梁是早期建筑中常见的屋架构件，这类构件从先秦时代至近代一直被采用。而平遥文庙大成殿却是现存宋金时期大型殿宇中使用大斜梁的孤例。大成殿前后檐与山面的当心间、次间檐部不作出跳补间斗栱，只在柱头枋上隐出扶壁栱，在外跳罗汉枋与屋内额上架起大斜梁，大斜梁平长三架，前端承撩风槫、中部承下平槫与中平槫。角间不用大斜梁。（图 4.6）

　　建造年代略晚于平遥文庙大成殿的四川地区元代中小型殿宇中，芦山青龙寺大殿柱缝上用斜长四架的大斜梁，而眉山报恩寺大殿、阆中永安寺大殿、五龙庙文昌阁的当心间补间位置施斜梁。❷

日本大佛样建筑中也有与平遥文庙大成殿大斜梁相似的构件，兵库县净土寺净土堂(1192 年)、奈良东大寺南大门(1199 年)的各间檐部正中用游离尾棰，净土寺净土堂檐柱头与内柱头各施一根平长两架的游离尾棰，东

　　❶　定襄关王庙正殿前檐经过元代至正五年至六年(1345—1346 年)修缮改动，前檐阑额被改为大檐额，两根平柱也被移到原先的补间斗栱位置。
　　王子奇.山西定襄关王庙考察札记[J].山西大同大学学报(社会科学版),2009,23(4):23-27.
　　❷　王书林.四川宋元时期的汉式寺庙建筑[D].北京:北京大学,2009:49-78.

大寺南大门檐部用平长三架的游离尾桯。❶

2. 连珠斗

连珠斗是一种特殊的斗组合形式,将两小斗上下叠置,用以调整斗、栱构件在铺作组合中的高度。"连珠斗"一词出现在《法式》上昂制度中——"华栱上用连珠斗,其斗口内用鞾楔",常与鞾楔合用,补足华栱与上昂间的空隙,从下部承托上昂构件。现存使用上昂的遗构中都只用鞾楔而不见连珠斗,通常认为苏州虎丘云岩寺塔内的连珠斗承令栱做法为唯一实例。❷

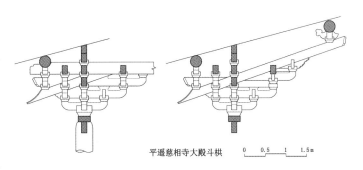

平遥慈相寺大殿斗栱

图 4.7　平遥慈相寺正殿斗栱

平遥慈相寺正殿补间斗栱中的连珠斗则是另一种做法:里跳第二跳华栱头置连珠斗;下斗不开槽,上斗十字开槽;上斗承单材华栱和翼形栱,单材华栱与下昂尾相抵并作切几头。此处使用连珠斗的目的是将里跳单材华栱与鞾楔抬高,这样可以减少长挑斡的净挑长度。(图 4.7)

3. 丁头栱

除了上文提到的镇国寺万佛殿补间斗栱第一跳华栱为丁头栱,晋中地区还保存有厅堂结构柱身出丁头栱承梁栿的实例。阳曲不二寺正殿内柱身出丁头栱承前檐劄牵,是华北地区极为少见的典型丁头栱实例。《法式》卷第四大木作制度中丁头栱条文提到"若入柱者,用双卯,长六分°至七分°"。❸ 目前可见的实例中,江南地区元构金华天宁寺大殿柱身丁头栱即为双榫,而不二寺正殿丁头栱后尾直榫过柱。(图 3.13)

宋金时期华北地区遗构很少用丁头栱,是由于大多数为殿堂或简式殿堂,上下层梁栿之间以驼峰、坐斗承托,不存在梁尾插入柱身的节点;河南、山东、晋东南地区简式殿堂梁架的柱梁相交节点常用楂头,例如少林寺初祖庵正殿和广饶关帝庙正殿,劄牵与三椽栿相对入柱处,柱身两侧分别出楂头承劄牵和三椽栿梁尾;在为数不多的厅堂遗构中,多用雀替或楂头而少见丁头栱,如善化寺三圣殿、文水则天庙圣母殿、新城开善寺大殿。北方丁头栱除了在阳曲不二寺正殿和涞源阁院寺文殊殿可见外,仅在地处太行、太岳山区的两处遗构中用到,武乡会仙观三清殿内柱身出丁头栱承楂头、武乡应感庙正殿内柱身出丁头栱承梁栿与楂头。

阳曲不二寺正殿斗栱样式是晋中地区法式特征最显著的遗构,其构架中丁头栱的使用可能也是法式技术北传的结果。

丁头栱与月梁的组合是《法式》大木作制度图样中反映出的重要组合方式,并可在江南地区宋元时期建筑中找到相应的构造做法,但在华北地区却极为少见。《法式》卷第三十一大木作制度图样中表现柱梁相交节点用丁头栱的共有七幅,仅"四架椽屋劄牵三椽栿用三柱"所绘的劄牵和三椽栿为直梁,其他丁头栱形象都出现在六幅八架椽屋侧样图中,六种八架椽屋图样都清晰地表现了月梁形象,而丁头栱与月梁的组合方式在江南地区较为常见。❹ 内柱身出丁头栱承月梁梁尾,是江南地区厅堂建筑的典型特征,保国寺大殿、虎丘二山门、保圣寺大殿等遗构中都使用了丁头栱与月梁组合的配置。这种丁头栱与月梁的组合在华北地区没有实例,也促使研究者思考《法式》文字与图样反映出的丁头栱技术细节是否存在与南方地区技术的关联。从另一个方向考虑,华北地区斗栱构件融合法式样式的同时,屋架构造并未受到影响,阳曲不二

❶　傅熹年.福建的几座宋代建筑及其与日本镰仓"大佛样"建筑的关系[M]//傅熹年.傅熹年建筑史论文集.天津:百花文艺出版社,2009:335.

　　谢鸿权.东亚视野之福建宋元建筑研究[D].南京:东南大学建筑研究所,2010:74.

❷　张十庆.中国江南禅宗寺院建筑[M].武汉:湖北教育出版社,2002:177.

❸　梁思成.营造法式注释[M]//梁思成.梁思成全集:第七卷.北京:中国建筑工业出版社,2001:81.

❹　梁思成.营造法式注释[M]//梁思成.梁思成全集:第七卷.北京:中国建筑工业出版社,2001:455-459.

二寺正殿中出现丁头栱显得尤为难得。

4.1.4　小结

通过本节讨论,可以发现,宋金时期地方建筑的前檐斗栱部分成为装饰的重点。对于小型建筑,前檐当心间补间斗栱通常作斜栱,是最为强调的装饰重点。补间斗栱标示等级和装饰的作用逐渐增强,地方建筑通常只在前檐用补间斗栱,斜栱、挑斡也常用于补间斗栱,这种檐部斗栱配置方式的变化对宋代以来中小型建筑的面貌产生了重要的影响。在很多情况下,补间斗栱在地方建筑中不一定具有积极的结构作用,甚至可能成为结构负担。大斜梁、连珠斗、丁头栱是晋中地区较为特殊的斗栱构造,值得在今后的研究中持续关注。

4.2　唐风退化与趋向醇和:典型构件样式分析

梁思成先生在《图像中国建筑史》一书中,将11—14世纪宋元时期的建筑风格发展期称为"醇和时期"(The Period of Elegance, ca. 1000-1400),"当辽代的契丹人尚在恪守唐代严谨遗风的时候,宋朝的建筑家们却已创出了一种以典雅优美为其特征的新格调"。❶ 华北地区宋金时期的建筑风格逐渐趋向雅致,并伴有装饰化倾向,主要是通过构造组合和构件样式的演变实现的,本节就是以晋中地区五代宋金时期典型构件样式为线索,讨论华北地区建筑风格由"豪劲时期"向"醇和时期"演变过程中的一些特点。在这一过程中,斗栱构件体现出由唐风转变为宋风,进而发生法式化变化的特点;而梁架构件更多地体现出唐代样式的退化,但并未发生趋向醇和的转变。第二章类型与年代分析中已经涉及一些构件样式特征,本节选取较为典型的构件进行阐述、分析,探究装饰性栌斗、小斗、栱、平出式假昂、梁栿、驼峰、合楂等构件样式的特点与源流。

4.2.1　斗栱构件

1. 装饰性栌斗

装饰性栌斗,是指特殊形态的非方形栌斗,如《法式》中所载的圆栌斗、讹角斗,晋东南地区常见的瓜楞形、莲瓣形栌斗也为装饰性栌斗。晋中地区大多遗构用方栌斗(或近似方形),仅两个宋金遗构中出现装饰性栌斗;晋中北、晋北地区也未见使用装饰性栌斗的宋金时期遗构。(图4.8)

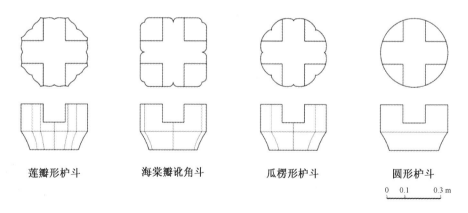

| 莲瓣形栌斗 | 海棠瓣讹角斗 | 瓜楞形栌斗 | 圆形栌斗 |

0   0.1   0.3 m

图4.8　山西地区常见装饰性栌斗

虞城村五岳庙五岳殿前檐三间的补间斗栱用莲瓣形栌斗,前檐柱头斗栱栌斗仍为方形。这种莲瓣形栌斗是将方形栌斗抹去四角做成八边形,每边由中线向两边分别刻成"S"形曲面,从斗顶俯视为八瓣莲花形。相比瓜楞形栌斗和讹角斗,莲瓣形栌斗线脚更多,装饰效果更突出。宋元时期遗构中使用莲瓣形栌斗的

---

❶　梁思成.图像中国建筑史[M].费慰梅,编,梁从诚,译,孙增蕃,校.北京:中国建筑工业出版社,1991:72,205.

案例包括:高平圣姑庙当心间补间斗栱、高都玉皇庙东朵殿次间补间斗栱、高都景德寺前殿补间斗栱、府城村玉皇庙成汤殿补间斗栱、府城村玉皇庙二山门前檐补间和后檐柱头斗栱,以及襄城乾明寺中殿内槽补间斗栱。

盂县大王庙后殿前檐当心间补间斗栱出斜栱,用八边形栌斗;其他柱头斗栱与补间斗栱都不出斜栱,用方形栌斗。斜栱与八边形栌斗都用在当心间补间斗栱,其装饰意义不言而喻。

华北地区使用装饰性栌斗的地区主要在河南和晋东南地区。晋东南使用装饰性栌斗的遗构,都是吸收法式技术之后的,法式化之前的遗构中都用方形栌斗。河南地区的几处宋元时期遗构中使用了装饰性栌斗,晋东南地区装饰性栌斗的使用很可能是受到相邻的河南地区影响。可以推想,装饰性栌斗在晋东南地区的出现是与法式化同步的,这种栌斗的装饰化演变应是法式化的一部分。莲瓣形、瓜楞形斗不见于《法式》记载,可能曾是北宋时期河南地区的流行样式,伴随着法式技术一同传播进入山西地区。装饰性栌斗样式的传播,对晋中地区产生过一些影响,但并未触及晋中以北的地区。

按《法式》卷第四造斗之制所载"如柱头用圆枓,即补间铺作用讹角枓"❶,江南地区五代十国时期所建的杭州闸口白塔,柱头斗栱用圆栌斗,补间斗栱用讹角栌斗;此塔早于《法式》刊行百余年,已开《法式》栌斗形制的先河。少林寺初祖庵正殿外檐斗栱,也是柱头斗栱用圆栌斗,补间斗栱用讹角栌斗,是与《法式》规定最为契合的华北地区实例。

但在山西地区,装饰性栌斗的用法与《法式》不同,主要用在补间斗栱,着重强调补间斗栱的装饰性;除个别案例外,装饰性栌斗只用在前檐,甚至只用于前檐当心间补间斗栱。补间斗栱使用装饰性栌斗的大多数遗构中,柱头斗栱仍用方形栌斗,仅少数遗构柱头斗栱用圆栌斗或讹角斗。山西地区装饰性栌斗的配置特点,在高都玉皇庙东朵殿前檐斗栱中表现得尤为突出,平柱柱头斗栱用海棠瓣讹角栌斗,两侧边贴柱头斗栱用方形栌斗,当心间与次间补间斗栱分别用装饰性更强的瓜楞形栌斗和莲瓣形栌斗;高平圣姑庙正殿则是柱头斗栱用方形栌斗,前后檐当心间和两山面心间补间斗栱用莲瓣形栌斗,前后檐和两山面次间补间斗栱用瓜楞形栌斗。(图4.9)

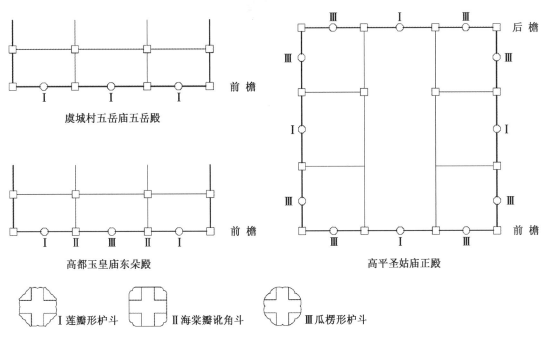

图 4.9   山西地区装饰性栌斗配置示意

---

❶ 梁思成.营造法式注释[M]//梁思成.梁思成全集:第七卷.北京:中国建筑工业出版社,2001:103.

2. 小斗斗型

(1) 小斗斗型分化

《法式》卷第四造斗之制中,将安置于不同位置的小斗分为交互斗、齐心斗、散斗三种斗型;三种小斗斗型皆高 10 分°,侧面宽皆为 16 分°,区别在于正面宽取值不同,交互斗面宽 18 分°,齐心斗面宽 16 分°,散斗面宽 14 分°。❶

在本研究时段内的晋中地区建筑小斗作法,与法式作法存在明显差别。唐辽型与地方型的小斗大多无三小斗之分,或齐心斗与散斗的斗型相同,法式化之后出现尺寸不同的交互斗、齐心斗、散斗。

两处五代、北宋时期的重要遗构,镇国寺万佛殿、晋祠圣母殿斗栱的小斗斗型一致。❷ 类法式型遗构斗栱中都已出现小斗斗型分化,最明显的变化是交互斗与散斗尺寸差异明显,一些遗构中的齐心斗也从散斗中分化出来,齐心斗面宽较散斗略大。晋中地区斗栱中齐心斗、交互斗与散斗的分化,是法式化的重要内容。法式化之后的大多数遗构中,虽然小斗尺寸出现分化,但散斗斗型仍然是延续前期的特点,为面阔尺寸略大于进深尺寸的近似方形。

(2) 特殊斗型

① 高斗歆长斗型。是一种非常特殊的地方做法,斗歆高度约占斗高一半,斗面宽尺寸与进深尺寸之比约为 5:4。安禅寺藏经殿、则天庙圣母殿、普光寺正殿中,部分小斗为高斗歆长斗型;宣承院正殿、盂县大王庙后殿、阳泉关王庙正殿所用小斗全为高斗歆长斗型。这种斗型可能是北宋时期地方做法。

② 斗歆内颤出峰。在晋中地区并不常见,主要是则天庙圣母殿、普光寺正殿中部分栌斗和小斗。在晋东南地区北宋时期较为常见,是该地区自神宗熙宁前后至徽宗宣和以前的主要斗歆做法。❸

要之,小斗的法式化变化,使得斗型更加丰富,由唐五代样式演变为具有法式特征。地方做法与法式做法的融合,是地方做法被官式做法规范化、整合的过程。(图 4.10)

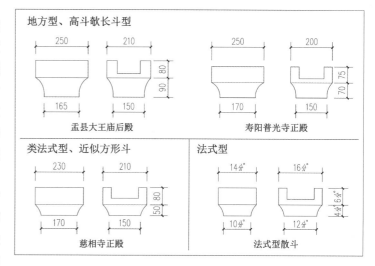

图 4.10　小斗斗型比较

3. 栱构件

(1) 单材栱眼

单材栱眼的细节特点比足材栱眼更加明晰,目前还可见到唐代以前的单材栱实物,其样式演进关系更容易梳理一些。从南北朝、隋唐时期的遗物来看,五代宋金时期以前晋中地区的单材栱眼使用大栱眼和隐刻式。太原天龙山石窟北齐第 1 窟、第 10 窟、第 16 窟,单材栱上部作内颤很大的大栱眼❹,北齐库狄迴洛墓屋宇式木椁(562 年)泥道栱都有相似的大栱眼。大同地区的云冈石窟北魏窟中的石刻泥道栱都为大栱眼❺;北魏宋绍祖墓石室(477 年)泥道栱也用大栱眼❻;敦煌石窟北魏第 251、254 窟的令栱也为大栱眼,说

❶ 梁思成.营造法式注释[M]//梁思成.梁思成全集:第七卷.北京:中国建筑工业出版社,2001:103.
❷ 刘畅,廖慧农,李树盛.山西平遥镇国寺万佛殿与天王殿精细测绘报告[M].北京:清华大学出版社,2013:54.
祁英涛.晋祠圣母殿研究[J].文物季刊,1992(1):50-68.
❸ 徐怡涛.长治、晋城地区的五代、宋、金寺庙建筑[D].北京:北京大学,2003:140.
❹ 李裕群,李钢.天龙山石窟[M].北京:科学出版社,2003.
❺ 傅熹年.两晋南北朝时期木结构架建筑的发展[M]//傅熹年.傅熹年建筑史论文选.天津:百花文艺出版社,2009:102-141.
❻ 张海啸.宋绍祖石室研究[J].古建园林技术,2004(4):53-56.

明大栱眼可能是北朝时期最常见的栱眼处理方式。❶

　　天龙山石窟初唐第6窟,栌斗承柱头枋上隐刻出泥道栱,泥道栱栱眼为隐刻式。❷ 盛唐第15窟、晚唐五代时的第9窟也是隐刻式栱眼。❸ 依照天龙山石窟中栱眼样式的时代序列,大栱眼早于唐代流行的隐刻式栱眼。与晋中地区邻近的五台山南禅寺大殿,单材栱眼为小抹棱式;而佛光寺大殿、芮城五龙庙正殿的单材栱眼为隐刻式,说明中唐时期山西地区已经出现了小抹棱式,和隐刻式在唐代并存。(图4.11~图4.13)

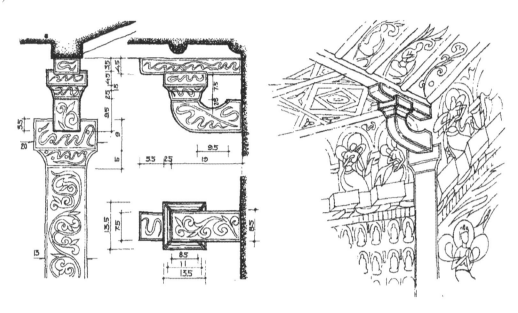

图 4.11　敦煌第 251 窟木构令栱

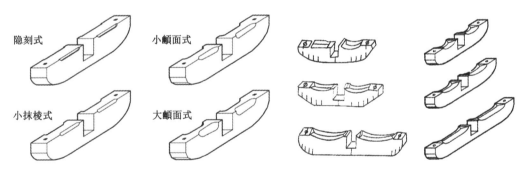

图 4.12　晋中地区单材栱　　　　　　图 4.13　法式型单材栱

　　晋中地区单材栱眼的小抹棱式、小颤面式、大颤面式之间存在渐进演变关系,颤面加工方法的改变很可能是与法式技术的传播有关。大颤面式的形态与少林寺初祖庵正殿单材栱眼最为接近,是晋中地区法式化较为成熟之后的栱眼样式。但与《法式》图样中反映的栱眼做法不同,小颤面式与大颤面式的栱眼中部都不起棱,一些遗构的外跳横栱只在朝外的一侧作颤面栱眼;而建于北宋时期的保国寺大殿、虎丘二山门、少林寺初祖庵正殿等遗构,单材栱眼做法与《法式》图版反映的做法一致,都在栱眼中部起棱。北宋前期的江南遗构已经使用法式型栱眼样式,而同时期的晋中地区单材栱眼是隐刻式与小抹棱式,也说明法式做法与江南地区建筑技术存在渊源。

❶　萧默.敦煌建筑研究[M].北京:文物出版社,1989:221-222.
　　敦煌研究院.敦煌石窟全集:石窟建筑卷[M].香港:商务印书馆(香港)有限公司,2003:77.
❷　陈明达.营造法式辞解[M].王其亨,殷力欣,审定,丁垚,等,整理补注.天津:天津大学出版社,2010:276.
❸　李裕群,李钢.天龙山石窟[M].北京:科学出版社,2003.

（2）栱头斜抹

横栱头斜抹是地方做法中极为常见的加工方法,通常将跳头横栱栱头端部斜切,栱头两端散斗也做成平行四边形的斜斗。这种做法使得斗栱构件造型更加丰富,可以提升观赏趣味。北宋时期,晋东南地区栱头斜抹做法已很普遍,正定隆兴寺摩尼殿也已经使用栱头斜抹,但在晋中地区少见;晋中地区地方型遗构中,仅盂县大王庙后殿的瓜子栱作斜抹。栱头斜抹在金代以后的类法式型中比较常见,但在大型建筑(如平遥文庙大成殿)中仍不用。

（3）栱面雕饰

汾阳虞城村五岳庙五岳殿前檐补间斗栱外跳横栱不仅作栱头斜抹,在令栱与瓜子栱外侧面还有浅刻雕饰;柱头斗栱外跳横栱也作栱头斜抹,但并无栱面雕饰。瓜子栱面雕饰为华纹,中央为如意头形花心、四周出卷瓣,但花卉类型特征并不明显;令栱面雕饰可见卷瓣形象,因风化损蚀,不易辨识完整图案。宋金砖雕墓中可见栱头华纹彩画,然而五岳殿栱面雕饰在木构案例中为孤例。《法式》卷第十二雕作制度中,载有"剔地窊叶华"的木构件表面"实雕"浅浮雕做法:"若就地随刃雕压出华文者,谓之实雕。施之于云栱、地霞、鹅项或叉子之首,及叉子镯脚班版内,及牙子版,垂鱼、惹草等皆用之。"❶五岳殿横栱栱面雕饰应接近于实雕做法"随刃雕压"的特点。(图 4.14)

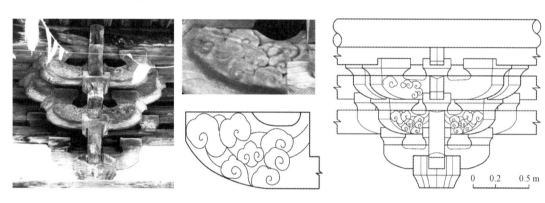

图 4.14   五岳庙五岳殿补间斗栱立面与瓜子栱面雕饰华纹

4. 平出式假昂

（1）平出式假昂样式

平出式假昂(后文中简称为"平出昂")是独特的假昂做法,华栱外跳前端不做成卷头,而是水平向外伸出做成昂形;与后世常见的将栱头作斜下琴面昂的下折式假昂不同。搜集各地宋金时期木构与砖雕仿木构案例,可以发现存在众多平出昂案例。晋中地区是使用平出昂最集中的地区,包括寿阳普光寺正殿、晋祠圣母殿、晋祠献殿、盂县大王庙后殿、庄子乡圣母庙圣母殿;文水则天庙圣母殿神龛小木作斗栱也用平出昂;太谷无边寺塔(元祐五年、1090 年)第三层檐部斗栱为六铺作,第二、三跳华栱头作平出昂。❷ 不仅在晋中地区,晋东南、晋西南、晋中北地区也都保存有使用平出昂的遗构;视野再扩大一些,在江南、陕甘、河南、四川地区也能发现平出昂实例。各地平出昂样式主要分为两型(图 4.15):

① A 型,平伸型,根据昂头的不同样式,分为两个亚型。

Aa 型,平出昂为批竹昂形。实例为忻州金洞寺转角殿,前檐柱头斗栱第二跳华栱外跳做成批竹昂形,昂面起棱,假华头子为直角棱,自假华头子向上刻昂尾斜线至隐刻心斗。

Ab 型,平出昂为琴面昂形。使用 Ab 型平出式假昂的遗构分布范围很广,在山西、河南、甘肃、江苏的元代以前木构中都可觅其踪迹。

晋中地区平出昂都为 Ab 型,本地区内的一些明代建筑中仍在使用 Ab 型平出式假昂,如太原土堂村

---

❶   梁思成.营造法式注释[M]//梁思成.梁思成全集:第七卷.北京:中国建筑工业出版社,2001:249.
❷   据章青选、汪和编纂的咸丰《太谷县志》卷二寺观:"普慈寺在县治西南,旧名无边寺,俗名南寺,晋泰始八年建,宋治平年间重修,改今额,元祐五年继修。入寺门浮图一座,高耸凌空,顶有尊胜幢,相其垩色愈久而白不减。按县治古名白塔村本此。"

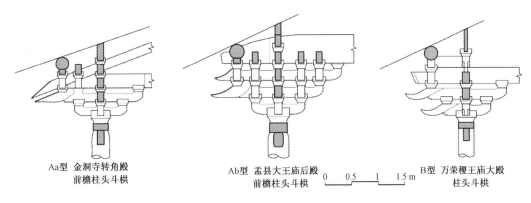

Aa型　金洞寺转角殿　　　　　Ab型　盂县大王庙后殿　　　　　B型　万荣稷王庙大殿
前檐柱头斗栱　　　　　　　　　前檐柱头斗栱　　　　　　　　　柱头斗栱

图 4.15　平出式假昂类型

净因寺大殿、太谷圆智寺毗卢殿等。晋中地区早期遗构中的华栱栱头向前平伸作琴面昂形,相比于之后常见的斜下琴面昂或下折式假昂,昂嘴伸出较长,昂嘴前端比较扁,一般在昂面中部起棱,昂嘴为扁五边形;栱底面刻出假华头子,栱侧面自假华头子向上刻出昂尾弧线。很多 Ab 型平出昂底边为很平缓的弧面,昂嘴微微上翘。例如,寿阳普光寺正殿与盂县大王庙后殿平出昂嘴都微微上翘。另外,晋祠圣母殿与献殿斗栱出两道平出昂,下道昂嘴微微上卷,上道昂嘴平直。

②B 型,上卷型。昂头向上卷,昂头底面为弧形;主要流行于晋西南、陕甘、四川地区,典型案例如,万荣稷王庙正殿、江油飞天藏殿、崇信武康王庙正殿。使用上卷型平出昂的遗构虽然保存较少,但在上述地区的多处砖仿木构实例中可见到上卷型平出昂形象,万荣八龙寺北宋砖塔(熙宁七年、1074 年),四层砖雕仿木构斗栱为五铺作,两跳华栱都作上卷型平出昂❶;建于南宋中后期的南充无量宝塔第二层砖雕斗栱为四铺作,华栱头作上卷型平出昂❷;近年来在陕西合阳县发掘的一座宋代砖雕墓中,砖雕斗栱用上卷型平出昂,同与之隔黄河相望的万荣县稷王庙正殿所用的上卷型平出昂样式非常接近。❸河南地区的新安县宋村北宋砖雕墓中也出现上卷型平出昂,说明这种昂形曾在更广泛的地域使用过。❹

(2) 平出昂样式溯源

目前可见最早的平出昂形象出自江苏宝应南唐 1 号木屋转角斗栱。❺辽代前期的大同许从赟墓(乾亨四年、982 年)要头与栱头都为平出批竹昂形(图 4.16)。❻栱头作平出昂的最早一批实例应是 11 世纪的万荣稷王庙正殿、寿阳普光寺正殿、忻州金洞寺转角殿、晋祠圣母殿等山西地区北宋遗构。❼

华栱头作平出昂出现之前的两百多年间,平出昂形要头是华北地区主要的要头样式。中唐时期的南禅寺大殿斗栱出平出昂形要头,晚唐佛光寺大殿外檐补间斗栱与内槽斗栱也用平出昂形要头,10 世纪遗构平顺大云院弥陀殿、潞城原起寺弥陀殿、平遥镇国寺万佛殿、昔阳离相寺正殿、蓟县独乐寺山门和观音阁一层斗栱用平出昂形要头。及至 11 世纪的宝坻广济寺三大士殿、新城开善寺大殿、应县木塔副阶、大同薄迦教藏殿和壁藏、善化寺大殿和普贤阁等辽构仍用平出昂形要头。华栱头作平出昂,可能是工匠将平出昂形要头的做法移用至华栱头。一些遗构的栱头与衬方头、要头都作平出昂形,例如,寿阳普光寺正殿衬方头与栱头都作平出昂,盂县大王庙后殿要头与栱头都作平出昂。

多处宋金时期砖雕墓中的昂构件都为平出昂,例如新安县宋村北宋砖雕墓、白沙宋墓等。研究者很容易产生这样的疑问,砖雕墓中的平出昂是否受砌筑材料性质所限而无法模拟真实下昂,只能以平出昂的形象示人? 然而,一批北宋时期河南与山西地区的砖雕仿木构中已经存在斜下向的昂,说明砖雕平出昂未必

❶　徐新云.临汾、运城地区的宋金元寺庙建筑[D].北京:北京大学,2009:75-78.

❷　王书林,徐新云.四川南充白塔建筑年代初探[J].四川文物,2015(1):75-84.

❸　新华网.陕西发现 3 座北宋时期精美砖雕墓,网址:http://news.xinhuanet.com/shuhua/2011-03/17/c_121200044.htm.

❹　洛阳市文物工作队.河南新安县宋村北宋砖雕壁画墓[J].考古与文物,1998(3):22-28.

❺　黎忠义.江苏宝应县泾河出土南唐木屋[J].文物,1965(8):47-51.

❻　王银田,解廷琦,周雪松.山西大同市辽代军节度使许从赟夫妇壁画墓[J].考古,2005(8):34-47.

❼　敦煌老君堂慈氏塔栱头作批竹昂形,昂头下斜明显,并刻出栱头形象,不能作平出昂实例。

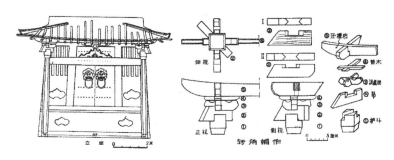

南唐1号木屋立面(左)与转角斗栱   许从赟墓西壁

图 4.16 10 世纪平出昂案例

是受材料所限,可能真实地反映了当时的木构建筑中大量使用平出昂栱头装饰的情况。例如,登封城南庄宋代壁画墓(1056—1097 年)用批竹昂,焦作白庄宋代壁画墓(北宋晚期)、稷山县宋墓(崇宁四年、1105 年)、壶关下好牢宋墓(宣和五年、1123 年)用琴面昂。沁县南里乡西林东庄村金代砖雕墓中,耍头做成昂形,斜下的与平伸的兼有,更说明当时的砖作工艺足以做出下昂。❶

平出式假昂案例出现于 11 世纪的北宋地区,此时尚未出现下折式假昂,金代以后虽然在一些地区仍然延续,但下折式假昂已经成为主流。因此,可以将平出式假昂视为北宋时期非常重要的栱头装饰性变化。

此外,狐突庙后殿东山面补间斗栱外跳栱头不作平出昂,但也作了栱侧面弧形刻线和假华头子。与之相似的是高平崇明寺中佛殿补间斗栱,将华栱头作成爵头形,栱侧面也作弧形刻线。(图 4.17)

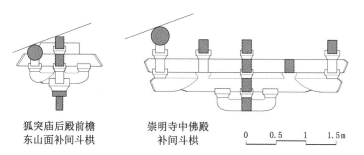

狐突庙后殿前檐   崇明寺中佛殿
东山面补间斗栱   补间斗栱

图 4.17 狐突庙后殿与崇明寺中佛殿栱头做法

4.2.2 梁架构件

1. 梁栿

(1) 梁栿样式

① 仿月梁直梁

晋中地区虽不存五代宋金时期月梁实例,但在几个遗构中,存在直梁端部作模拟月梁样式的特殊处理,通常是在梁栿侧面隐刻或杀出月梁梁背弧线、斜项,但都不作凸出的梁背和挖底。可分为两种做法。(图 4.18、图 4.19)

做法一:在直梁前端侧面隐刻出月梁梁背和心斗。镇国寺万佛殿下道六椽栿,梁栿侧面隐刻出月梁梁背曲线与心斗,但无斜项。寿阳普光寺正殿,梁栿侧面卷杀弧度非常饱满,在前檐劄牵与柱头枋相交处,隐刻出一小段月梁梁背弧线与心斗,但作竖直收肩而不作斜项。❷

做法二:杀出月梁梁背和斜项。昔阳离相寺正殿六椽栿与平梁,端部侧面杀出月梁梁背和斜项,与五

❶　郑州市文物考古研究所,登封市文物局.河南登封城南庄宋代壁画墓[J].文物,2005(8):62-70.
焦作市文物工作队.河南焦作白庄宋代壁画墓发掘简报[J].文博,2009(1):18-24.
徐新云.临汾、运城地区的宋金元寺庙建筑[D].北京:北京大学,2009:75-78.
王进先.山西壶关下好牢宋墓[J].文物,2002(5):42-55.
商彤流,郭海林.山西沁县发现金代砖雕墓[J].文物,2000(6):60-73.
❷　营造学社测稿中,在太谷安禅寺藏经殿平梁端部描绘了一段月梁背弧线,可能也是隐刻出来的。目前由于吊顶遮挡,无法作细致调查。

镇国寺万佛殿六椽栿梁头　　　　离相寺正殿六椽栿梁头　　　　普光寺正殿前劄牵梁头

图 4.18　仿月梁直梁一

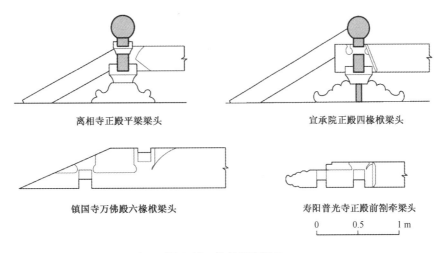

离相寺正殿平梁梁头　　　　　　　　　宣承院正殿四椽栿梁头

镇国寺万佛殿六椽栿梁头　　　　　　寿阳普光寺正殿前劄牵梁头

图 4.19　仿月梁直梁二

代遗构平顺大云院弥陀殿直梁模拟月梁做法较为接近。西见子村宣承院正殿的乳栿、四椽栿与平梁只做斜项而无月梁梁背,并在榑缝下隐刻出心斗(附录图 4)。

晋中地区四个直梁模拟月梁的遗构,样式年代都不晚于晋祠圣母殿,可见应是五代至北宋中期直梁加工方法。北宋中期以后遗构梁头都为竖直收肩,模仿月梁的痕迹完全消失,工匠意识中残存的"月梁记忆"已经荡然无存。此外,宣承院正殿的梁栿在柱缝处隐出心斗,是与《法式》卷第五大木作制度中"梁头安替木处并作隐枓"条文相符的实例。❶

② 竖直收肩直梁

晋中地区大多数遗构中,直梁前端收窄为一材厚,梁栿端部变截面处不作斜项,而是竖直收肩。收肩一般做成弧形卷杀,仅太谷真圣寺正殿梁栿端部为直棱收肩。依照竖直收肩位置不同,可分为两种做法。

做法一:横架梁栿的竖直收肩接近榑缝;多数檐部梁栿收肩在柱缝内侧,也有一些檐部梁栿收肩在柱缝外侧,如晋祠圣母殿檐部梁栿收肩在柱缝与撩风榑之间。(图 4.1)

做法二:非横架梁栿一般不作收肩,而离相寺正殿的递角栿和丁栿、则天庙圣母殿丁栿作收肩,收肩在承栿交互斗之外,华栱所承的一段梁栿材厚收小为单材厚。相似的梁栿收肩做法案例为晋中北地区的宋构忻州金洞寺转角殿,横架梁栿与递角栿、丁栿收肩都在承栿交互斗外侧。(图 4.20)

在五代宋金时期的晋中地方建筑中,梁栿端部竖直收肩做法比仿月梁做法的使用更为普遍。即使在用仿月梁直梁的建筑中,也往往同时使用作竖直收肩的直梁。镇国寺万佛殿梁架中,仅下道六椽栿隐刻出月梁梁背弧线和心斗,上道六椽栿不作收肩,其他横架梁栿都是在靠近榑缝处作竖直收肩;离相寺正殿的

❶ 梁思成.营造法式注释[M]//梁思成.梁思成全集:第七卷.北京:中国建筑工业出版社,2001:126.

| 昔阳离相寺正殿 | 文水则天庙圣母殿 | 忻州金洞寺转角殿 |

图 4.20　收肩在承橑交互斗之外

两根四橑栿是在靠近槫缝交栿斗处作竖直收肩;❶普光寺正殿只在前檐剳牵作隐刻月梁弧线和心斗,其他梁栿都是在靠近槫缝处作竖直收肩。可见,工匠往往有选择地将特定位置的梁栿作仿月梁处理,而由于晋中地区案例较少,还无法探知仿月梁直梁的排布规律。

(2)山西地区直梁仿月梁的样式源流

对晋中地区直梁仿月梁做法有一定了解之后,再把视线扩展到山西地区。建于晚唐时期的佛光寺大殿用月梁,五代以后的南方遗构中也普遍使用月梁,深受中土唐代建筑影响的日本和样建筑中也用虹梁,可以推想晚唐时期的长安或洛阳地区官式建筑中应使用月梁。但除了佛光寺大殿,元代以前山西地区很少见到月梁,仅受到法式技术影响的善化寺山门的梁栿、晋东南少数简式殿堂的剳牵和丁栿为月梁形。山西地区五代宋金时期遗构中最常见的是仿月梁直梁,仿月梁直梁可能是中晚唐时期的地方工匠效仿官式月梁样式特征,对本地的传统直梁做了一些形象改进。自中唐至金代初年,直梁仿月梁做法在山西地区流行了三百余年。华北地区的其他遗构中,正定文庙大成殿五橑栿、隆兴寺摩尼殿殿身乳栿、隆兴寺山门对乳栿、济源济渎庙寝宫四橑栿也用仿月梁直梁,足见这种做法流布范围之广。

晋中几例仿月梁直梁都用在法式化以前的遗构中。在山西其他地区,使用仿月梁直梁的法式化以前的遗构还包括:唐构南禅寺大殿四橑栿、芮城五龙庙正殿的四橑栿与平梁、五代遗构平顺大云院弥陀殿四橑栿与剳牵、宋构高平崇明寺中佛殿明栿、高平游仙寺毗卢殿后丁栿、晋城青莲寺藏经阁四橑栿、北义城玉皇庙正殿前剳牵、陵川南吉祥寺正殿四橑栿、长子县碧云寺正殿三橑栿与剳牵,以及金构佛光寺文殊殿乳栿。除北义城玉皇庙正殿前剳牵为做法一,其他案例(正定、济源的四个案例也相同)中的直梁仿月梁都是做法二。❷

法式化之后,也有少数遗构中出现了月梁。这一批月梁的出现,很明显是受到营造法式技术的影响。最典型的是金构善化寺山门,横架梁栿与抹角栿都做成月梁,但横架梁栿虽有挖底,却无高起的梁背,仍是延续直梁两侧杀出月梁梁背和斜项的仿月梁做法。此外,冶底岱庙正殿、西溪二仙庙正殿等晋东南地区金代简式殿堂内槽柱缝上的丁栿或前槽剳牵也常作月梁形,但主要的横架梁栿都为原木作粗加工的直梁。晋东南地区还有几处类法式型遗构的角间抹角栿(或抹角枋)做成拱起的月梁形,如高都东岳庙正殿、阳城开福寺正殿、陵川北吉祥寺前殿。

山西地区还存有两个丁头栱承月梁形阑额的案例,工匠有意识地将精致的构造组合用于当心间阑额,是一种将外来结构形制和构件样式融入本地技术并发生装饰化转变的行为。善化寺山门后檐当心间阑额做成月梁形阑额,平柱柱身出丁头栱承阑额;晋东南地区的高都景德寺正殿,后内柱间内额做成月梁形,内柱头向当心间出丁头栱承月梁形内额。

综上,山西地方建筑一直延续直梁传统,仿月梁直梁是地方建筑模仿官式月梁的结果。直梁模拟月梁始于唐代,晋中和晋东南地区北宋中期以后消失,晋中北地区至金代初年还在流行。随着法式技术传播,

---

❶　离相寺正殿当心间东缝平梁也作竖直收肩,但收肩为斜抹棱,与两根四橑栿的弧形收肩卷杀不同;另外,这根平梁侧面没有向外微微凸起的琴面,很可能是后代修缮时更换的。

❷　仿月梁直梁在辽代建筑中并不常见,本文中暂略。据天津大学建筑学院孙立娜、李竞扬两位学友告知,蓟县独乐寺山门和应县木塔中的梁栿都有隐刻月梁梁背,做法与镇国寺万佛殿六橑栿相似。

少数类法式型建筑中又出现一些月梁,但直梁仍是主流;晋中地区类法式型遗构的梁栿延续直梁竖直收肩做法,而晋东南地区则多用只是原木粗加工的直梁。

(3) 尺寸特征

《法式》卷第五造梁之制中规定了各种跨度梁栿的材广和断面比例:"凡梁之大小,各随其广为三分,以二分为厚。凡方木小,须缴贴令大……若直梁狭,即两面安博栿版。"[1]晋中地区地方建筑中梁栿断面尺寸明显小于《法式》所规定的标准尺寸,且不作缴贴、博栿版。以小型建筑中最常见的四椽栿为例,按《法式》规定四椽栿广为两材两栔,但晋中地区地方建筑四椽栿大多小于两材广。莫宗江先生在《山西榆次永寿寺雨花宫》一文中提到,雨花宫梁栿用材比《法式》规定尺寸小1/3到1/2之多,但每根梁栿正直没弯曲,说明可胜任结构受力的要求。[2] 很多遗构中梁栿断面比例也并非3:2,如普光寺正殿四椽栿高宽比为2.6:2,平梁高宽比为3.4:2。[3] 另外,《法式》卷五造梁之制中:"二曰乳栿,若对大梁用者,与大梁广同。"[4]晋中地区几处简式殿堂中,乳栿材广均小于所对的四椽栿或六椽栿。

断面为"⌂"形的斜面梁栿是晋中地区独特的梁栿样式,将在第六章第二节作专题研究。

2. 驼峰

在彻上明造梁架中,驼峰是上下层梁栿之间主要的支垫构件,由于功能单一、尺寸比一般栱枋构件大,驼峰往往成为工匠着力雕琢的对象,是梁架结构中形态最优美的构件。晋中地区五代宋金时期最主要的驼峰样式是出瓣型驼峰,也保存有少量其他驼峰样式。(图4.21、图4.22)

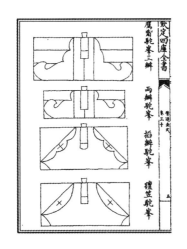

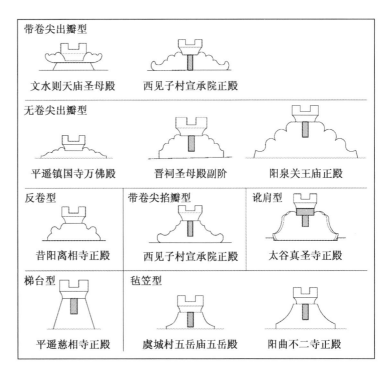

图 4.21　四库本《法式》驼峰图样　　　　图 4.22　晋中地区驼峰样式

(1) 出瓣型驼峰

典型特征是每面各有数片(大多为三片或两片)向外凸出的弧形瓣,外侧端部作卷尖或直棱。根据外侧端部做法的不同,可分为带卷尖和无卷尖两型。

[1] 梁思成.营造法式注释[M]//梁思成.梁思成全集:第七卷.北京:中国建筑工业出版社,2001:124.

[2] 莫宗江.山西榆次永寿寺雨花宫[C]//中国营造学社汇刊:第七卷第二期.北京:知识产权出版社,2006.

[3] 王春波,刘宝兰,肖迎九.寿阳普光寺修缮设计方案[C]//《文物保护工程典型案例》编委会.文物保护工程典型案例:第二辑　山西专辑.北京:科学出版社,2009:48.

[4] 梁思成.营造法式注释//梁思成.梁思成全集:第七卷[M].北京:中国建筑工业出版社,2001:121.

① 带卷尖出瓣型

《法式》卷五大木作制度中称驼峰"两头卷尖"，《法式》卷第三十大木作制度图样中描绘有"鹰嘴驼峰三瓣""两瓣驼峰"的形象。❶ 对比现存遗构中与《法式》文本、图样所表述特征相似的驼峰实例，"卷尖"应即图版中所谓"鹰嘴"，指驼峰外侧端部作向上翻卷的挑尖或卷尖。观察华北地区元代以前的遗构可以发现，辽地建筑中的出瓣型驼峰都带卷尖，如辽构义县奉国寺大殿、应县木塔、大同善化寺大殿、大同华严寺海会殿、新城开善寺大殿、涞源阁院寺文殊殿等；辽地金代建筑中的出瓣型驼峰也延续了端部带卷尖的特征，如大同华严寺大殿、朔州崇福寺弥陀殿与观音殿、大同善化寺三圣殿与山门等。辽代墓葬壁画中也反映了带卷尖出瓣型驼峰形象，如宣化张世卿墓。❷ 现存辽地早期建筑多为具有官方背景的巨构，辽构中常见的带卷尖出瓣型驼峰样式较为统一，很可能遵循一定的标准制式，与《法式》图样中描绘的"鹰嘴驼峰"样式最为接近。

而在晋中地区，仅文水则天庙圣母殿、西见子村宣承院正殿的驼峰为这种样式。其中，文水则天庙圣母殿平梁两端的驼峰为组合式的，扁梯形垫木上叠很小的带卷尖出瓣型驼峰，更似栌斗两侧伸出翼形栱。

② 无卷尖出瓣型

晋中地区大部分遗构梁架中用无卷尖出瓣型驼峰，驼峰端部作竖直棱、不起卷尖，镇国寺万佛殿、晋祠圣母殿等遗构都用此型；只有阳泉关王庙正殿驼峰端部作斜棱上翘，略带卷尖意味。据前文分析，带卷尖出瓣型更接近官式标准做法，无卷尖出瓣型可能是进一步简化的结果。在继承晚唐做法较多的辽构中仍然保持出瓣型驼峰端部卷尖，而在宋地建筑中则逐渐消退了。晋中地区以外，敦煌第 427、431、437 窟宋代窟檐也用无卷尖出瓣型。❸

综上，出瓣型驼峰不仅在晋中地区和辽地普遍使用，也见于敦煌宋代窟檐和《法式》大木作制度图样，说明出瓣型驼峰应是五代辽宋金时期华北地区较为流行的一种驼峰样式。

(2) 其他驼峰样式

① 反卷型

昔阳离相寺正殿驼峰为反卷型，上部浑圆讹肩，中间作向上反卷的卷瓣，下部为一个弧形瓣，在晋中地区仅存此一例。三处宋辽实例与晋中反卷型驼峰形态相似：万荣稷王庙正殿驼峰出四瓣，最上一瓣与第三瓣向上反卷；蓟县独乐寺观音阁内槽平坐斜缝补间斗栱驼峰与正定隆兴寺转轮藏殿二层后乳栿上的驼峰也有与上述两例相似的反卷瓣。(图 4.23)

昔阳离相寺正殿驼峰　　　　万荣稷王庙正殿驼峰　　　　隆兴寺转轮藏殿驼峰

图 4.23　反卷型驼峰

② 带卷尖掐瓣式

西见子村宣承院正殿边贴驼峰用此式，是目前在华北地区可见的最为精致的掐瓣驼峰。每侧作三个入瓣，端部起卷尖。

---

❶ 梁思成.营造法式注释[M]//梁思成.梁思成全集：第七卷.北京：中国建筑工业出版社,2001:126,439.
❷ 李路珂.营造法式彩画研究[M].南京：东南大学出版社,2011:99.
❸ 萧默.敦煌建筑研究[M].北京：文物出版社,1989:274-277.目前无法获知敦煌石窟宋代窟檐驼峰彩画样式，留待今后有条件的情况下将研究继续推进。

③ 讹肩型

驼峰肩部作圆肩或讹角,端部卷尖,与《法式》卷五大木作制度中驼峰条文"或圆讹两肩,两头卷尖"相符。[1] 典型案例为太谷万安寺正殿、太谷真圣寺正殿与清源文庙大成殿的驼峰,吕梁山区的柳林香严寺东配殿驼峰也为此型。

④ 毡笠型

毡笠型驼峰见于《法式》卷第三十大木作制度图样,少林寺初祖庵正殿即用此型。晋中地区用毡笠型驼峰的遗构为虞城村五岳庙五岳殿与阳曲不二寺正殿,吕梁山区的兴东垣东岳庙正殿、柳林香严寺大殿驼峰也为此型。

⑤ 梯台型

平遥慈相寺正殿用此型,梯形两侧直棱上不作挦瓣或内颤,形态最为简单。在义县奉国寺大殿、大同善化寺大殿与普贤阁、五台山佛光寺文殊殿中也可见到此型驼峰。

(3) 出瓣型、反卷型驼峰样式溯源

现存早期驼峰样式已经是程式化定制,可以从一些年代更早的壁画中追溯其形态源头。敦煌壁画中存有多处盛唐至宋代驼峰形象,一些壁画中的驼峰轮廓形态,与带卷尖出瓣型驼峰较为接近。萧默先生所著《敦煌建筑研究》中,根据不同时期壁画中补间位置人字栱、驼峰形态,经过比对、归纳后认为驼峰是由人字栱演变而成。初唐第 220 窟人字栱作卷草状轮廓,装饰性增强,是由人字栱向驼峰转化的过渡形态;盛唐第 172 窟壁画中的驼峰带有明显的人字栱的痕迹;而五代、北宋时期的驼峰虽仍保留卷草纹样和轮廓特征,但人字栱特征并不明显,已经融合为一整根构件。[2] 唐代都城长安地区的盛唐薛莫墓(728 年)壁画中绘有补间人字栱,两侧出瓣、两头向上卷瓣,其轮廓与后代所见带卷尖出瓣型驼峰相似。[3] 由此可以推测,带卷尖出瓣型驼峰是由唐代官式建筑装饰性人字栱演变而来,最初的驼峰构件表面应绘有卷草彩画,传承、流变至 11 世纪的宋辽时期,可能仅存轮廓形态,而原始卷草母题却已遗失;仅在少数遗构中还可以看出驼峰的卷草原型,如平顺淳化寺正殿驼峰仍保留有写实的卷草形态特征。明确了带卷尖出瓣型的原型,也可以证明无卷尖出瓣型正是带卷尖出瓣型的简化

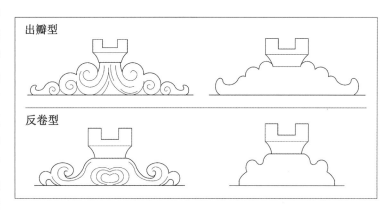

图 4.24 出瓣型与反卷型样式原型推想

样式。在榆林窟第 16 窟五代壁画描绘的斗栱形象中,补间位置的驼峰轮廓与反卷型驼峰非常相似,反卷型驼峰形态可能也是源于某种卷叶图案形象。[4] (图 4.24、图 4.25)

《法式》卷第十四彩画作制度中,解绿装饰屋舍与丹粉刷饰屋舍条文中,提及额上壁内影作:"额上壁内,或有补间铺作远者,亦于栱眼壁内,画影作于当心。其上先画枓,以莲花承之……中作项子,其广随宜。至五寸止。下分两脚,长取壁内五分之三,两头各空一分,身内广随项,两头收斜尖向内五寸。若影作华脚者,身内刷丹,则翻卷叶用土朱;或身内刷土朱,则翻卷叶用丹。"[5]《法式》卷第三十四彩画作制度图样中有

❶ 梁思成.营造法式注释[M]//梁思成.梁思成全集:第七卷.北京:中国建筑工业出版社,2001:126.
❷ 萧默.敦煌建筑研究[M].北京:文物出版社,1989:224、226.
❸ 刘敦桢.中国古代建筑史[M].北京:中国建筑工业出版社,1984:168.
❹ 本文定稿之际,笔者读到天津大学建筑学院刘翔宇学友的博士论文《大同华严寺及薄伽教藏殿建筑研究》,文中对辽式驼峰的图像来源和涵义的分析,与本文中分析晋中地区带卷尖出瓣型驼峰的源流时所持的观点相近;这是由于晋中地区五代宋金时期带卷尖出瓣型驼峰与辽式驼峰样式接近,都继承自晚唐时期华北地区官式驼峰样式。
刘翔宇.大同华严寺及薄伽教藏殿建筑研究[D].天津:天津大学,2015:247-264.
❺ 梁思成.营造法式注释[M]//梁思成.梁思成全集:第七卷.北京:中国建筑工业出版社,2001:270-271.

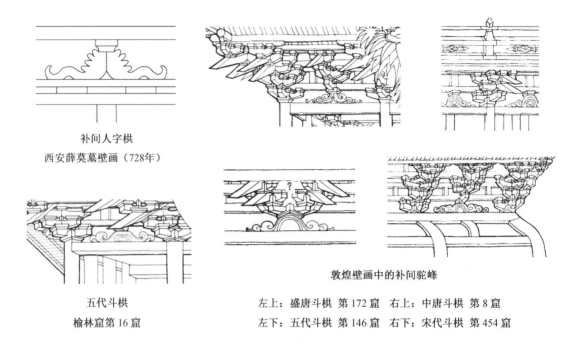

图 4.25　早期壁画中的补间人字栱、驼峰形象

"青绿叠晕棱间装栱眼壁内影作""解绿结华装栱眼壁内影作""丹粉刷饰栱眼壁""黄土刷饰栱眼壁",栱眼壁内绘有人字栱形象。这种额上壁(栱眼壁)影作的特征是以人字栱形象作为构图主体,人字栱上承莲花与斗,人字栱两脚为卷叶形态。《法式》彩画作相关信息,既说明补间位置作人字栱的古老构造做法在北宋时期以彩画的形式延续,也说明人字栱的卷叶装饰传统在北宋时期依然保存。

3. 合楷

按《法式》卷五造叉手之制条文"蜀柱下安合楷者,长不过梁之半"❶,合楷是落在平梁背上、用以承托蜀柱的垫木。❷ 梳理晋中地区遗构中合楷的样式特点,存在出瓣型、方头、毡笠型三种样式;从构造方式分析,包括承柱型和夹柱型。承柱型,合楷承托蜀柱,作用与驼峰相似;夹柱型,蜀柱落于平梁上,合楷在两侧夹住蜀柱,如同清式做法中的"角背"。由此,可归纳为五种样式,出瓣型承柱合楷、出瓣型夹柱合楷、方头夹柱合楷、毡笠型承柱合楷和毡笠型夹柱合楷。(图 4.26)

晋中地区的唐辽型与地方型遗构中,出瓣型为最主要的样式;类法式型遗构用方形或毡笠型。承柱型使用较早,除了阳曲不二寺正殿是建于金代的类法式型Ⅱ式,其他用承柱型的都为唐辽型与地方型遗构。最早用夹柱型的遗构为普光寺正殿与晋祠圣母殿,类法式型遗构大多使用夹柱型;夹柱型也是元明清时期主要的合楷构造形式。可以看出,合楷最初是一种承托蜀柱的矮驼峰,样式也为同期驼峰常用的出瓣型;随后由于蜀柱与梁栿直接相交,合楷的职能转变为"角背",样式形态也逐渐趋向简单化。晋中地区明清建筑中基本延续毡笠型夹柱合楷,通常在两侧面刻出莲叶图案。

4.2.3　小结

在本研究时段内,构件演变凸显出唐风向宋式转变的特点,斗栱构件趋向装饰化,而梁栿构件则具有简单化倾向。斗栱构件的样式中既融入法式特征,也存在本地特征的延续。在斗栱精致化的同时,梁架中的梁栿、驼峰、合楷样式都呈现出退化的趋势,较为精致的仿月梁直梁、出瓣型驼峰、出瓣型合楷都被更为简单的样式取代。这种现象说明北宋中期以后,人们对建筑的审美习惯发生了转变。由于殿宇通常采用前廊开敞的形制,工匠把更多的精力花费在前廊结构和前檐斗栱的经营、权衡中,而室内的梁架结构越来

---

❶ 梁思成.营造法式注释[M]//梁思成.梁思成全集:第七卷.北京:中国建筑工业出版社,2001:148.

❷ 陈明达.营造法式辞解[M].丁垚,等,整理补注,王其亨,殷力欣,审定.天津:天津大学出版社,2010:148.

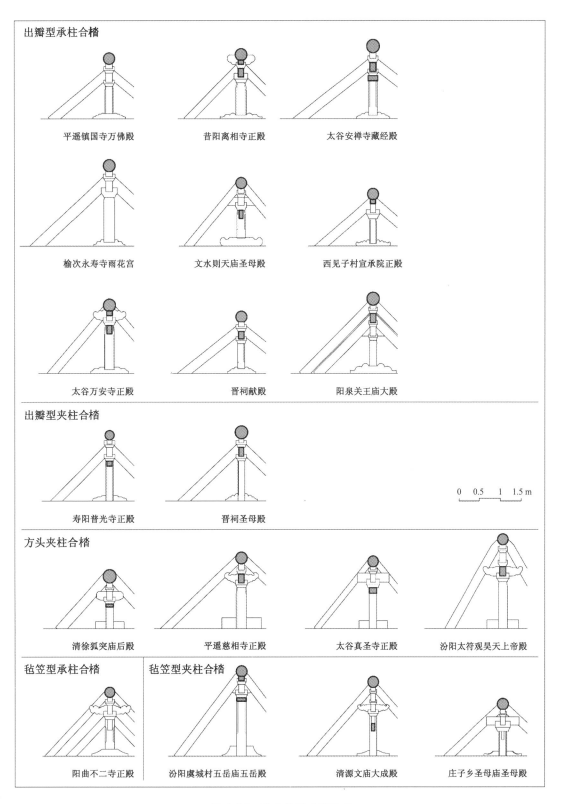

图 4.26　晋中地区合㭼样式

越不受关注。斗栱装饰性和梁架实用性的分野在后代不断强化,在晋中地区元代建筑中,斗栱延续类法式型样式特征,而在梁架中大量使用原木粗加工的圆料梁栿。这种地方建筑做法中重斗栱而轻梁架的特征一直贯穿元明清时期,明清时期晋中地区中小型地方建筑的圆料梁栿主要靠彩画作装饰,驼峰已经简化成最为简单的矩形或梯形驼墩。也正是因为这种前檐斗栱与主体结构的区别对待,修缮悬山厅堂主体结构时可以不干扰前檐,窦大夫祠西朵殿和子洪村汤王庙正殿的前檐斗栱才得以保存至今。

5　唐宋时期营造技术传播与演变专题

5.1　传播与简化：华北地区转角结构的流变

在本书第二章中谈到，大木构架演变较为缓慢，转角结构即属于木构架层面，存在古老形制与新形制并存、标准形制与简化形制并存的情况。需要将视角扩展到华北地区，分析官式建筑转角结构在各地区的传播与简化过程，才能洞悉转角结构演变的特点及原因。

本节运用类型学研究方法，对华北地区唐宋时期木构建筑转角结构作分区类型研究。深入讨论转角结构的地域差异，以及转角结构技术在不同区域之间的传播与相互影响。根据《法式》文意并结合实例，作法式型转角结构复原讨论。发现平置角梁结构在山西地区由南向北传播，并分析其形成与演进过程。

5.1.1　转角结构的概念

转角结构，指转角造建筑转角斗栱到（下）平槫之间，通过架设大角梁、子角梁、隐角梁、递角栿❶、隐衬角栿、抹角栿、抹角枋、驼峰、蜀柱等构件，与转角斗栱里转角缝华栱或挑斡结合在一起，用以实现建筑角部开间（后文中简称为"角间"）屋面转折、屋角出翘、起翘的屋架结构，是大木结构中最为复杂、精妙的部分。（图 5.1）

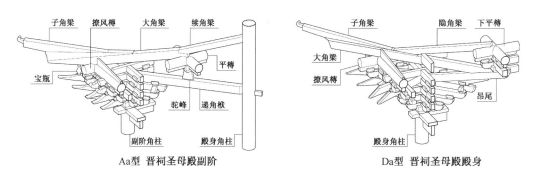

图 5.1　晋祠圣母殿转角结构示意图

目前关于唐宋时期木构建筑转角结构的研究，主要关注角梁搭置方式与翼角起翘的结构做法，其中的一些研究从结构稳定性的角度对转角结构作出分析。❷ 同时，过往的研究大多认为宋金时期大量出现于山西中南部及河南地区的平置角梁是一种"非官式"的民间做法，斜置角梁属官式；❸ 也有研究认为平置角梁与《法式》规定相符。❹

---

❶　"递角栿"的名称不见于《法式》大木作制度，是中国营造学社前辈借鉴清官式建筑角部"递角梁"命名的，在《法式》仓廒库屋功限中称为"角栿"，本文依照习惯称法仍称为递角栿。

❷　萧默. 屋角起翘缘起及其流布[C]//中国建筑学会, 建筑历史学术委员会. 建筑历史与理论：第二辑. 南京：江苏人民出版社, 1982：17-32.
　　潘谷西.《营造法式》初探（二）[J]. 南京工学院学报, 1985(1)：1-21.
　　张十庆. 略论山西地区角翘之做法及其特点[J]. 古建园林技术, 1992(4)：47-50.
　　李会智. 古建筑角梁构造与翼角生起略述[J]. 文物季刊, 1999(3)：48-51.
　　李灿.《营造法式》中的翼角构造初探[J]. 古建园林技术, 2003(2)：49-56.
　　岳青, 赵晓梅, 徐怡涛. 中国建筑翼角起翘形制源流考[J]. 中国历史文物, 2009(1)：71-88.

❸　李会智. 古建筑角梁构造与翼角生起略述[J]. 文物季刊, 1999(3)：48-51.

❹　李灿.《营造法式》中的翼角构造初探[J]. 古建园林技术, 2003(2)：49-56.

然而,单纯区分角梁斜置、平置搭置方式的研究视角,并没有认识到转角结构的整体性,无法发现地域间存在的类型差异和转角结构技术(后文中简称为"转角做法")在地域间的传播,也忽略了转角做法演进的过程。本节即是运用类型学方法对华北地区唐五代辽宋金时期遗构转角做法进行系统性梳理,希望能更全面地揭示转角做法的地域差异和演进过程。

以转角结构作为类型研究对象的前提是转角结构类型与大木构架形式、转角斗栱形制并非严格对应。

(1) 同一种构架形式可以使用不同的转角结构。如永寿寺雨花宫、清源文庙大成殿都采用晋中地区宋金时期流行的简式单槽殿堂结构,两个遗构的侧样接近,但转角做法却差异很大,前者使用递角栿架起下平槫交圈节点(包括承托平槫的驼峰、蜀柱、坐斗、襻间枋、捧节令栱等构件,后文中简称为"平槫节点"),后者使用抹角栿架起平置角梁后尾和平槫节点。(图5.4、图5.6)

(2) 转角斗栱形制相同,但转角结构也可能存在差异。北方使用双杪双下昂七铺作斗栱的建筑,转角斗栱形制相近,但屋架转角做法并不一致:佛光寺大殿、独乐寺观音阁、应县木塔为 Aa 型Ⅰ式,而崇明寺中佛殿为 Ac 型Ⅰ式,崇福寺弥陀殿为 Ac 型Ⅱ式。晋祠圣母殿副阶与献殿都是五铺作转角斗栱,前者用递角栿、斜置角梁,后者用平置角梁。(图5.2)

Aa 型 晋祠圣母殿副阶

Ab 型 晋祠献殿

图 5.2　晋祠圣母殿副阶与献殿转角结构比较

要之,转角结构是可以作为木构建筑中独特的构造组合方式进行专门研究的。

5.1.2　转角结构类型特点

本研究共选取华北地区唐宋时期木构建筑 78 例,以平槫节点搁置方式、转角斗栱角缝里转形制、角梁搭置方式作为分型依据。其中,平槫节点搁置方式是首要考虑要素,并以此为各型命名。经过比较,将现存华北地区转角结构分为四型及若干亚型。(表5.1)

1. A 型—递角栿型

A 型—递角栿型,共三个亚型。角间设斜 45°的递角栿或隐衬角栿,拉接转角斗栱与室内梁架,平槫节点落在递角栿或隐衬角栿上。

Aa 型,分为三式。Ⅰ式,大角梁斜置,其后尾搭在平槫上,用上下两层角缝梁栿——递角栿和隐衬角栿,隐衬角栿在天花之上;也有彻上明造,转角仍用上下两道递角栿的案例。代表案例为等级较高的官式建筑:佛光寺大殿、平遥镇国寺万佛殿、独乐寺观音阁、应县木塔、华严寺薄迦教藏殿(图5.3)。Ⅱ式,大角梁斜置,其后尾搭在平槫上,只用一道递角栿,是Ⅰ式的简化形式。代表案例:南禅寺大殿、永寿寺雨花宫、晋祠圣母殿副阶等(图5.4)。Ⅲ式,大角梁平置,加隐角梁,子角梁上翘,只用一道递角栿。只存有一个案例:忻州金洞寺转角殿。

Ab 型,平置大角梁与递角栿合并为一根构件,加隐角梁,子角梁上翘。代表案例:芮城五龙庙正殿、平顺天台庵正殿、青莲寺藏经阁、晋祠献殿、善化寺三圣殿、西上坊汤王庙正殿、长子府君庙正殿等。

Ac 型,分为两式。Ⅰ式,大角梁平置、加隐衬角梁,子角梁上翘,用隐衬角栿拉接内部梁架。只存有一个案例:崇明寺中佛殿。❶ Ⅱ式,大角梁平置,加隐角梁,子角梁上翘,用递角栿拉接内部梁架。代表案例:朔州崇福寺弥陀殿、平遥文庙大成殿。

2. B 型—下昂挑斡型

B 型—下昂挑斡型,共两个亚型。转角斗栱角缝下昂或由昂后尾承角梁或平槫节点,大角梁斜置。

Ba 型,昂尾承角梁后部。只存有一个案例:长子县碧云寺正殿。

---

❶　崇明寺中佛殿的罗汉枋、柱头枋上可见峻脚椽卯口;明栿为"凸"字形,上部有承天花的棱台,推测原有天花。

表 5.1　转角结构类型分析

A 型—递角栿型		
亚型	Aa 型 I 式	Aa 型 II 式	Aa 型 III 式
结构示意			
典型案例	 Aa 型 I 式　平遥镇国寺万佛殿	 Aa 型 II 式　阳泉关王庙正殿	 Aa 型 III 式　金洞寺转角殿
亚型	Ab 型	Ac 型 I 式	Ac 型 II 式
结构示意			
典型案例	 Ab 型　西上坊汤王庙正殿	 Ac 型 I 式　崇明寺中佛殿	 Ac 型 II 式　崇福寺弥陀殿

B 型—下昂挑斡型		
亚型	Ba 型	Bb 型	
结构示意			
典型案例	 Ba 型　长子县碧云寺正殿	 Bb 型　长子县崇庆寺正殿	

C 型—里跳平伸型		
亚型	Ca 型 I 式	Ca 型 II 式	Cb 型
结构示意			
典型案例	 Ca 型 I 式　新城开善寺大殿	 Ca 型 II 式　定襄关王庙正殿	 Cb 型　隆兴寺摩尼殿副阶

D 型—平置角梁型		
亚型	Da 型 I 式	Da 型 II 式	Db 型
结构示意			
典型案例	 Da 型 I 式　高平开化寺正殿	 Da 型 II 式　高平游仙寺毗卢殿	 Db 型　清源文庙大成殿

佛光寺大殿　　　　　　　独乐寺观音阁二层　　　　　　华严寺薄迦教藏殿

图 5.3　Aa 型 I 式案例

南禅寺大殿　　　　　　　永寿寺雨花宫　　　　　　　阳泉关王庙正殿

图 5.4　Aa 型 II 式案例

Bb 型,昂尾承平槫节点。代表案例:大云院弥陀殿、万荣稷王庙正殿、隆兴寺山门和转轮藏殿、崇庆寺正殿等。

3. C 型—里跳平伸型

C 型—里跳平伸型,共两个亚型。转角斗栱里转角缝华栱层层伸出,挑至平槫。

Ca 型,转角斗栱角缝衬方头里转作长长伸出的栱头承平槫节点,常用抹角枋或爬梁辅助承托,分为两式。I 式,大角梁斜置。代表案例:正定文庙大成殿、新城开善寺大殿、易县开元寺药师殿等。II 式,大角梁平置,加隐角梁,子角梁上翘。只存有一个案例:定襄关王庙正殿。

Cb 型,转角斗栱角缝里跳华栱层层伸出挑至平槫,常用抹角枋承托里跳华栱;转角斗栱与相邻补间斗栱里转角缝华栱最外跳所承交互斗在平槫节点下作"品"字形摆置。代表案例:涞源阁院寺文殊殿、蓟县独乐寺山门、正定隆兴寺摩尼殿、大同善化寺大雄宝殿、宝坻广济寺三大士殿、易县开元寺毗卢殿和观音殿等。(图 5.5)

涞源阁院寺文殊殿　　　　　蓟县独乐寺山门　　　　　大同善化寺大雄宝殿

图 5.5　Cb 型案例

4. D 型—平置角梁型

D 型—平置角梁型,共两个亚型。平置大角梁压在转角斗栱上,加隐角梁,子角梁上翘;平槫节点落在

大角梁后端。(图 5.6)

青莲寺正殿   延庆寺正殿   清源文庙大成殿

图 5.6   D 型案例

Da 型,分两式。Ⅰ式,大角梁水平放置。代表案例:晋祠圣母殿殿身、开化寺正殿、九天圣母庙正殿、沁县普照寺正殿等。Ⅱ式,大角梁里高外低、略带倾斜。代表案例:少林寺初祖庵正殿、延庆寺正殿、游仙寺毗卢殿等。少数 Da 型案例用抹角枋(或做成抹角栿形象)辅助承平置角梁后尾。

Db 型,斗栱用材较小或角间较大的情况下使用,加抹角栿承平置大角梁后尾。代表案例:善化寺山门、清源文庙大成殿、洪洞广胜下寺山门、襄城乾明寺中佛殿等。

5.1.3   转角做法在不同地区的演变

自然地形阻隔与古代国家疆界,导致华北地区内部形成多个彼此独立又相互联系的区域,各区域内营造技术与建筑形制、样式自成体系,区域之间存在技术传播与影响。为了分析各种转角结构的时代和地域分布规律,需要将所选研究案例分地区梳理。(图 5.7、表 5.2)

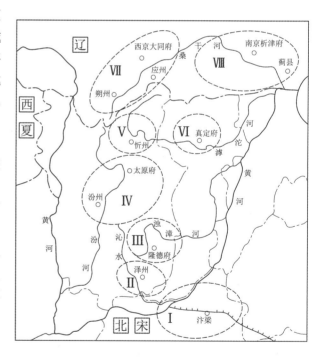

图 5.7   案例区域分布图

研究案例分布在 8 个区域:❶

地区Ⅰ,河南地区,是豫东、豫北平原地区,北宋为京畿路、京西北路,金代先为汴京路,后为南京路,包括开封、登封、济源、汝州等地,是五代北宋时期官式做法和《法式》的原型地。

地区Ⅱ,晋东南晋城地区,为太行山与王屋山之间丹水流域的晋城盆地和沁水流域的阳城盆地及周边山区,宋金时期为泽州,包括晋城、阳城、高平、陵川等地。

地区Ⅲ,晋东南长治地区,太行山与太岳山之间浊漳河流域的长治盆地及周边山区,北宋为隆德府,金代为潞州,包括长治、潞城、长子、平顺等地。

地区Ⅳ,晋中地区,太行山与吕梁山之间汾河流域的太原盆地及周边山区,宋金时期为太原府、汾州,包括太原、汾阳、阳泉、平遥、文水等地。

地区Ⅴ,晋中北地区,由恒山、云中山、五台山、系舟山围合成的滹沱河流域忻定盆地及周边山区,宋金时期为忻州、代州,包括忻州、定襄、五台等地。

---

❶ 本节选用案例大多为宋辽金时期遗构,故不述各区域唐、五代时期行政区划。

表 5.2　各地区遗构转角结构类型

地区	时代		遗构	AaⅠ	AaⅡ	AaⅢ	Ab	AcⅠ	AcⅡ	Ba	Bb	CaⅠ	CaⅡ	Cb	Da	Db
Ⅰ	宋	973	济渎庙寝殿												✓	
		1125	少林寺初祖庵正殿												✓	
	金	—	汝州风穴寺正殿												✓	
	元	—	济源大明寺正殿												✓	
		—	襄城乾明寺正殿													✓
Ⅱ	宋	971	崇明寺中佛殿					✓								
		994	游仙寺毗卢殿												✓	
		1030	南吉祥寺前殿												✓	
		1063	小会岭二仙庙正殿												✓	
		1073	开化寺正殿												✓	
		1089	青莲寺正殿												✓	
		1097	东南村二仙庙正殿												✓	
		1110	北义城玉皇庙正殿													
		—	青莲寺藏经阁				✓									
		—	崔府君庙门楼												✓	
		—	大周村资圣寺正殿												✓	
	金	1129	龙岩寺正殿												✓	
		1142	西溪二仙庙正殿												✓	
		1157	西李门二仙庙正殿												✓	
		1187	冶底岱庙正殿												✓	
		1212	二仙庙梳妆楼				✓									
		—	北吉祥寺前殿												✓	
		—	阳城开福寺正殿												✓	
		—	石掌村玉皇庙正殿												✓	
		—	南神头二仙庙正殿												✓	
		—	郊底白玉宫正殿												✓	
		—	玉泉村东岳庙正殿												✓	
Ⅲ	五代	933	平顺天台庵正殿				✓									
		940	大云院弥陀殿								✓					
		—	原起寺正殿		✓*											
	宋	1016	崇庆寺正殿								✓					
		1098	龙门寺正殿												✓	
		1101	九天圣母庙正殿												✓	
		—	布村玉皇庙正殿												✓	
		—	碧云寺正殿						✓							
		—	佛头寺正殿				✓									
		—	淳化寺正殿												✓	
	金	1150	西上坊汤王庙正殿				✓									
		—	王郭村三峻庙正殿												✓	
		—	长子府君庙正殿				✓									
		—	韩坊尧王庙正殿												✓	

表 5.2　各地区遗构转角结构类型

续表

地区	时代		遗构	AaⅠ	AaⅡ	AaⅢ	Ab	AcⅠ	AcⅡ	Ba	Bb	CaⅠ	CaⅡ	Cb	Da	Db
Ⅳ	五代	963	镇国寺万佛殿	✓*												
	宋	开宝	昔阳离相寺正殿		✓*											
		1001	安禅寺藏经殿		✓											
		1008	永寿寺雨花宫		✓											
		天圣	晋祠圣母殿殿身												✓	
		天圣	晋祠圣母殿副阶		✓											
		1122	阳泉关王庙正殿		✓											
	金	1165	平遥文庙大成殿						✓							
		1203	清源文庙大成殿													✓
		—	太符观昊天上帝殿												✓	
Ⅴ	唐	782	南禅寺大殿		✓											
		857	佛光寺东大殿	✓												
	宋	1093	金洞寺转角殿			✓										
		1123	定襄关王庙正殿										✓			
	金	—	延庆寺正殿												✓	
Ⅵ	五代	—	正定文庙大成殿									✓*				
	宋	971	隆兴寺山门								✓					
		1052	摩尼殿殿身											✓		
		1052	摩尼殿副阶											✓		
		—	隆兴寺转轮藏殿								✓*					
Ⅶ	辽	1038	华严寺薄伽教藏殿	✓												
		1056	应县佛宫寺释迦塔	✓												
		—	善化寺普贤阁		✓											
		—	善化寺大雄宝殿											✓		
	金	1143	崇福寺弥陀殿						✓							
		1143	善化寺三圣殿				✓									
		—	崇福寺观音殿												✓	
		—	善化寺山门													✓
		—	华严寺大殿											✓		
Ⅷ	辽	984	蓟县独乐寺观音阁	✓												
		984	蓟县独乐寺山门											✓		
		1024	宝坻广济寺三大士殿											✓		
		1033	新城开善寺大殿									✓				
		1114	涞源阁院寺文殊殿											✓		
		—	易县开元寺毗卢殿											✓		
		—	易县开元寺观音殿											✓		
		—	易县开元寺药师殿									✓				

注:① "＊"——夹槫式、"—"——无准确年代,根据构架形制与构件样式特征推断时代。

② 一些案例已毁,根据前辈学者调查研究成果可知其结构与年代;其他案例年代依据全国重点文物保护单位和省级文物保护单位公布年代。对一些年代可疑案例,暂不列入表格,并不影响本书结论。例如,晋中地区的晋祠献殿、文水则天庙正殿的形制较古老,现存断代依据不充分,始建年代存疑,不作为比较案例。

地区Ⅵ,冀中地区,宋金时期为真定府,地处滹沱河中游。

地区Ⅶ,晋北地区,恒山以北桑干河流域的大同盆地,辽代为西京道,金代为西京路,包括大同、朔州、应县等地。

地区Ⅷ,冀北地区,辽代为南京道,金代先为燕京路、后为中都路,包括北京、蓟县、易县、新城等地。

通过梳理案例可知,A 型与 D 型是山西地区现存实例中应用最为广泛的两种转角结构,C 型与 B 型案例保存数量相对较少。由于各地区保存案例数量、案例年代分布情况不同,需要排除一些不具备比较条件的案例:

(1) 使用 Aa 型Ⅰ式的五个案例中,都是典型的殿堂结构;其中,镇国寺万佛殿虽然彻上露明,但也作了上下两道六椽栿,转角处有上下两道递角栿。使用 Aa 型Ⅰ式的遗构形制等级较高,分布跨多个地区,是晚唐、辽时期的官式建筑。高等级官式建筑可能与地方建筑存在差异,需在比较中排除。

(2) 几座奉国寺型厅堂,规模虽巨,但转角结构与中小型建筑差别不大,可作为比较案例。几座大型的宋金建筑,如晋祠圣母殿、隆兴寺摩尼殿、善化寺三圣殿和山门,也属于这种情况。

(3) Aa 型Ⅲ式、Ac 型、Ba 型、Ca 型Ⅱ式保存数量很少,可以排除。

(4) 大量中小型遗构,由于转角结构形式的选择与大木结构形式无关,可作为比较案例。中小型遗构包括简式殿堂和厅堂,代表了各地区的地方营造做法。

因此,主要观察对象是中小型简式殿堂和厅堂、奉国寺型厅堂及几座大型宋金时期遗构中的转角结构,经过分地区比较发现:

地区Ⅰ:保存案例虽少,但演变趋势明显。宋金案例都是 Da 型,元代出现 Db 型。

地区Ⅱ:虽有 Ab 型案例,但多数为 Da 型。

地区Ⅲ:五代至金代都有 Ab 型案例,五代北宋案例有 Aa 型Ⅱ式、Bb 型,北宋以后 Da 型成为主要类型。

地区Ⅳ:五代至北宋主要使用 Aa 型Ⅱ式,北宋中期出现 Da 型,金后期出现 Db 型。

地区Ⅴ:保存案例较少,无法体现出演变趋势。唐代案例用 Aa 型Ⅱ式,北宋出现 Ca 型Ⅱ式,金代出现 Da 型。

地区Ⅵ:保存案例较少,无法体现出演变趋势。五代北宋时期使用 Bb、Ca 型Ⅰ式和 Cb 型。

地区Ⅶ:辽代案例用 Aa 型Ⅱ式、Cb 型;金代分别使用 Ab、Cb、Da、Db 型。

地区Ⅷ:辽代案例主要使用 Ca 型Ⅰ式、Cb 型。

5.1.4 转角结构类型的分布与传播

总结各地区转角做法,可以发现,一些地区存在唐末五代时期原有转角做法,而区域间的技术传播可能是五代宋金时期各区域内转角做法改变的重要原因。技术传播的途径包括:民间工匠流动带来了相邻地区的技术,官府敕建建筑把官式技术带到地方,战争造成的人口(包括匠户)迁徙等。

(1) A 型。除了在地区Ⅰ和Ⅵ无实例,A 型在其他六个地区都出现较早,11 世纪以前就已广泛使用。其中 Aa 型使用最多,且在西北地区的敦煌莫高窟宋代窟檐和具有宋式特征的崇信武康王庙寝宫也用 Aa 型Ⅱ式转角结构,说明 Aa 型在晚唐时期就已成为跨多个地域的类型。可以推测,Aa 型Ⅰ式是晚唐北方官式殿堂建筑常用做法,原型地在长安地区;典型特征是大角梁斜置,檐部与内槽间的角缝梁栿也作上下两层的双栿——递角栿与隐衬角栿,隐衬角栿为草架中的递角栿。Aa 型Ⅱ式省掉一道递角栿,是Ⅰ式在地方中小型建筑中的简化做法。Aa 型在五代辽宋金时期逐渐被其他类型取代。

Ab 型出现较早,是最早出现的平置角梁做法,晚唐时期已在山西南部地区出现,宋金时期案例分布在多个地区;由于构造做法简单,至金代仍有使用。Ab 型可能是 Aa 型的简化形式。

(2) B 型。使用 B 型的案例数量不多,但分布地域较广,地区Ⅲ、Ⅵ、晋西南和江南地区都有使用,显然曾是一种跨多个地域的类型,其原型地与传播情况尚无法推知;在北方地区,与其他类型做法并存了很长一段时间,最终让渡于更为简洁、稳定的形式;而在苏州地区宋元明时期建筑中,Bb 型是最主要的转角做法。

(3) C 型。Ca、Cb 型主要保存于地区Ⅵ和Ⅷ,在其他地区所见很少,原型地应是冀北、冀中地区。其他地区晚唐五代最常见的 A 型在此两区仅存一例,估计与晚唐河朔三镇割据形成的独立区域有关。地区 Ⅴ 和Ⅶ也存有 C 型案例,但并非主要类型,可能是 11 世纪传播至山西地区。

(4) D 型。Da 型是现存宋金时期木构实例中使用数量最多的一种。根据 Da 型在不同地域出现的时序状况分析,最早在地区Ⅰ、Ⅱ、Ⅲ出现,北宋前期已经成熟,是宋金时期此三区内主要的转角结构类型;地区Ⅳ直到北宋中期才出现;地区Ⅴ、Ⅶ在金代以后出现 Da 型,之后成为这三个地区的主流类型,Aa 型在这些地区逐渐被 Da 型取代。

Db 型是继 Da 型之后出现的一种转角做法,元代以后在华北地区广泛使用。

新技术类型常与本地区原有技术结合形成组合类型,例如地区Ⅴ,建于北宋中后期的金洞寺转角殿的转角做法是 Aa 型Ⅲ式,即将 Aa 型Ⅱ式的大角梁平置,应是在北宋后期受到了相邻的地区Ⅳ平置角梁的影响;同样,建于北宋末期的定襄关王庙正殿的转角做法则是 Ca 型Ⅱ式,是将 Ca 型Ⅰ式的大角梁平置,Ca 型可能是由相邻的地区Ⅵ传入,同时也受到地区Ⅳ平置角梁的影响。

5.1.5　平置角梁型的法式原型与演进

经过前文讨论可知,递角栿型(A 型)与平置角梁型(D 型)是河南、山西地区现存唐宋时期遗构中应用最为广泛的两种转角结构类型。在很多地区,平置角梁型的出现晚于递角栿型,逐渐取代后者而成为宋金以后主要的转角结构形式,在山西、河南、河北地区明清时期的大量建筑中仍在沿用。下文中将专门讨论使用平置角梁的 Ab、Ac、Da、Db 型转角结构之间的演进关系,探寻并解析推动平置角梁型普及的影响因素。

1. 法式型转角结构复原推测

《法式》体现了北宋后期汴梁官式技术的特点,而在《法式》中仅只言片语提及转角结构做法,加之不存典型北宋官式建筑实例,为今人认识和理解北宋官式建筑转角结构带来极大的困难。《营造法式注释》中也不无遗憾地写道:"在《大木作制度》中造角梁之制说得最不清楚,为制图带来许多困难,我们只好按照我们的理解能力所及,做了一些解释,并依据这些解释来画图和提出一些问题。"❶近三十年来,研究者可以掌握更多的唐宋时期遗构资料,有条件对《法式》文本反映的汴梁官式转角结构(后文中称为"法式型转角结构")作更深入的探究。下文结合实例,对《法式》转角做法作出一些复原推测,权作探微索隐。

根据李灿先生对《法式》大木作制度"用椽之制"的解读,"凡下昂作,第一跳心之上用栿承橑以代承橑方,谓之牛脊栿;安于草栿之上,至角即抱角梁",至转角相交的两根牛脊栿,与角梁发生"抱"的关系。牛脊栿上皮、平栿上皮和橑檐枋上皮是在一条直线上的,大角梁前端搭在橑檐枋上,这个前提是可以肯定的;若用平置角梁,两侧牛脊栿可以抵住角梁侧面,契合于"抱"的含义;若用斜置角梁,则是牛脊栿相交并承大角梁(图 5.8)。现存大量使用 Da 型遗构中,柱缝的牛脊栿或承椽枋都是至角部抵住平置角梁,亦可佐证《法式》文意。李氏还根据《法式》大木作制度"造角梁之制"中的"隐角梁"条目,认为隐角梁是法式型转角结构的必备构件,这也是证明法式型转角结构用平置角梁的有利证据。❷

以下分别对殿堂、厅堂、余屋三种房屋结构形式的转角结构作出复原推测:

(1) 殿堂

《法式》文本中关于转角结构的记述主要针对殿堂结构,根据《法式》文意可找到以下线索。

❶ 梁思成.营造法式注释[M]//梁思成.梁思成全集:第七卷.北京:中国建筑工业出版社,2001:139.

❷ 李灿.《营造法式》中的翼角构造初探[J].古建园林技术,2003(2):49-56.

　梁思成.营造法式注释[M]//梁思成.梁思成全集:第七卷.北京:中国建筑工业出版社,2001:139,153.

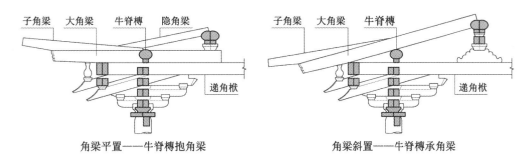

角梁平置——牛脊槫抱角梁   角梁斜置——牛脊槫承角梁

图 5.8 牛脊槫与角梁相交关系

① 无露明递角栿

按前文推测,晚唐官式做法 Aa 型 I 式并用递角栿和隐衬角栿,现存几栋典型殿堂建筑(佛光寺大殿、独乐寺观音阁、华严寺薄迦教藏殿、应县木塔),横架都是并用明栿与草栿,角部也是并用递角栿与隐衬角栿;镇国寺万佛殿虽不作天花,但在转角并用上下两道递角栿。

然而,《法式》大木作制度中提及隐衬角栿,却无与递角栿特征相近的条目,与《法式》关联紧密的河南与晋东南地区也极少见到 Aa 型案例。

晋东南地区的崇明寺中佛殿建于北宋初年,此构七铺作斗栱形制规整,带天花,草栿架在明栿上,横架并用明栿和草栿,体现出官式建筑的一些特征;加之所处地域靠近河南,可作为还原宋地宋初殿堂的参考样本。此构使用隐衬角栿并且不作递角栿,在唐宋时期遗构中属孤例。这种不用递角栿的现象提示了这样一种可能,与并用递角栿和隐衬角栿的晚唐官式殿堂转角做法不同,汴梁官式殿堂在草架中设隐衬角栿,而在明栿中不用递角栿,角间天花以下不出现斜 45°构件。

北宋以后,平棊成为高等级官式建筑中主要的天花形式,平棊格子较大,格子内绘有彩画。从室内装饰艺术的角度审视,用露明递角栿会破坏平棊的完整性,可能是取消露明递角栿的原因之一。元明清时期的官式建筑,角间天花是完整的平棊方格,天花下也不出现递角栿,应是延续了宋代官式的形制特点,如永乐宫三清殿、曲阳北岳庙德宁殿殿身、大高玄殿、故宫太和殿等。

② 隐衬角栿与抹角栿

《法式》卷五大木作制度"造梁之制"中提到"丁栿之上,别安抹角栿,与草栿相交""凡角梁之下,又施隐衬角栿,在明梁之上,外至撩檐方,内至角后栿项,长以两椽材斜长加之"。❶ 按《法式》文意,隐衬角栿与抹角栿应是搭在天花以上的草架层。隐衬角栿位于衬方头、橑檐枋层,《法式》中强调"在明梁之上",此处的"明梁"应是指天花下的明栿层,而非露明的递角栿。《法式》造梁之制中还提到"凡明梁只阁平棊,草栿在上承屋盖之重",这里的"明梁",当指"明栿"无疑。另外,递角栿在《法式》中被称为"角栿",如果用递角栿,此处应为"又施隐衬角栿,在角栿之上"。

若使用抹角栿,抹角栿可能用来承托隐衬角栿,与抹角栿相交的"草栿"正是指隐衬角栿。

③ 栿项柱

隐衬角栿后尾至"角后栿项",可能指殿堂内槽转角"栿项柱",栿项柱是在柱身开卯口插入梁栿的柱子,❷原文意为隐衬角栿后尾插入栿项柱身。

河南、山东地区宋元时期小型简式殿堂常在内柱头铺作层上作叉柱造蜀柱,屋架梁栿插入蜀柱,这根蜀柱应该正是《法式》中所说的"栿项柱";这样就形成"内柱—铺作层—栿项柱"的层叠关系。少林寺初祖庵正殿(图 5.9)、广饶关帝庙正殿、元构襄城乾明寺中佛殿前内柱头架起栿项柱,元构济源大明寺中佛殿则是后内柱头架起栿项柱。

由此,可以窥知法式型殿堂转角结构的一些基本特征:大角梁平置、无露明递角栿、草架中抹角栿承隐

❶ 梁思成.营造法式注释[M]//梁思成.梁思成全集:第七卷.北京:中国建筑工业出版社,2001:126,132.

❷ 陈明达.营造法式辞解[M].王其亨,殷力欣,审定,丁垚,等,整理补注.天津:天津大学出版社,2010:275.

衬角栿、隐衬角栿后尾插入栿项柱柱身。若柱头斗栱为八铺作双杪三下昂,里转第二跳承月梁(广两材一栔),月梁上架算桯枋、天花,可做出抹角栿与草栿相交、隐衬角栿在抹角栿之上;若柱头斗栱为七铺作,里转第一跳承月梁(广两材一栔),也可以做出抹角栿与草栿相交、隐衬角栿在抹角栿之上;若柱头斗栱为七铺作,里转第二跳承月梁(广两材一栔),则须省掉抹角栿。(图5.10)

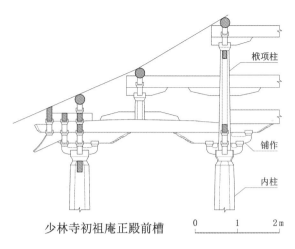

少林寺初祖庵正殿前槽

图 5.9 少林寺初祖庵正殿前槽

(2) 厅堂

《法式》大木作制度"造角梁之制"中提及:"凡厅堂若厦两头造,则两稍间用角梁转过两椽。"❶除此再无关于厅堂转角结构的信息。厅堂与殿堂的转角结构差异主要表现在:无天花、转角结构露明;内部用通柱、无铺作层和栿项柱,递角栿后尾插入内柱柱身。两个 Ac 型Ⅱ式案例,朔州崇福寺弥陀殿(图5.11)和平遥文庙大成殿应是最接近法式型厅堂转角做法的现存实例;此两构恰是山面为两架椽,也与《法式》文意吻合。

(3) 余屋

余屋的屋架露明,不作高等级斗栱,角间也用递角栿。然而,还无法判断余屋是否使用平置角梁,依然存在使用斜置角梁的可能。(图5.12)

《法式》仓廒库屋功限(常行散屋同)中有"角栿"条目:"每一条,一功二分。"❷若是斜长两架的角栿,则长于乳栿而接近三椽栿长度(在椽架相等的情况下,角栿长=1.414乳栿长,三椽栿长=1.5乳栿长);角栿用功恰略小于三椽栿(一功二分五厘),大于乳栿(一功)。此处所提"角栿"可能正是今日所称的递角栿,在北宋汴梁仓廒库屋中露明称"角栿",而在带天花的殿堂中则称为"隐衬角栿"。

综上,与唐官式不同,宋官式的显著特征是大角梁平置,殿堂无露明递角栿。在三种结构形式中,拉结转角斗栱与室内梁架的递角栿或隐衬角栿都必不可少。法式型转角结构是否由晚唐官式 Aa 型Ⅰ式演变而成,目前虽找不到直接证据,但可以从技术趋于合理性的角度作出推测:在大角梁斜置的情况下,角部屋面存在向外倾覆的可能,角椽易被压弯塌陷,转角结构并不稳定;而将大角梁平置、角梁后尾压在平槫节点下,则有利于角梁内外平衡。在外观上,平置角梁亦可呈现出翼角上翘的姿态。

2. 平置角梁型的形成与演进

(1) Ab 型

Ab 型是最早使用平置角梁的转角结构,晚唐遗构芮城五龙庙正殿和五代后唐遗构平顺天台庵正殿即用此型,都是将大角梁平置,大角梁后尾一直抵到横架驼峰,平槫上置隐角梁;亦可看作递角栿向外伸出作大角梁。Ab 型平置角梁既有大角梁出檐承子角梁的作用,还兼具递角栿拉接转角斗栱和室内梁架的功能。大角梁平置,使得转角木构造稳定性增强,便于解决角部屋面易倾覆的问题。Ab 型最早用在晚唐时期的民间建筑中,应是对 Aa 型做法的进一步简化。

当然,由于构造简单、结构合理,Aa 型延续时段较久;在之后的宋金时期,Ab 型也可能由法式型简化而成。

(2) Ac 型

Ac 型转角结构最接近《法式》做法,Ac 型Ⅰ式接近法式型殿堂转角结构,Ac 型Ⅱ式是官式厅堂转角结构。

❶ 梁思成.营造法式注释[M]//梁思成.梁思成全集:第七卷.北京:中国建筑工业出版社,2001:139.

❷ 梁思成.营造法式注释[M]//梁思成.梁思成全集:第七卷.北京:中国建筑工业出版社,2001:305.

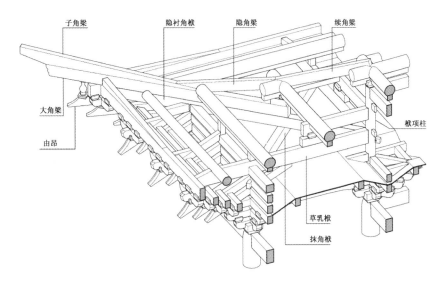

法式型殿堂转角结构复原推测 透视图

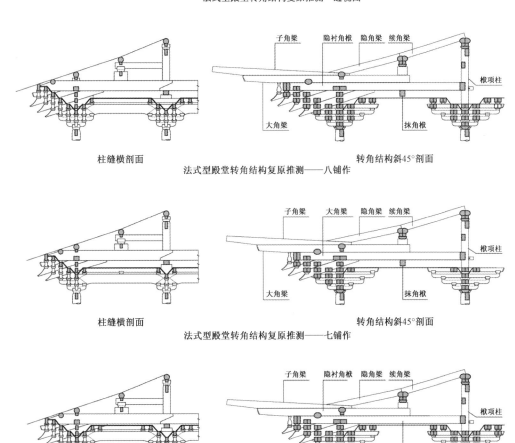

图 5.10 法式型殿堂转角结构复原推测

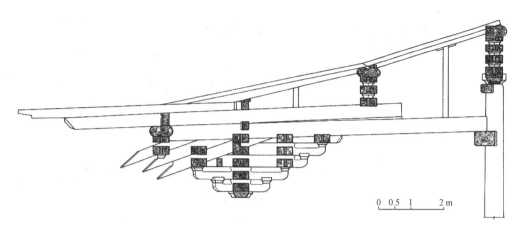

0 0.5 1 2 m

图 5.11 朔州崇福寺弥陀殿转角结构

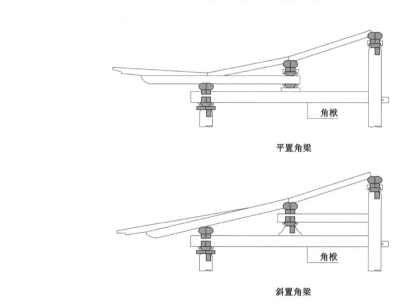

角栿

平置角梁

角栿

斜置角梁

图 5.12 法式型仓廒库屋转角结构复原推测

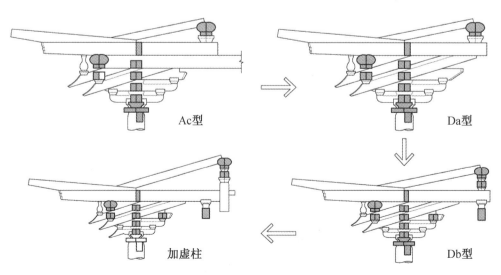

Ac型 → Da型

加虚柱 ← Db型

图 5.13 平置角梁结构的演进

（3）Da 型

Da 型可能是 Ac 型省去递角栿（或隐衬角栿）的简化形式。因此，大量中小型简式殿堂和厅堂中使用的 Da 型转角结构，很可能是由官式殿堂和厅堂转角结构简化而成的。长期存在的 Ab 型可能也是 Da 型的一种原型。（图 5.13、图 5.14）

（4）Db 型

Db 型则是 Da 型在金代后期的演变形式，斗栱用材尺寸和里跳出跳数减小，转角斗栱里跳不足以承托平置角梁后尾；加之递角栿做法已消失，抹角栿和抹脚枋做法开始大范围普及；法式型殿堂中作为草栿构件的抹角栿，在金后期地方建筑中，成为与铺作层组合在一起的明栿；Db 型在元代以后发展为平置角梁、抹角栿、虚柱（明代以后为垂莲柱）的组合方式，这种形式在很多地域沿用至近代。

由此，可以梳理出"法式型 /Ac→Da→Db"的演进序列，Ac 型在金代大型建筑中仍在使用，更为简化的 Da 型则在地方建筑中应用最为广泛，继之而起的是 Db 型。（图 5.14）

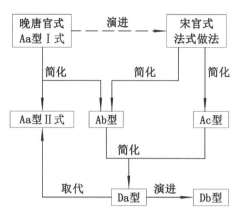

图 5.14　平置角梁型形成与演进示意

3. 推动平置角梁型普及的因素

关于平置角梁型普及的原因，在前文中已经论及具有防止角梁、角椽、角部屋面倾覆的结构优势，以及角间室内平棊天花完整性的考量；此外，还有以下三点需要进一步阐述。

（1）北宋官式转角结构的形成与传播

建于北宋初期的崇明寺中佛殿的转角结构已经与法式型较为接近，说明至迟在五代后期，在洛阳、汴梁地区已经形成了大角梁平置的官式转角结构。官式建筑技术具有两方面特征：一是向周边地区传播，一是在地方建筑中简化。使用平置角梁 Da 型的地域范围自五代至金代不断向北部地区扩展，只有居于强势地位的技术，才会具有影响多个地区的能力。因此，认为 Da 型是五代宋初官式转角结构的简化做法的推测是可以成立的。Da 型转角结构应是沿"泽州（地区Ⅱ）—隆德府（地区Ⅲ）—太原府（地区Ⅳ）—忻州（地区Ⅴ）—代州—大同府（地区Ⅶ）"的路径向北传播。

发源于汴梁地区的官式转角结构的简化形式，在北宋前期的晋东南地区已经普及，北宋中期也已经传播至晋中地区。然而，在北宋后期，汴梁地区官式建筑融入大量江南地区形制、样式要素，促成了一次北宋官式建筑技术做法与样式风格的转变，《法式》正是编纂于这次技术转变之后。法式型构件的传播始于北宋后期，北宋后期传播至晋东南地区，金代初年才影响到晋中地区。因此可以推知，五代末期北宋初期的汴梁官式建筑转角结构已经与之后的法式型较为接近，北宋后期官式技术虽有转变，但对原有官式转角结构做法的改变并不明显；宋初官式转角结构的传播早于北宋末期法式型构件样式的传播。

（2）翼角起翘的审美倾向

递角栿型、下昂挑斡型、里跳平伸型转角结构中，大多是大角梁斜置，这样的翼角起翘很小，角部檐口平缓。随着平置角梁转角做法在华北地区的传播，转角造建筑的翼角起翘明显增高。在一些砖仿木构建筑中也清晰地表现出翼角上翘的特征。带有宋式特征的寿阳西草庄塔起翘很大，应是对木构建筑翼角起翘的真实反映。晋西南地区的稷山马村金代砖雕墓中，存在子角梁上翘形象，虽然无法揣测这个细节是否是艺术夸张的处理结果，但至少反映了当时工匠和世人对于翼角上翘的审美倾向。（图 5.15）

南北方转角造建筑在宋金时期都发生了翼角由平直逐渐上翘的演变。使得转角造殿宇的外观面貌比之前唐五代时期更加优美、精巧，是南北方共同的审美追求。虽然都取得了翼角上翘的视觉效果，但在实现翼角上翘的构造做法上存在着南北差异。建于五代时期的闸口白塔与灵隐寺经幢并无明显起翘。南方地区最早的翼角显著上翘案例为福州鼓山涌泉寺北宋双陶塔❶；另外，宁波天封寺塔地宫银殿起翘极大，

❶　曹春平. 福州鼓山涌泉寺北宋二陶塔[C]//张复合. 建筑史：2003 年第 1 辑. 北京：机械工业出版社，2003：85-89.

寿阳西草庄塔仿木构翼角　　　　　　　稷山县马村金代砖雕墓中的仿木构翼角

图 5.15　华北地区砖仿木构翼角起翘

《五山十刹图》中所记江南建筑,径山寺法堂剖面图及小木作宝盖图中子角梁陡立于大角梁头上。南方地区主要依靠子角梁上翘的方式,构造特点与后世所谓嫩戗发戗做法基本接近。张十庆先生认为,角翘带有装饰和等级意义;对角翘装饰做法的追求,或也成为促成木作角翘做法普及的动力之一。❶

晋祠圣母殿殿身与副阶的翼角处理比较值得关注。殿身转角用平置角梁,有利于翼角起翘;副阶转角用递角栿、大角梁,通常会形成比较平缓的翼角起翘,但不论在视觉形象上或是在建筑立面图中,都看不出殿身与副阶翼角起翘高度存在明显的差异,圣母殿副阶角梁的细节处理,无疑显示出对增大起翘的追求。工匠对副阶转角结构的大角梁前端构造进行了叠木处理,将伸出撩风槫的一段大角梁下皮斜抹掉一部分,大角梁上加垫木补成完整的出挑角梁头,再置上翘的子角梁,以此取得了更大的屋角上翘效果。圣母殿殿身转角使用平置角梁,仍在大角梁头加垫木,目的依然是为了增大翼角起翘。❷ 圣母殿上下檐大角梁头的细小构造改动,体现了工匠抬高子角梁、增大起翘高度的意图。另外,虽然在大角梁和子角梁之间增加垫木,但垫木并非具有独立形态和样式的构件,而是与大角梁拼合成完整的大角梁样式,不经拆解很难发现大角梁端头的处理,加设垫木后仍保持大角梁上架子角梁的形制特征。(图 5.16)

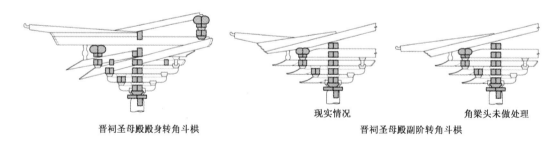

晋祠圣母殿殿身转角斗栱　　　　　　现实情况　　　　角梁头未做处理

晋祠圣母殿副阶转角斗栱

图 5.16　晋祠圣母殿殿身与副阶角梁垫高处理

(3) 角间平面

转角结构与角间平面形态密切相关。A 型角间面阔与进深尺寸相等,角间平面为方形;Da 型无递角栿,允许出现角间面阔与进深尺寸不等的情况。与 A 型相比,Da 型的角间摆脱了正方形平面的约束,角间平面可灵活调整。使用 Da 型的案例中,既有角间方形的,如晋城青莲寺正殿、平顺龙门寺正殿等,也有角间面阔小于进深的,如济源济渎庙寝殿、朔州崇福寺观音殿等;而山西地区大量小型简式殿堂,都是角间面阔

❶　张十庆.翼角做法的演化及其地域特色探析[C]//保国寺古建筑博物馆.东方建筑遗产:2014 年卷.北京:文物出版社,2014:29-42.

❷　柴泽俊,等.太原晋祠圣母殿修缮工程报告[M].北京:文物出版社,2000:131,154,314.

大于进深,例如高平开化寺正殿、文水则天庙正殿、汾阳太符观昊天上帝殿、陵川龙岩寺中殿等。(图 5.17)

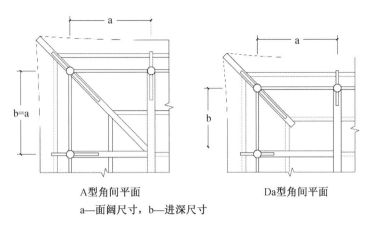

A型角间平面　　　　　　　　　　Da型角间平面

a—面阔尺寸,b—进深尺寸

图 5.17　A 型与 Da 型角间平面对比

5.1.6　关于夹槫式的讨论

夹槫式是指,将斜置大角梁后尾置于平槫下,另加隐角梁的一种角梁搭置方式。使用夹槫式的案例分布较广,为五代至北宋的遗构,目前已知包括 6 例:原起寺正殿、镇国寺万佛殿、昔阳离相寺正殿、正定文庙大成殿、万荣稷王庙正殿、隆兴寺转轮藏殿。❶

尚不能认为,夹槫式是斜置角梁向平置角梁演变的过渡形态。根据现存遗构案例,无法梳理出夹槫式向平置角梁演变的脉络。晋中五代所建的镇国寺万佛殿已用夹槫式,而宋构永寿寺雨花宫、阳泉关王庙正殿却仍是斜置角梁;同时期甚至同一地域内,斜置角梁和夹槫式并存的现象也不鲜见,例如五代宋初的晋东南浊漳河流域,大云院弥陀殿用斜置角梁,潞城原起寺正殿用夹槫式。

夹槫式是角梁搁置的一种做法,可用于各种转角做法类型。对于 A、B、C 型转角结构,既可以在平槫上搭置大角梁,也可以将大角梁尾置于平槫下、加设隐角梁形成夹槫式角梁。(图 5.18)

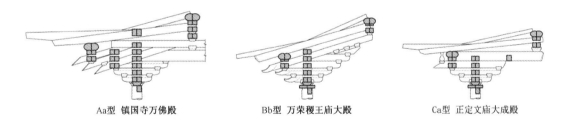

Aa型　镇国寺万佛殿　　　　Bb型　万荣稷王庙大殿　　　　Ca型　正定文庙大成殿

图 5.18　夹槫式角梁案例

根据前文分析可得到 D 型形成与演变的线索,而夹槫式却有后世改动的可能性。将大角梁后尾砍小砍薄,插入交圈平槫下替木与捧节令栱或襻间枋的空当,即可改易成夹槫式。大角梁后尾插入的空当原本应该安置齐心斗,在今后的落架修缮夹槫式角梁建筑时,留意交圈平槫下襻间枋或捧节令栱上是否有插齐心斗的销眼,以及角梁后尾是否有与平槫下栱枋匹配的榫卯,即可验证该建筑的夹槫式角梁是否为后世对斜置角梁的改造。

因此,夹槫式可以看作是斜置角梁的一种改进做法,采用这种角梁搭置方式的案例多为五代至北宋前期,可能在这一时期较为流行;一些夹槫式案例可能是后世改易所成。促使夹槫式角梁出现的原因可能也是有助于角梁内外荷载稳定和加大翼角起翘。夹槫式与明清官式的老仔角梁合抱金檩做法是否有渊源关系,目前还缺少足够的案例支持。

---

❶　昔阳离相寺正殿形制甚古,根据寺内万历三十三年(1605 年)《重修离禅林并创建石桥记》,应为北宋初开宝年间(968—976 年)所建。

5.1.7   小结

本节通过对唐宋时期华北地区转角造木构建筑的转角结构进行类型学研究,探究不同类型转角做法的地域分布与区域间影响,使得对这一时期木构建筑形制与技术的研究更加丰富和具体。通过本研究可得出以下几条结论:

(1) 转角结构可以作为一种典型结构和构造形式进行研究。

(2) 唐宋时期木构建筑的转角结构可分为递角栿型、下昂挑斡型、里跳平伸型、平置角梁型。

(3) 不同地区在晚唐五代时期存在原有转角做法,在宋辽金时期,地域间存在技术传播与演进。

(4) Aa 型 Ⅰ 式是晚唐时期的官式殿堂建筑转角做法,Aa 型 Ⅱ 式是 Ⅰ 式的简化形式。

(5) 中小型建筑中,Aa 型 Ⅱ 式与 Da 型使用最为普遍,后者出现晚于前者,前者逐渐被后者所取代。

(6) 根据《法式》文意并结合实例,分别对法式型殿堂、厅堂、余屋转角结构作复原研究。

(7) Ac 型接近五代宋初时期河南地区官式建筑转角结构;平置角梁型 Da 型是由 Ac 型简化而成,在山西地区由南向北传播;使用抹角栿的 Db 型是金代以后由 Da 型演变而成。

(8) 推动平置角梁型传播与普及的因素,包括多个方面:结构稳定方面,易于防止角部屋面和屋架向外倾覆;形制原型方面,北宋时期官式建筑转角结构用平置角梁,平置角梁型是北宋官式转角做法在地方建筑中的简化形式,并向周边地区传播;审美意识方面,宋金时期存在翼角上翘的审美倾向,官式殿堂不用露明递角栿可以保证角间平棊天花完整;平面设计方面,使用平置角梁对角间不存在正方形平面约束。

(9) "夹槫式"并非一种独立的转角结构,而是对斜置角梁后尾搭置方式的改进。

5.2   典型大木作榫卯类型初探

榫卯技术在中国古代木构建筑发展历程中有着悠久的历史,早在 6000 年前的河姆渡建筑遗址上,已发现了较为成型的榫卯节点;至唐宋时期,榫卯技术日趋成熟;宋《营造法式》文本中不见有关榫卯做法的详细描述,但在目前流传的《法式》卷第三十大木作制度图样中有若干榫卯做法的图样,虽经后世多次重绘,仍能反映北宋官式建筑榫卯的特点。营造法式技术在北方地区的普及深刻地影响了宋金以后大木建筑的结构与构造,榫卯技术在这一时期的变化正是本节关注的重点。

东亚地区传统木构建筑由预制构件拼装而成,木构件间以榫卯的形式组合成基本构造节点。因此,构件榫卯加工是大木技术的基础环节,榫卯形态与工艺的调查也是技术史研究的基础工作。榫卯大多隐藏于节点构件内部,还可以使木构架各节点浑然一体,保持了建筑外观的完整性。然而,正因为大多数榫卯位于隐蔽部位,为全面搜集榫卯信息造成了困难,至今仍缺少关于榫卯技术的专题研究。就目前掌握的材料而言,尚不足以讨论这一时期榫卯的画线、尺寸、削凿等匠作工艺的特点;本节从榫卯形态特征入手作类型学研究,在比较南北方榫卯差异、梳理华北地区典型榫卯类型的基础上,分析北宋末期至金中期法式技术传播对华北地区榫卯演变的影响。

5.2.1   榫卯样式的时代与地域差异

榫卯样式的改进与建筑形制的发展并非同步,建筑的形制和样式常受社会风气、律令制度、人口迁移等因素的影响而改变;而作为隐蔽部位的木构造,在结构形式较为稳定的情况下,榫卯样式的演变周期较长,建筑形制、样式的变化频率远远高于榫卯样式的改进速度,一些简单实用的榫卯可以从文明初期一直沿用至今。❶ 如,燕尾榫(银锭榫)自史前时期就已开始使用;北方地区自晚唐至金代初期的建筑形制发生了多次转变,但阑额端部都是作无肩直榫插入柱头。

---

❶ 此处讨论的是基本榫卯类型的演变,而对于早期榫卯加工技术的演变特点,还需要更细致的调查才能得出。

虽然榫卯样式并不适于作为精确断代的依据,但对于区分技术谱系有根本的意义。榫卯做法代表着不同时代和地域的木构建筑工艺特点,直接反映出不同地区技术体系和匠师谱系的差异。例如,明清时期江南厅堂常见梁、枋入柱加销、过柱加栓做法,以栓、销这类构件强化构造节点、限制拔榫变形,以提高榀架的稳定性;而明清官式建筑则是通过增强柱梁构件间相互咬合、挤压的方式来强化构造节点;拼合梁、嫩戗发戗这些江南地区典型构件也需要特殊的榫卯做法实现。

尽管一些常用榫卯样式使用范围很广,但通过较大尺度地理单元的比较,可以发现南北方技术体系的差异。一些细部榫卯则更细致地体现了华北地区建筑谱系差异,且与构件样式类型密切相关。

5.2.2　华北地区与江南地区典型榫卯做法的差异

中国南北方木构建筑的结构形式和构件组合方式差异很大,各地区榫卯做法需要与结构形式、构件样式、加工技术、施工建造等方面因素相适应;榫卯做法是各地匠师技艺的直接结果,也具有地域差异。本节选取华北地区和江南地区现存早期遗构中的典型榫卯进行比较,结合《法式》图样所绘榫卯类型,分析南北方榫卯样式差异以及法式化对华北地区榫卯样式变化的影响。

1. 柱额节点

柱额节点差异主要体现在阑额入柱榫卯和柱头榫两方面:

(1) 阑额入柱榫卯形式

《法式》卷第三十大木作制度图样"梁额等卯口第六"中描绘了"梁柱镊口鼓卯"与"梁柱鼓卯"两种柱额交接节点形式。按《法式》故宫本与四库本图样,"梁柱鼓卯"图样榫头形象不易辨识准确形态,而卯口中有一道突出的棱,应是表达带袖肩的燕尾榫。带袖肩的燕尾榫的最早实例见于苏州罗汉院现存北宋大殿石柱卯口。"梁柱镊口鼓卯"的实例也仅见于江南地区保国寺大殿和时思寺大殿。(图5.19、5.20)

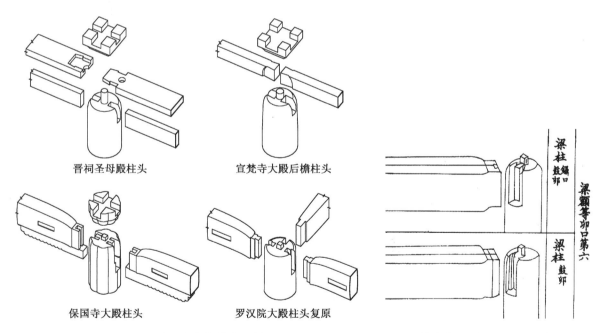

晋祠圣母殿柱头　　　　宣梵寺大殿后檐柱头

保国寺大殿柱头　　　　罗汉院大殿柱头复原

图5.19　南北方柱额节点比较　　　5.20　故宫本《法式》图样"梁额等卯口第六"

法式化以前的华北地区建筑中,阑额为无肩直榫,构件靠近榫头的一端逐渐变截面收窄到榫头宽度;随着法式技术的传播,金元以后阑额入柱榫卯逐渐变为燕尾榫、带袖肩的燕尾榫。宋元时期江南遗构外檐柱头不作普拍枋,靠阑额拉接柱头,阑额与柱相交节点常用镊口鼓卯、燕尾榫或带袖肩的燕尾榫。

柱额节点的牢固程度对构架稳定性影响很大,而江南地区柱间的编竹薄壁只起到填充作用,因此抗拔作用较好的燕尾榫、镊口鼓卯更加适用。华北地区阑额用抗拔作用较弱的直榫,与北方早期木构架由厚重

墙体扶持有关,五代以后出现的普拍枋也有助于增强柱头拉结。❶

（2）柱头榫形式

华北地区早期遗构中,除了蓟县独乐寺观音阁柱头用方形抹棱榫,其他遗构柱头都作圆形长木栓,普拍枋和栌斗分别插入木栓。而同时期江南地区,柱头榫一般作方形短榫直接插入栌斗底卯口。《法式》图样所绘的也是方形短榫,加之阑额入柱榫卯形式,可见江南地区柱额节点榫卯形式与《法式》图样极为契合,可以体现法式技术与江南技术的关联性。

金代建筑惠安村宣梵寺大殿与中坪二仙宫大殿,斗栱都体现法式特点,且阑额与柱头间用燕尾榫,但柱头榫仍为圆形长木栓,在这一点上工匠仍秉承传统的样式。北方元代以后的案例才使用柱头方形榫头,柱头榫的改变晚于阑额入柱榫卯的改变,说明地方榫卯做法的法式化演变是一个渐进的过程。

2. 水平构件对接节点

枋、槫对接节点是大木构架中最为常见的水平构件相交节点,主要使用螳螂头和燕尾榫两种榫卯形式。

华北地区唐宋时期柱头枋对接节点一般使用螳螂头,金代出现燕尾榫做法;而槫对接节点直到明代仍用螳螂头。典型案例如建于金后期的惠安村宣梵寺大殿,阑额、柱头枋作燕尾榫,槫作螳螂头。华北地区枋交接节点由螳螂头变为燕尾榫的时间段在金代,与法式技术传播时间相近,可能受到法式技术的影响。然而,斗栱构件样式兼具本地和法式特征的虞城村五岳庙五岳殿,柱头枋对接节点仍用螳螂头,说明在法式化进程中,构件样式的改变早于榫卯做法的改变。

江南地区则一直延续着使用燕尾榫的传统。尽管螳螂头与燕尾榫反映了南北技术体系差异,但在特殊位置也会使用另一种榫卯形式。现存北方宋构与辽构中,燕尾榫极为少见,仅见于斗栱枋材丁字相交的情况下,如晋祠圣母殿殿身外檐补间斗栱耍头无里跳伸出,耍头与柱头枋垂直相交处用燕尾榫;义县奉国寺大殿外檐补间斗栱华头子与横栱相交处不出头,也作燕尾榫。江南地区也有使用螳螂头的案例,如江南的金华天宁寺大殿外檐中道柱头枋相交处,该枋在两道昂之间,为避让昂身将柱头枋端头切成斜面,无法以燕尾榫连接。（图5.21、图5.22）

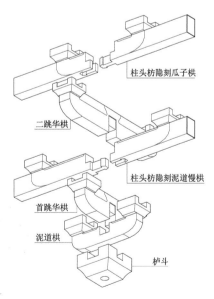

图5.21　圣母殿柱头枋螳螂头

柱头枋隐刻瓜子栱

二跳华栱

柱头枋隐刻泥道慢栱

首跳华栱

泥道栱

栌斗

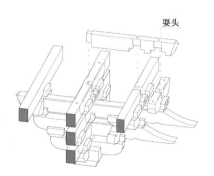

5.22　圣母殿殿身补间斗栱耍头燕尾榫

耍头

要之,螳螂头与燕尾榫各有所长,都便于实现水平构件交接。南北方水平构件对接节点的差异更多地反映出不同技术体系匠师技艺的差异。

❶　张十庆.保国寺大殿厅堂构架与梁额榫卯——《营造法式》梁额榫卯的比较分析[M]//保国寺古建筑博物馆.东方建筑遗产:2013
年卷.北京:文物出版社,2013:81-94.

5.2.3　典型榫卯反映的华北地区技术演变

华北地区木构建筑柱网与屋架榫卯形式较为相似,而足材栱头、下昂头与斗连接的榫卯形式最为多样;通过对这两种榫卯节点作类型梳理,可以发现榫卯类型与前文中根据构造形制和构件样式区分的几种类型存在一定的对应关系。

1. 足材栱头

(1) 华北地区足材栱头榫卯类型

足材栱头包括用足材的华栱(亦包含栱头作平出昂或假下昂的)和泥道栱、慢栱,以及加暗栔的单材横栱。足材栱头榫卯主要关注栔与斗相交处的处理方法,可将华北地区足材栱头榫卯做法分为两型。
(图 5.23)

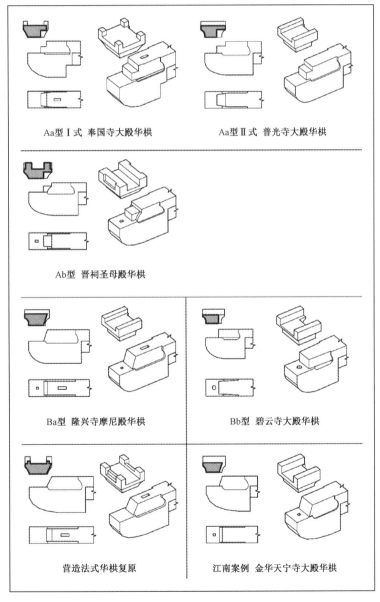

Aa型Ⅰ式　奉国寺大殿华栱　　　　Aa型Ⅱ式　普光寺大殿华栱

Ab型　晋祠圣母殿华栱

Ba型　隆兴寺摩尼殿华栱　　　　Bb型　碧云寺大殿华栱

营造法式华栱复原　　　　江南案例　金华天宁寺大殿华栱

图 5.23　足材栱头榫卯类型

A 型,栔伸出榫舌与斗底卡在一起,榫舌是指栔伸入斗底的部分,分两个亚型。

Aa 型,栔前端伸出榫舌,作阶梯形,有些案例前端内收成楔形,分为两式。Ⅰ式,栔与榫舌都伸入斗后部。Ⅱ式,仅榫舌伸入斗底,榫舌高度与斗欹一致。南禅寺大殿、佛光寺大殿、辽构与带有唐辽样式特征的宋构栱头为Ⅰ式，法式化之前带有地方样式特征的宋构大多为Ⅱ式。

Ab型，栔前端与交互斗斗平和斗欹形状匹配，伸出方形榫舌，榫舌高度与斗欹一致；目前仅知晋祠圣母殿、献殿、榆社寿圣寺山门、窦祠西朵殿前檐斗栱用之。❶

B型，栔不向交互斗底伸出榫舌，作斜杀或直棱，分为两个亚型。

Ba型，栔前端削斜，与斗卡在一起；仅隆兴寺摩尼殿一例为地方做法，大部分具有法式特征的斗栱都用Ba型。

Bb型，栔前端为直角，与斗卡在一起；目前仅知小张村碧云寺大殿一例，栔前端收窄作楔形插入斗后部。

（2）关于法式做法的讨论

使用B型做法的大多是具有法式特征的斗栱，《法式》图样中足材栱头与Ba型相似，可推想，法式做法为Ba型做法。江南地区宋元时期足材栱头也为Ba型（虎丘二山门、金华天宁寺大殿、武义延福寺大殿），体现了江南技术与法式技术的关联。

比对各种版本《法式》图样，足材栱与单材栱加暗栔组成足材栱的图样中，都没有在承斗面上绘制销眼，而单材栱头都有销眼；显然并非重绘、抄录过程中遗漏，而是延续了宋版原图的信息。宋地的万荣稷王庙大殿、陵川县南吉祥寺前殿、惠安村宣梵寺大殿华栱栱头都无销眼；辽代建筑华栱栱头承斗面上也不作木销，主要靠榫舌固定交互斗。❷ 由此推之，北宋官式足材栱头与斗连接不用木销。承斗面上加销的做法可能是当时的地方做法，如晋祠圣母殿、隆兴寺摩尼殿等。（图5.24）

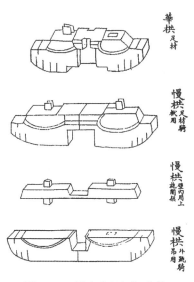

图5.24 四库本《法式》中的足材栱图样

华北地区足材栱头榫卯由A型转变为B型，说明在法式化进程中，由本地榫卯做法转变为法式做法。法式化过程中，构件样式与榫卯的变化并不同步，如，陵川县玉泉村东岳庙大殿斗栱构件是法式特征，但仍是Aa型Ⅱ式榫舌，也说明榫卯技术的改变滞后于构件样式的改变，抑或是东岳庙大殿的建造年代正处于法式技术与地方技术融合的阶段。

2. 下昂头—交互斗底榫卯

（1）下昂头—交互斗底榫卯类型❸

下昂头交互斗有两种摆放方式：斜斗斜置与方斗正放。唐辽型七铺作斗栱的下道昂头用斜斗斜置，上道昂头为方斗正放。其他斗栱样式的昂头都用方斗正放。

斜置斜交互斗的下道昂头的栔伸出榫舌，卡住交互斗后部，并在承斗面上加销。

正放交互斗的下昂头榫卯做法分为两型。（图5.25）

A型，交互斗骑在昂头上，昂头两侧凿出承斗面，中间保留作榫梁，分两个亚型。

Aa型，榫梁等宽，用在唐构、辽构和一些北宋遗构中，如佛光寺大殿、独乐寺观音阁、义县奉国寺大殿、小张村碧云寺大殿等。

Ab型，燕尾形榫梁，除晋祠圣母殿外，都是法式化之后的案例。

B型，交互斗落在承斗面上，昂身上部伸出榫舌与交互斗相交；分两个亚型。

Ba型，榫舌为楔形，分两式。Ⅰ式，案例有隆兴寺摩尼殿、延庆寺大殿、南吉祥寺前殿。Ⅱ式，榫舌作阶梯形，上段抵住斗平，下段伸入交互斗底；除晋祠圣母殿外，都是法式技术普及后的案例。

Bb型，榫舌为燕尾形，除晋祠圣母殿外，都是法式技术普及后的案例。

---

❶ 青莲寺大殿足材栱头榫卯似乎也为Ab型，有待今后确认。
❷ 根据独乐寺观音阁、义县奉国寺大殿、新城开善寺大殿落架大修测绘资料。
❸ 笔者调查到的用昂的案例数量较少，无法得到更为清晰的演变线索和全面的认识，将在今后的研究中继续跟进。

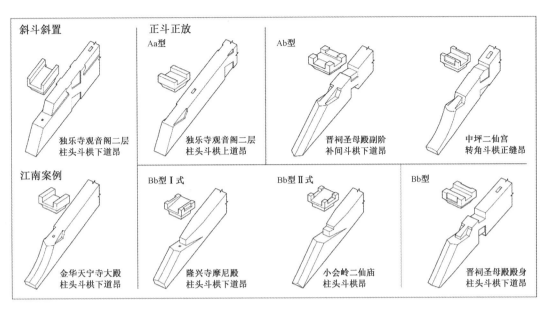

图 5.25　下昂头榫卯类型

燕尾形榫舌、榫梁有利于防止交互斗外移。体现北宋地方建筑特征的晋祠圣母殿下昂头的榫梁与榫舌已用燕尾榫形,由于北宋时期用昂的遗构案例较少,无法窥知全貌,至少说明在法式化之前,某些重要建筑的昂头节点榫卯已经发生转变;法式化之后,几乎全为 Ab 和 Bb 型做法。

(2) 关于法式做法的讨论

鉴于法式化之后案例的昂头榫卯大多为燕尾形榫舌与燕尾形榫梁,且与法式技术密切相关的江南地区也用燕尾形榫梁,❶推测这种做法接近于北宋晚期官式建筑下昂头榫卯。故宫本《法式》图样中的"合角下昂角内用六铺作以上随跳加长"所绘两根昂中,下面一根的榫梁接近燕尾形;文渊阁四库本《法式》图样中的"由昂角内用六铺作以上随跳加长"也是燕尾形榫梁。可能是原版中无法精准表达不平行线段,❷也有可能是在传抄过程中讹误,法式图样中的昂头榫卯样式值得继续考订。

5.2.4　小结

通过本节的讨论,得到以下几点结论:

(1) 榫卯类型差异反映出五代辽宋金时期南北方技术体系的差异;北宋官式(法式)榫卯类型与江南地区存在密切的关联。

(2) 斗栱的榫卯做法与构造形制、构件样式存在关联,同属于一套技术系统。华北地区唐辽样式、地方样式、法式样式等技术系统的榫卯做法也各具特点。

(3) 营造法式技术在华北地区的传播,不仅改变了构造与构件样式,榫卯做法也随之改变。

(4) 地方建筑融合法式榫卯技术晚于对构件样式的吸收;构件样式变化最快,斗栱榫卯的变化稍晚,构架榫卯的变化则很滞后(如柱头榫形式)。

5.2.5　附:晋中地区典型榫卯做法

由于处于隐蔽部位,目前无法全面阐述研究时段内晋中地区木构榫卯的特点。关于柱额节点、水平构件对接节点、华栱与昂头榫卯,在本节中已作详细分析,此处略述三种构造节点榫卯做法。

---

❶　江南地区元代建筑天宁寺大殿和轩辕宫大殿也在昂头用燕尾形榫梁,且在榫梁上作销。
❷　梁柱鼓卯图样中也无法描绘清楚燕尾榫形态。

1. 梁柱节点过柱加栓

梁尾作榫头过柱加栓是厅堂建筑柱梁相交节点常见的榫卯做法，可防止梁栿拔榫，有助于提高屋架整体稳定性；《法式》卷第三十一大木作图样中的厅堂建筑侧样图上多处出现梁尾榫头过柱加木栓，说明这种做法在北宋官式厅堂建筑中应用很普遍。晋中地区是保存有宋金时期通柱式连架厅堂案例最集中的地区，梁尾榫头过柱加栓做法在晋中地区厅堂建筑中较为常见，包括晋祠圣母殿副阶、阳曲不二寺大殿、太谷宣梵寺大殿、汾阳五岳庙五岳殿、太谷光化寺大殿（元构）等。建于北宋中期的晋祠圣母殿中已经出现以木栓固定梁尾过柱节点的做法，跨度最大的副阶前檐明间与次间四椽栿插入殿身内槽柱身，榫头过柱加栓（图5.26）。然而，宋构寿阳普光寺大殿前后劄牵梁尾不过柱；晋祠圣母殿副阶前檐三椽栿、两山面及后檐的乳栿与劄牵也是半榫入柱，可见，过柱加栓在北宋时期仍不是通行做法，只在较为特殊的柱梁相交节点使用。过柱加栓做法在金代以后的晋中通柱厅堂中较为普及，可能与法式技术的传播有关。

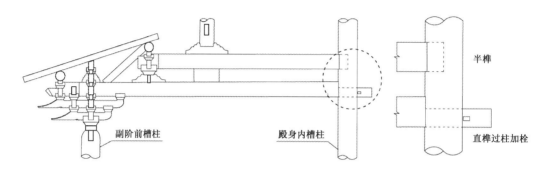

半榫

副阶前槽柱　　　殿身内槽柱　　　直榫过柱加栓

图5.26　晋祠圣母殿柱梁交接节点

宋金时期北方其他地域基本看不到这种做法，晋中北和晋北地区也保存有连架厅堂，但仅定襄洪福寺大殿一例，后三椽栿梁尾榫头过前内柱加栓；华严寺海会殿梁栿榫头不过柱，佛光寺文殊殿、崇福寺弥陀殿都是梁栿榫头过柱不加栓。近年来刚经过修缮的佛光寺文殊殿，其明间东缝前乳栿拔榫明显，可能与不作木栓导致抗拔作用差有关。太行、太岳山区的沁县大云寺正殿，劄牵榫头不过柱。晋东南地区典型六架椽屋简化殿堂屋架中出现承平樑的劄牵后尾入蜀柱节点，大多都是劄牵榫头不过柱。

2. 普拍枋交接

普拍枋自五代以后成为北方大式建筑柱额节点必备构件，宋金时期遗构中普拍枋对接用螳螂头形式较多。而《法式》所载的另一种普拍枋间缝榫卯——勾头搭掌做法却非常少见。就目前掌握的资料来看，五代宋金时期华北地区遗构中普拍枋搭掌连接的案例仅五个，其中三个位于晋中地区；清徐狐突庙后殿、平遥慈相寺正殿、虞城村五岳庙五岳殿前内柱头的普拍枋是比较典型的勾头搭掌连接。此外，晋东南地区的平顺大云院弥陀殿与晋中北地区忻州金洞寺转角殿用搭掌榫。元明时期华北地区才出现一批使用普拍枋勾头搭掌的案例，如洪洞广胜下寺建筑群（山门、前殿、后殿、东朵殿）、稷山县青龙庙建筑群（前殿、后殿）、朔州崇福寺千佛殿、原平佛堂寺大殿、河南襄城乾明寺大殿等，但多数遗构仍是使用普拍枋螳螂头连接。

根据样式特征推测，晋中地区三个案例的建造年代都在宋末金初，正是法式技术传播到这一地区的时间段，都是用勾头搭掌。可推想，普拍枋最初在山西地区出现是五代时期，搭掌榫是普拍枋对接节点的最初榫卯做法，这种做法持续的时间应该并不长，就被螳螂头做法取代；勾头搭掌的出现，是营造法式技术在华北地区传播的结果。（图5.27）

笔者分析，勾头搭掌较少使用的原因在于，勾头搭掌榫头拼缝暴露在外，榫头材料干缩、损蚀造成缝隙加大，节点不美观，这与榫卯重视实用作用和观感效果并位于隐蔽部位的总体原则不符；而大多数螳螂头雄榫在上，构件干缩后，观者从地面仰视看不到榫头。

3. 梁栿相对节点

简式单槽殿堂是晋中地区主要的殿堂结构形式，内槽柱缝出现梁栿相对节点。晋祠圣母殿内槽柱

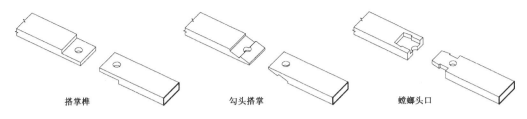

图 5.27　普拍枋节点榫卯

缝上叠有两层梁栿,分别为前乳栿对六椽栿、前劄牵对五椽栿,梁栿相对节点都使用螳螂头连接,相对的两根梁栿互开榫头与卯口(图 5.28)。❶ 乳栿与六椽栿端头由内槽斗栱承托,而劄牵与五椽栿由大斗和替木承托。这种梁栿相对节点其实是搭掌榫与螳螂头的结合,断面高大的后槽梁栿压在前槽梁栿上,体现出螳螂头榫卯是华北地区匠师在水平构件对接节点的主要榫卯选择。❷ 根据已发表的调查成果,蓟县独乐寺山门前后乳栿相对节点与新城开善寺大殿明间梁架前劄牵对三椽栿节点,相对梁栿间并无榫卯连接。❸

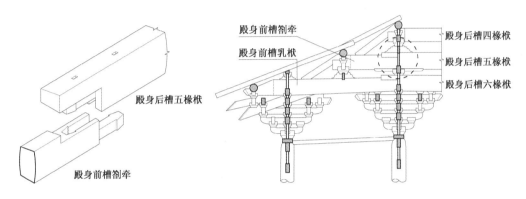

图 5.28　晋祠圣母殿对梁榫卯

5.3　形制演变溯源与法式化变革探析

5.3.1　形制演变溯源

经前文分析,根据构件样式特征可将晋中地区遗构分为唐辽型、地方型、类法式型。考察晋东南地区遗构构件样式的演变特点,晋东南遗构的构件样式也经历了唐辽型、地方型、类法式型的样式演变过程。❹综合唐构、辽构、河南地区砖雕墓中的仿木构形象的比对,可归纳出一些在多个地区出现的形制特征,这些形制特征应来源于当时的官式建筑,被地方建筑效仿并成为某一时期的流行样式。结构形式方面,经过本章第一节的分析,地方建筑中最为普及的两种转角结构也都来源于官式殿堂,递角栿型 Aa 型 Ⅱ 式是晚唐官式建筑转角结构 Aa 型 Ⅰ 式的简化形式,平置角梁型 Da 型则是效仿晚唐五代时期已经形成,至北宋成

---

❶　柴泽俊,等.太原晋祠圣母殿修缮工程报告[M].北京:文物出版社,2000:311-312.

❷　侧样为进深六架的单槽式案例,除清源文庙大成殿在第二层用前劄牵对三椽栿,其他都有通长四椽栿,最下层用前乳栿对四椽栿。然而,受调查条件所限,尚不能探明梁栿对接处的榫卯做法。西见子村宣承院大殿用前乳栿对四椽栿,从对梁缝隙观察,似乎没有榫卯连接,需要在今后修缮拆解时检查。

❸　文物建筑测绘研究国家文物局重点科研基地(天津大学),蓟县文物保管所.独乐寺山门主梁构造节点的新发现[N].中国文物报,2014-04-18(8).

刘智敏.新城开善寺[M].北京:文物出版社,2013:274,281.

❹　根据徐怡涛先生对晋东南地区五代宋金时期遗构斗栱形制所作分期,晋东南地区唐辽型遗构为第一期前段的几个 10 世纪遗构,地方型遗构为第一期后段至第二期的遗构,类法式型为第三期遗构。徐怡涛.长治、晋城地区的五代、宋、金寺庙建筑[D].北京:北京大学,2003:56-57.

为官式定制的法式型(接近于 Ac 型Ⅱ式)。目前虽不能对榫卯做法作非常全面的梳理,但根据现有材料足以说明,晚唐以来北方传统榫卯做法向法式型榫卯做法的转变也是法式化变革的内容之一。上述形制与技术现象都表明,很多地方建筑的形制原型其实是同时代的官式建筑形制,地方建筑形制的演变可以反映出不同时期都城地区官式建筑的一些特点。可以归纳出晚唐五代、北宋中期、北宋晚期官式建筑的一些特征:

(1) 晚唐五代官式

与晋中地区五代宋初遗构延续晚唐建筑特征的情况相似,晋东南地区的天台庵正殿、原起寺正殿、大云院弥陀殿、龙门寺西配殿、崇明寺中佛殿等遗构也与唐构、辽构具有一些相似的形制特征,属于晋东南地区的唐辽型。综合唐构、辽构与晋中、晋东南地区五代宋初遗构的共同特点,可归纳出一些典型形制,这些典型形制在晚唐官式建筑佛光寺大殿、北汉官式建筑镇国寺万佛殿及多处辽代官式巨构中都存在,应是晚唐五代以来的官式建筑形制。因此,通过 10 世纪至 11 世纪的遗构,可以推想出晚唐官式建筑的一些形制特征。结构形式方面,高等级殿堂建筑用七铺作双杪,殿堂梁架分为明栿和草架两套系统,转角结构为递角栿型 Aa 型Ⅰ式。构件样式方面,常用批竹昂、平出昂形耍头,栱头为分瓣卷杀 BJ1;令栱与瓜子栱长度接近而短于泥道栱;地方建筑中的直梁仿月梁做法,说明月梁可能是晚唐官式中的流行样式。晚唐五代官式对宋地方建筑的影响直到北宋前期。

(2) 北宋中期官式

晋中地区地方型Ⅰ式延续了很多唐辽型特点,但也出现了斜下批竹昂形耍头、栱头弧形卷杀 HJ2 等新形制,是逐渐摆脱唐风形成宋式的阶段。地方型Ⅱ式已经与唐辽型具有明显的区别,可以说是非常典型的宋代样式了。地方型Ⅱ式遗构中存在一些共有的形制、样式特征,如扶壁单栱素枋、栱头弧形卷杀 HJ2、起棱批竹昂、平出起棱琴面昂、爵头 J1、令栱短于泥道栱、柱头用普拍枋等,这些形制特点有别于唐辽型遗构,也与北宋晚期刊行的《法式》中的规定有所区别。除了平出起棱批竹昂外,多数晋东南地方型遗构与正定隆兴寺摩尼殿、转轮藏殿也具有与上述晋中地方型Ⅱ式相似的形制特征。在河南地区保存的多处北宋中后期砖雕墓中,仿木构形象也存在与晋中地方型Ⅱ式相似的形制特征(除了栱头卷杀和批竹昂面不易辨识外,扶壁单栱素枋、平出起棱琴面昂、柱头用普拍枋、令栱短于泥道栱、爵头 J1 等都比较容易辨识)。晋中地方型Ⅱ式形制也出现在河南、晋东南、正定地区,由此可以推测,这些形制的源头可能是北宋中期的汴梁官式建筑。《法式》中所载的转角结构至迟在北宋中期的汴梁应该已经形成,并已传播至晋东南和晋中等地区。

(3) 北宋晚期官式与《营造法式》

晋中与晋东南地区的类法式型遗构都表现出地方原有技术与法式技术融合的特点,而法式技术应是北宋后期在汴梁地区形成的官式建筑技术。

建于北宋宣和七年(1125 年)的少林寺初祖庵正殿与山西、河北地区北宋中期遗构形制迥异,出现了很多五代北宋前期江南地区遗构的形制特点,张十庆先生以"北构南相"概括这种形制差别。❶ 河南地区保存的北宋中后期砖雕墓中的仿木构程度较高,可以在一定程度上反映地面木构建筑的形制,在这些仿木构形象中,大多不完全具备令栱长于泥道栱、扶壁重栱、两朵补间斗栱、柱头不施普拍枋等《法式》形制特点。北宋后期元祐、绍圣、元符年间(1086—1100 年)仿木构形象中陆续出现了令栱与泥道栱等长、扶壁重栱、两朵补间斗栱的现象,但仍然保持了普拍枋、琴面昂昂面起棱、爵头 J1 等特征,这些形制细节表明河南地区北宋中后期仿木构形象所模仿的地面木构形制与圣母殿等北宋中期地方建筑更为接近;虽然已出现一些法式特征,但与完备的法式形制相距甚远。因此,综合考虑河南地区北宋中后期砖仿木构形象不完全具备法式特征与少林寺初祖庵正殿具有较为典型的法式特征,可以作出这样的推想,北宋晚期河南地区发生了一次营造技术转型;本地技术中融入了一些江南地区在北宋初期就已成熟的技术,形成了新的形制特征和技术体系,集中体现在北宋晚期编纂成书的《营造法式》中;少林寺初祖庵正殿正是建造于这次技术转

---

❶ 张十庆.北构南相——初祖庵大殿现象探析[M]//贾珺.建筑史:第 22 辑.北京:清华大学出版社,2006:84-89.

型完成之后。由于砖雕仿木构形制的改变存在滞后的可能,这次形制转变的起始时间应早于元祐至元符年间,❶至迟到元符三年(1100 年)《法式》成书时已经完成;河南砖雕墓仿木构形象反映了地面木构建筑由北宋中期向后期形制转变的中间过程。法式技术在北宋末期影响到山东和晋东南地区;法式技术的传播并未因北宋灭亡而中断,金中期在山西地区逐渐得到普及,催生了地方原有技术与法式技术融合而形成的类法式型。

由此,可以将这种晚唐至元代初年山西地区地方建筑形制演变的模式概括为"河东模式",即地方建筑形制的改变受同时期的官式建筑的影响,官式建筑形制传播至山西各地区,在传播的过程中逐渐简化并与地方做法融合。山西虽然地处高原、山河环绕,但毗邻以"晚唐长安——晚唐、五代洛阳——五代、北宋汴梁——金中都"为轴的中原王朝核心区,在统一王朝时期,与关中、华北平原的联系也比较便利。五代、北宋汴梁与金中都是本研究时段内华北地区最重要的地区中心,很容易与山西地区发生技术交流。

当然,公元 10 世纪初至 12 世纪初,辽国占据幽云十六州近两百年,辽代官式建筑继承晚唐五代官式,辽南京与西京地区的建筑遗存是辽代官式建筑的代表,华北宋地的形制改变并未波及辽地。金代统一华北之后,金代官式建筑沿袭北宋法式技术,法式技术中的一些做法在 12 世纪的华北地区普及;辽地也经历了这次变革,山西辽地的金代建筑善化寺三圣殿和山门、应县净土寺大殿、繁峙岩山寺大殿、繁峙三圣寺大殿、荆庄大云寺大殿等遗构都为类法式型;河北辽地虽不存金构,但通过观察蒙古统治初年所建的定兴慈云阁(1273—1280 年)、曲阳北岳庙德宁殿(1270 年),斗栱部分皆具有充分法式化的特征,从中可窥知当地金代后期形制与技术也应大致相近。❷

"河东模式"可能也适用于河南、山东、河北、陕西等中原核心区域,这些地区临近统治中心,都城地区的官式建筑形制容易传播至这些地区。总结华北各地区时代接近的地方建筑中的一些共同特征,结合都城附近遗构、砖石仿木构形象或有关壁画图像,可以反推出当时都城所在地区的官式建筑形制。一些以往被认为是代表地方特点的技术细节,可能与某一时期官式建筑形制有关。如,晋西南、陕甘、四川常见的上卷型平出式假昂,也存在于河南宋墓仿木构形象中,很可能曾经是一种流行的官式样式,在西北、西南地区传播更广,并逐渐固化形成地方特征。

北宋时期的江南太湖平原地区和中原核心区通过运河、汴河保持着密切的联系,这种联系不只在经济、文化层面,江南地区五代宋初的建筑实践与经验积累直接影响到北宋后期官式建筑形制的形成。❸而对于东南丘陵地区、西南四川盆地、岭南等地区,地区间地理形势隔绝容易阻断技术传播,中原官式建筑形制很难影响到这些地区,造成这些地区间建筑形制的地域差异极为显著,可能存在多种不同的演进模式,由于保存案例较少,还很难归纳出这些地区唐宋时期建筑发展和演变的模式,有待今后深入挖掘。

5.3.2 法式化变革的特点、原因与意义

1. 法式化变革的特点

前文中已经提及,法式化变革是指宋金时期各地区建筑形制与技术做法向北宋晚期汴梁官式建筑趋近、模仿的过程。法式化是 12 世纪中国北方极为重要的一次建筑技术变革,法式技术的传播对华北地区宋辽以后建筑技术有着深远的影响。

通过前文研究可归纳法式化变革的特点:

(1) 变化着重于构件样式层面

各地区传统大木结构形式延续比较强,并未受到法式做法的影响。法式化影响主要体现在构造做法

---

❶ 王敏. 河南宋金元寺庙建筑分期研究[D]. 北京:北京大学,2011:120-121.

❷ 郑晗. 明前期官式建筑斗栱形制区域渊源研究[D]. 北京:北京大学,2013:32-41.

❸ 王辉. 从社会因素分析古代江南建筑技术对《营造法式》的影响[J]. 西安建筑科技大学学报(社会科学版),2009,28(1):48-53.

和构件样式的改变,尤其是斗栱部分最为明显。以下以晋中地区为例进行说明。斗栱形制方面最显著的变化包括:扶壁单栱素枋变为重栱素枋;令栱加长,北宋时期令栱长度小于泥道栱并与瓜子栱等长,法式化以后令栱长度超过泥道栱;齐心斗从散斗中分化出来;琴面昂昂面变为凸出的弧形;爵头J1、J2逐渐让位于爵头J3。此外,屋架中的毡笠型驼峰与合㭼也是法式化之前所未见的。但屋架构件的变化并不明显,地方建筑很少出现月梁或仿月梁,丁头栱也极为少见。

(2)地方做法依然延续

地方建筑的法式化并非完全依照《法式》文本,一些原有地方做法仍然留存。晋东南地区金代建筑中还保留有耍头作下昂形,但耍头已为琴面昂形;跳头横栱栱头斜抹在法式化前后的遗构中都经常出现。晋中地区的平出式假昂、卷瓣形翼形栱延续性也很强;虽然栱、昂构件样式改变比较明显,但直到金晚期,散斗才转变为面宽小于进深的法式斗型。因此,法式化过程也是法式技术与地方技术的融合过程。

(3)榫卯做法的改变晚于构件样式

虽然大木构架结构形式延续了各地传统形式,但位于构造节点隐蔽部位的榫卯做法,却发生了法式化转变,榫卯的改变比构件样式的改变滞后一些。

2. 法式化变革的历史原因

建筑形制和样式的改变反映出技术的改变,技术的传播总是以人的流动为基础。结合 12 世纪历史背景,可以对法式技术在华北地区传播的原因,作出以下三点推测:

(1)客作工匠在各区域间流动

雇工的广泛发展,是宋代社会经济关系发展中的重要特点。虽然宋代民匠差雇制度仍占官府劳动力的主要成分,但已经出现一种基本上是自愿投名应募的和雇匠,且相当普遍。❶ 宋人称和雇匠为"客作",❷反映出和雇匠的流动性,可以实现"木市于诸乡,工僦于他郡"。❸ 大量和雇匠服务于都城及周边地区,促使形成于汴梁地区的营造法式技术得以快速传播至邻近地区。与河南相邻的晋东南和山东地区 11世纪 20 年代及以前的遗构中已经具有典型的法式特征,如,晋东南地区的崇寿寺正殿建于北宋宣和元年(1119 年),山东地区的广饶关帝庙正殿建于南宋建炎二年(1128 年)。

(2)汴梁匠人北掳与流散

11 世纪前期,金人攻破汴梁,不仅掳走了北宋皇室成员、祭祀礼器、典章文物,掌握各种技艺的工匠也被俘北上。戏剧史学者提出在北上押解途中伎艺人和杂剧家逃散,是金代河东杂剧兴起的原因之一。❹不仅是河东杂剧在金代兴起,晋中、晋西南、晋北等地区木构建筑发生法式化变革也都在金中前期,河东地区金代砖雕墓的数量与建筑质量也都显著提升。汴梁匠人北掳与流散可以作为促使法式技术在河东地区传播的假说之一。

《宋史》卷二三钦宗纪中记录了金人对汴梁的掳掠:"夏四月庚申朔……金人以帝及皇后、皇太子北归。凡法驾、卤簿,皇后以下车辂、卤簿、冠服、礼器、法物、大乐、教坊乐器、祭器、八宝、九鼎、圭璧、浑天仪、铜人、刻漏、古器、景灵宫供器,太清楼、秘阁三馆书、天下州府图,及官吏、内人、内侍、技艺、工匠、娼优、府库蓄积,为之一空。"❺

徐梦莘《三朝北盟会编》中记载更为详细:"金人来索御前祗候,方脉医人、教坊乐人、内侍官四十五人,露台祗候、妓女千人……又要御前后苑作、文思院、上下界明堂所、修内司、军器监:工匠、广固搭材兵三千余人,做腰带、帽子、打造金银、系笔和墨、雕刻图画工匠三百余家,杂剧、说话、弄影戏、小说、嘌唱、弄傀儡、

❶ 包伟民.传统国家与社会 960—1279 年[M].北京:商务印书馆,2009:166-209.
❷ (宋)黄震.黄氏日钞:卷八〇·还外扛雇募钱[M]//影印文渊阁《四库全书》第 780 册.台北:商务印书馆,2008:836-837.
❸ (宋)高斯得.钦定四库全书集部.耻堂存稿.卷四·跃龙桥记.第二十一页.
❹ 金世宗、章宗时期河东杂剧的兴起——晋南金代戏曲文物考索之一[M]//山西师范大学戏曲文物研究所.中华戏曲:第二辑.太原:山西人民出版社,1986:5-31.
❺ (元)脱脱,等.宋史:卷二十三·本纪第二十三·钦宗[M].北京:中华书局,1977:436.

打筋斗、弹筝、琵琶、吹笙等艺人一百五十余家。令开封府押赴军前"❶"又押内官二十八人百伎工艺等千余人赴军中,哀号之声震动天地""又取画工百人,医官二百人,诸般百戏一百人,教坊四百人,木匠五十人,竹瓦泥匠、石匠各三十人……"(卷七七、七八)❷

金人押解皇室、内侍、百官、工匠北归路线是由河东路经云中(大同)再折向燕山。《靖康稗史》中有多条相关记载:

李天民辑《南征录汇》引《秘钞》载,"四月一日,国相退师,分作五起:宝山大王押朱后一起,固新押贡女三千二起,达赉押工役三千家三起,高庆裔押少主四起,从河东路进发"❸。

无名氏《呻吟语》引司马朴云:"帝自四月朔青城起程……初十日由巩县渡河……六月初二日抵云中……七月初九日抵燕山。"❹

《宋俘记》载:"北行之际,分道分期,逮至燕、云,男十存四,妇十存七。熟存熟亡,莒莫复知。"❺

(3) 金中都营建与金官式建筑制度形成

金海陵王天德三年(1151 年)营建金中都,是女真政权在原辽南京所在地建设辐射华北地区的新都城,动用华北地区极大的人力、物力才完成这次都城营建活动。金中都宫室的营建以北宋汴梁官式建筑为模板,甚至小木屏窗皆自汴梁旧宫室运来。很可能在这一过程中,法式技术被金官式技术继承,形成了金代官式建筑形制,法式技术的中心也由汴梁转移到了新的政治中心——金中都。此时的河东地区的政治经济地位相比北宋有明显提升,与政治中心的联系密切;金中都的营造必然从河东地区征调人夫,此过程也会加速山西地区工匠迅速学习、模拟法式做法。

关于金中都营建效仿北宋汴梁、调集民夫的情况,在以下几条史料中有清晰的记载:

明代李濂所著《汴京遗迹志》中引南宋周密《癸辛杂识》:"及金海陵修燕都,择汴京窗户刻镂工巧者以往。"❻

清人于敏中所著《日下旧闻考》中引《元一统志》:"增天德三年,海陵意欲徙都于燕……乃命左右丞相张浩、张通、左丞蔡松年,调诸路民夫筑燕京,制度如汴。"❼又引南宋周辉《北辕录》:"北宫营缮之制,初虽取则东都,终殚土木之费。瓦悉覆以琉璃,役兵民一百二十万,数年方就。"❽又引南宋范成大《揽辔录》:"炀王亮始营此都,规摹出于孔彦舟,役民八十万兵夫四十万,作治数年,死者不可胜计。金朝北宫营制宫殿,其屏扆窗牖,皆破汴都辇致于此。"❾

3. 法式化变革的意义

法式化变革不仅是构造做法和构件样式趋近于法式特征,也包括榫卯技术的法式化转变,是宋金时期影响多个地区的重要技术变革,很多技术细节在元明清时期华北地区建筑中依然留存。《法式》刊行后不久北宋王朝便灭亡,《法式》在华北地区发挥其控制工料、节约开支作用的时间仅持续了二十余年;但集南北营造技术大成的法式技术,在金代中前期逐渐被金朝官方和民间主动接受并采用,优秀的营造技艺显示出强大的生命力。

从技术传播的角度观察,法式技术与江南五代宋初技术渊源颇深,❿经由"江南—北宋汴梁—金中都/华北"的传播途径,实现了一次跨越二百余年、由江南至华北的技术传播与扩散。汴梁地区法式技术形

❶ (宋)徐梦莘.三朝北盟会编:卷七十七[M].上海:上海古籍出版社,1987:583.
❷ (宋)徐梦莘.三朝北盟会编:卷七十八[M].上海:上海古籍出版社,1987:586-587.
❸ (宋)确庵,耐庵.靖康稗史之四:南征录汇笺证[M].崔文印,笺证.北京:中华书局,1988:173-174.
❹ (宋)确庵,耐庵.靖康稗史之六:呻吟录笺证[M].崔文印,笺证.北京:中华书局,1988:201.
❺ (宋)确庵,耐庵.靖康稗史之七:宋俘记笺证[M].崔文印,笺证.北京:中华书局,1988:244.
❻ (明)李濂.汴京遗迹志:卷之一·宋大内宫室[M].周宝珠,程民生,校点.北京:中华书局,1999:11.
❼ (清)于敏中.日下旧闻考(一):卷三十七[M].北京:北京古籍出版社,1983:588.
❽ (清)于敏中.日下旧闻考(一):卷三十七[M].北京:北京古籍出版社,1983:588.
❾ (清)于敏中.日下旧闻考(一):卷二十九[M].北京:北京古籍出版社,1983:414.
❿ 潘谷西.《营造法式》初探(一)[J].南京工学院学报,1980(4):35-51.
傅熹年.试论唐至明代官式建筑发展的脉络及其与地方传统的关系[J].文物,1999(10):81-93.
张十庆.《营造法式》的技术源流及其与江南建筑的关联探析[C]//张复合.建筑史论文集:第17辑.北京:清华大学出版社,2003:1-11.

成阶段，可以看作这次技术传播的第一个阶段，即江南技术与汴梁北宋中期技术融合的阶段；法式技术进而影响华北地区，是这次技术传播的第二个阶段，即法式技术与华北各地区地方技术融合的阶段；金代官式建筑因袭法式制度，并继续影响华北地区地方建筑，是为第三个阶段。一些源于 10 世纪江南地区的形制与技术投射在华北地区大大小小的宫室殿堂、民间祠庙之中，法式化不仅造成华北地区建筑风格的趋同，在某种程度上也实现了一次南北建筑风格的趋同。从建筑艺术史的视角审视，精巧雅致的江南风格注入雄壮古拙的华北建筑之中，是华北地区建筑风格由唐风转向宋式、由豪劲趋向醇和的关键一步。

6 基于构件表面材质肌理的木构件加工方式探析

木构件是大木结构的基本组成单元,任何木构件都需要通过一定方法对木材进行加工才能得以呈现。本章正是选取五代宋金时期晋中地区遗构中的典型构件,以构件表面材质肌理特征为线索,对这些木构件的加工方式进行复原。

然而,中国古代营造技术传承存在极大的断层,最近几十年来中国大陆快速现代化进程带来的社会生产方式转变,更是促使很多传统技艺濒临失传。技术断层在华北地区尤其明显,当今的工匠往往仅熟知从师傅辈传习下来的技艺,很多技艺也只能上溯到晚清民国时期,与唐宋时期相距甚远。自宋元时期至今数百年间,木材材种、构件尺寸都产生了很大变化,工匠技艺也发生过难以计数的变化,通过对当代工匠采访和技艺调查所获得的成果,往往无法解答疑问。因此,根据现存实物进行古代加工方式的复原,是技术史研究的需要。

近年来,几项以木材材质肌理为线索而展开的古建筑研究已取得很重要的突破,笔者关于木构件加工方式的复原研究,正是得益于前人拓荒性的研究。东南大学张十庆先生在《斗拱的斗纹形式与意义——保国寺大殿截纹斗现象分析》一文中通过观察斗型与斗纹特点,阐述了斗纹做法的地域特征,并推测法式斗型与斗纹的关联。❶东南大学胡占芳在其硕士学位论文《保国寺大殿木构营造技术探析:斗栱的斗纹、尺度及制材研究》中根据栱枋构件端面木纹特征分析解木方式和出材率,也在斗型和斗纹方面作了分析。❷北京大学彭明浩在其硕士学位论文《山西南部早期建筑大木作选材研究》中,论证了早期木构建筑选材的时代性与区域性,同一建筑不同结构层由于构造的要求,选材也会有所差异,进而探讨了这些现象与建筑体量、结构、形制时代变迁的可能关系;宋金之际,山西南部地区建筑用材发生了一次大转折,主要建筑材种由松木转变为速生的杨木、槐木,不同材种的物化性质也对构件加工产生影响;研究中还借鉴了自然地理和历史地理学领域关于山西地区生态史、森林史的相关研究成果。❸

木构件表面材质肌理是反映构件造作加工方式的重要线索,包括木材纹理、裂缝、加工痕迹等。观察构件端面木质年轮形态可以推测此构件从原木中取材的位置,可以推测原木材种、尺寸;裂缝是由于木材干缩造成的木质开裂现象,裂缝出现的部位、形态与材种、取材形状、取材位置有关,由此可以分析构件原造作方法、变形原因以及克服变形的对策;加工痕迹包括锛痕、锯路、墨线、钝棱(锯解边缘未着锯的部位)等。通过观察上述材质肌理细节,可以还原当时的用料特点和加工方式等技术史问题,这其实是一种考古学复原研究。

《法式》料例部分提到一些加工原则和常用熟材规格,但地方营造与官式制度往往并不吻合。本章研究希望从生产操作的层面对宋金时期地方营造体系中的木构件加工方式做一些发微工作。笔者在本章所关注的木构件加工方式复原研究,也是一次技术史研究方法的探索,需要将观察得到的木构件材质肌理特点与建筑形制、构件样式、结构受力、加工工艺、生态环境、工匠意识等多方面因素结合,通过综合分析以求建构新的知识框架。

本章研究选取典型构件,分析构件形态与加工方式的关联。第一节是由用材规格问题引发栱眼栱、枋构件解木方式的讨论;第二节是通过解木方式复原解答斜面梁栿成因;第三节说明构件加工习惯,讨论北方顺纹斗传统,并从木材材种、下料角度分析假昂的制作。

---

❶ 张十庆.斗拱的斗纹形式与意义——保国寺大殿截纹斗现象分析[J].文物,2012(9):74-80.
❷ 胡占芳.保国寺大殿木构营造技术探析:斗栱的斗纹、尺度及制材研究[D].南京:东南大学,2011.
❸ 彭明浩.山西南部早期建筑大木作选材研究[D].北京:北京大学,2011.

6.1　晋祠圣母殿栱、枋构件用材规律与解木方式复原

6.1.1　栱、枋构件用材规格不统一现象

栱、枋构件是带有斗栱的殿堂或厅堂建筑中使用数量最多的一类构件。《法式》大木作制度开篇就提到"凡构屋之制，皆以材为祖"，指出"材"在宋代营造制度与做法之中的重要地位。标准化和模数制也是前辈学者对早期木构建筑技术成就做出的学术概括。❶ 通常情况下，传统木构建筑的栱、枋构件使用统一的规格化用材（单材或足材）。❷ 然而，在现存的多处华北地区宋辽金时期木构建筑中，却存在着一栋建筑中各种栱、枋构件用材规格不统一的现象；尽管前辈学者曾在调查报告中描述过此种现象，但多年来一直缺少专门研究。❸

笔者在近年来的调查中发现，栱、枋构件用材规格不统一的现象在华北地区宋金时期建筑中普遍存在；有些可能是后世修缮更换构件所致，有些则能体现出用材尺寸差别的规律性。典型的案例如，晋中北地区的南禅寺大殿山面柱头斗栱首跳华栱材厚明显大于第二跳华栱的材厚；金洞寺转角殿栱、枋构件材广一致，材厚分为 150 mm 和 120 mm 两种，前者为华栱材厚，后者为横栱与柱头枋的材厚（外檐泥道栱材厚目前无法测得）；五台延庆寺正殿柱头斗栱首跳华栱和第二跳华栱材厚明显大于昂的材厚，令栱材厚最小。晋东南地区的长子县碧云寺正殿，外檐柱缝上的扶壁栱和三道柱头枋的材广和材厚均不相同，柱头斗栱的首跳华栱、二跳华栱、下昂的材广和材厚也均不同。晋中地区的太谷万安寺正殿，根据营造学社前辈调查时拍摄的照片，斗栱首跳华栱材厚比二、三跳华栱材厚大一些。（图 6.1、图 6.2）

可见，在华北地区唐宋时期遗构中，同一栋建筑中栱、枋构件用材不统一的现象较为普遍。虽然存在极为特异的现象（如长子县碧云寺正殿），

南禅寺大殿西山南缝柱头斗栱　　营造学社雨花宫测稿

太谷万安寺正殿内槽柱头斗栱（左）、山面补间斗栱

图 6.1　早期遗构用材规格不统一现象

也有些遗构中的不同规格用材为后世修缮时更换所致，但在一些案例中可发现各种用材规格存在规律性。

---

❶ 郭黛姮.论中国古代木构建筑的模数制[C]//清华大学建筑系.建筑史论文集：第五辑.北京：清华大学出版社,1981:31-47.

❷ 根据《营造法式》文本记载，重檐建筑的副阶用材比殿身用材低一等，在殿身部分与副阶部分分别用同一材等。《营造法式》卷四大木作制度"构屋之制"："若副阶并殿挟屋，材分减殿身一等。"
梁思成.营造法式注释//梁思成全集(第七卷)[M].北京：中国建筑工业出版社,2001:124,79.

❸ 莫宗江先生在《山西榆次永寿寺雨花宫》一文中提到永寿寺雨花宫用材实测数是 26 cm×18 cm 至 24 cm×16 cm 之间，栔高在 7～12 cm 之间。莫宗江.山西榆次永寿寺雨花宫[C]//中国营造学社汇刊：第七卷第二期.北京：知识产权出版社,2006.
祁英涛先生在《河北省新城县开善寺大殿》一文中也已提出存在用材不统一的现象："殿的材栔尺寸，由测量的结果来看，数目相差甚多，最大的材高 25.5 厘米，宽 18.5 厘米；最小的材高 20.5 厘米，宽 15.5 厘米。栔高也是 13.0 厘米及 11.0 厘米两种，与已发现的几座辽代建筑有些共同之点……我们又仔细地按结构层次将测量的尺寸进行校核比较，发现它的用材方法基本上是由下到上逐层减小的……由以上的结果可以看出，开善寺大殿的用材，与过去我们认为一座殿的建造只用一个标准材的概念有了显著的不同。其中最值得注意的是第二层用材突然比第一层加高 2 厘米，而栔高却减 2 厘米，结果是第一、二两层的足材还是相等。此外在全部外檐斗栱上，第二层柱头枋的宽度也是比同层的第二跳华栱宽了 2 厘米。据我们观察，主要因为补间铺作的主要荷重压在这一根枋子上，所以加大断面来解决此处超过其他柱头枋所负担的重量……为了对殿的结构研究方便起见，暂以第一层的尺寸即材高 23.5 厘米，宽 16.5 厘米，栔高 13 厘米为标准进行分析。"祁英涛.河北省新城县开善寺大殿[J].文物参考资料,1957(10):23-28.

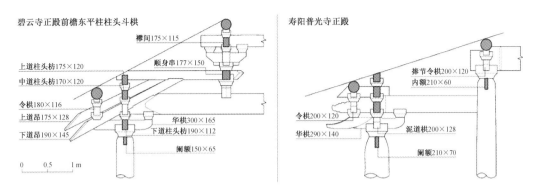

图 6.2 典型用材规格不统一案例

用材规格不统一的现象在华北地区多处宋辽金时期建筑中存在,但由于大多数案例规模较小、铺作等级低、栱枋构件数量少,往往不具备深入探究的条件。笔者在"中国古建筑精细测绘——晋祠圣母殿"课题研究过程中,发现圣母殿存在用材规格不统一的现象。晋祠圣母殿铺作等级较高,铺作层的栱、枋构件层数较多,并在外跳使用瓜子栱和罗汉枋,用材尺寸规律得以充分体现。本节即是以用材规格不统一的现象为线索,以晋祠圣母殿为典型案例,分析栱、枋构件用材的尺寸特点;结合栱、枋构件端面木纹形态,还原栱、枋构件的解木加工方式,从造作加工的角度认识用材规格不统一现象的成因,并阐发对相关技术史问题的思考。(图 6.3)

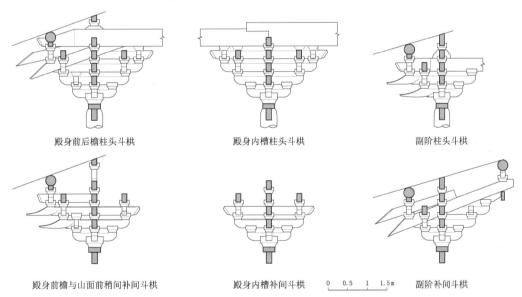

图 6.3 晋祠圣母殿殿身与副阶斗栱侧视

6.1.2 晋祠圣母殿栱、枋构件尺寸复原与斗栱构成特点

分析圣母殿栱、枋构件尺寸与解木方式的前提是甄别构架中包含的不同年代的构件。圣母殿自北宋天圣年间(1023—1032 年)建成以来,经历过宋崇宁元年(1102 年)、元至正二年(1342 年)、明天顺五年(1461 年)、明嘉靖四十年(1561 年)、明万历十年(1582 年)、清嘉庆十五年(1810 年)、1994—1995 年等多次修缮。根据栱构件样式差异,可分为三种形式——宋式、明清样式和现代样式。殿身部分较为统一,基本全为宋式;副阶部分存在换料,但宋式构件所占比重仍然很大。宋式构件应包括北宋中期始建时的原始构件与崇宁元年修缮时所更换的构件,但由于年代相隔比较接近,从构件尺寸和样式上很难区分出来,端面木纹形态也体现相同的规律,崇宁元年时的构件样式和解木方式可能与天圣时是一致的。以下构件尺寸复原与端面木纹统计均针对宋式构件。

根据精细测绘所得尺寸数据,对圣母殿进行尺度复原,以 309 mm 为营造尺,可得到较整的构架与构

件尺寸取值。经过对栱、枋构件的尺寸复原计算,可以发现(表6.1、图6.4、图6.5):

表6.1　晋祠圣母殿栱、枋构件尺寸❶　　　　　　　　　　　(营造尺＝309 mm)

构件		广		厚		栔		材厚层级
		mm	寸	mm	寸	mm	寸	
殿身	足材华栱	316	10.2	160	5.2	93	3	Ⅰ
	单材华栱	223	7.2	160	5.2	—	—	Ⅰ
	泥道栱	—	—	—	—	—	—	
	令栱、瓜子栱	204~210	6.6~6.8	118~125	3.8~4	—	—	Ⅱ
	罗汉枋	204~210	6.6~6.8	118~125	3.8~4	—	—	Ⅱ
	昂	265	8.6	160	5.2	—	—	Ⅰ
	昂形耍头	260	8.4	160	5.2	—	—	Ⅰ
	翼形栱	204~210	6.6~6.8	105~115	3.4~3.7	—	—	Ⅲ
副阶	足材华栱	315	10.2	160	5.2	105	3.4	Ⅰ
	泥道栱	204~210	6.6~6.8	119~163	3.9~5.3	—	—	Ⅰ
	令栱、瓜子栱	204~210	6.6~6.8	118~125	3.8~4	—	—	Ⅱ
	罗汉枋、柱头枋	204~210	6.6~6.8	118~125	3.8~4	—	—	Ⅱ
	昂	265	8.6	160	5.2	—	—	Ⅰ
	昂形耍头	210	6.8	160	5.2	—	—	Ⅰ
	翼形栱	204~210	6.6~6.8	105~115	3.4~3.7	—	—	Ⅲ
	屋内额	204~210	6.6~6.8	80~85	2.6~2.7	—	—	Ⅲ

注释:"—"表示测量未及或无此项。受栱眼壁遮挡,无法测得圣母殿殿身斗栱的泥道栱和上下檐扶壁柱头枋的材厚。屋内额俗称"顺身串",本文中依《营造法式》卷五大木作制度中的称法。殿身翼形栱不包括由横栱改制的前檐补间外跳翼形栱。

(1) 构件材厚差别显著。依照不同构件材厚差异可分为三个层级,Ⅰ材厚＞Ⅱ材厚＞Ⅲ材厚。

Ⅰ华栱、昂、昂形耍头、副阶泥道栱(多数材厚大于层级Ⅱ的材厚)、殿身足材耍头、殿身外槽山面柱头斗栱衬方头。

Ⅱ横栱(瓜子栱、令栱)、罗汉枋、柱头枋、襻间枋、殿身补间斗栱外跳单材耍头、少量翼形栱(殿身前檐与山面前稍间补间斗栱外跳翼形栱、副阶尽间补间斗栱柱缝翼形栱)。

Ⅲ翼形栱、屋内额。

(2) 材厚层级Ⅰ的构件中,华栱与昂、昂形耍头的材广、材厚取值比较规整。然而,材厚层级Ⅱ、Ⅲ的构件中,横栱、枋、翼形栱、屋内额的材广与材厚存在多种取值,只能归纳取值区间,而无法获得统一的取值。材厚层级Ⅱ、Ⅲ的构件中,单材构件材广常常不足1材,在204~210 mm;大多数单材构件的材厚较小,比《法式》用材狭窄。❷

同时,可以得出圣母殿斗栱构成的三个特点:

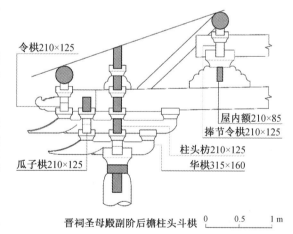

令栱210×125
屋内额210×85
捧节令栱210×125
柱头枋210×125
瓜子栱210×125
华栱315×160

晋祠圣母殿副阶后檐柱头斗栱　0　　0.5　　1 m

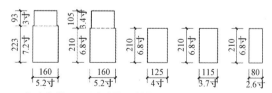

93 3寸	105 3.4寸			
223 7.2寸	210 6.8寸	210 6.8寸	210 6.8寸	210 6.8寸
160 5.2寸	160 5.2寸	125 4寸	115 3.7寸	80 2.6寸
殿身华栱	副阶华栱	横栱、枋	翼形栱	屋内额

图6.4　晋祠圣母殿副阶斗栱用材尺寸复原

---

❶ 晋祠圣母殿栱、枋构件尺寸数据来源于东南大学建筑学院指南针计划专项《中国古建筑精细测绘——晋祠圣母殿精细测绘》资料。

❷ 例如,殿身单材广为7.2寸,合《法式》四等材广,按《法式》材厚应为4.8寸,但横栱、枋材厚为3.8~4寸。

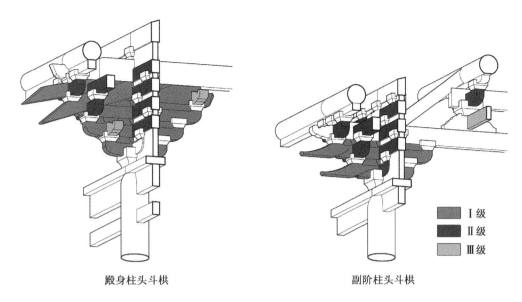

■ Ⅰ级	
■ Ⅱ级	
■ Ⅲ级	

殿身柱头斗栱   副阶柱头斗栱

图 6.5 晋祠圣母殿栱、枋构件材厚层级示意

(1) 华栱起到竖向控制作用。尽管罗汉枋、柱头枋与横栱材广不统一,但柱头斗栱足材华栱材广基本一致,每层单材栱、枋只需将构件上皮或下皮与华栱取齐即可。

(2) 具有结构强度意识。主要受力构件的材广与材厚都比较大,如华栱、昂、副阶泥道栱;而承力较小的瓜子栱、令栱、柱头枋和罗汉枋就选小料;翼形栱、屋内额不承受竖向荷载,材厚最小。

(3) 节省用料。单材横栱和枋材的用量远大于足材栱、昂,而构件尺寸却小于《法式》标准单材,对于晋祠圣母殿这样的大型工程而言,无疑是一种经济的做法。

6.1.3 晋祠圣母殿解木方式复原

1. 圣母殿栱、枋构件端面木纹统计

通过观察圣母殿栱、枋构件端面的木纹形态,可以探究其加工方式。比较容易观察的构件包括:华栱、下昂、昂形耍头、耍头、瓜子栱、令栱、翼形栱、副阶泥道栱等。❶

为了便于表述构件端面木纹形态,本文按照 10 种木心所在位置进行统计。在距边缘 1/5 材广和 1/5 材厚分别作控制线,可将构件端面划分为 9 个区域,连同材端面中间长 1/5 材广、宽 1/5 材厚的区域,共 5 种区域——1 个"居中"区、1 个"中偏"区、2 个"长边内"区、2 个"短边内"区、4 个"角内"区;以及控制线延长线划分的区域,共 3 种区域——2 个"长边外"区、2 个"短边外"区、4 个"角外"区;若木心在构件端面边缘,则分为"长边中"和"短边中"。"长边内"区外侧为"长边外"区,"短边内"区外侧为"短边外"区,"角内"区外侧为"角外"区(图 6.6)。除了没有发现构件端面木心在"短边外"区,以及木心在"短边中"的仅两个构件,其他几种木心位置的构件都存在。

本研究共选取 476 根栱、枋构件进行统计;其中,调查宋式构件端面木纹共 307 例,调查未及的宋式构件 137 例,后代更换的构件 32 例。可以发现一些规律(图 6.7、表 6.2、表 6.3):

(1) 材厚层级 Ⅰ 构件

① 华栱与昂、昂形耍头:大多是木心居中或中偏,木心在长边内的很少,说明取材位置在原木中部。

② 副阶泥道栱:木心居中或中偏的情况居多,说明取材位置在原木中部。

③ 殿身足材耍头:大部分木心居中或中偏,说明取材位置在原木中部。

---

❶ 由于受栱眼壁遮挡,殿身泥道栱端面不可见,不在统计之列。柱头枋与罗汉枋端面大多隐藏于相交处构造内,仅在副阶转角斗栱与栱、耍头相列出头处和殿身内槽罗汉枋端部可见。本文选取副阶转角斗栱罗汉枋与耍头相列、下道柱头枋与平出昂相列、中道柱头枋与耍头相列作统计。

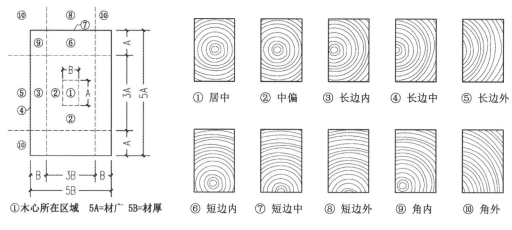

①木心所在区域　5A=材广　5B=材厚

| ① 居中 | ② 中偏 | ③ 长边内 | ④ 长边中 | ⑤ 长边外 |
| ⑥ 短边内 | ⑦ 短边中 | ⑧ 短边外 | ⑨ 角内 | ⑩ 角外 |

图 6.6　木心位置示意

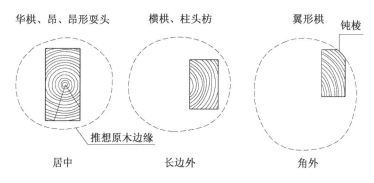

华栱、昂、昂形耍头　　横栱、柱头枋　　翼形栱

居中　　　长边外　　　角外

图 6.7　栱、枋构件取材位置推测

表 6.2　构件端面木心位置❶

①—居中	②—中偏	③—长边内	④—长边中
副阶 45 号斗栱泥道栱	副阶 29 号斗栱首跳华栱	殿身 36 号斗栱首跳华栱	副阶 16 号斗栱瓜子栱
⑤—长边外	⑥—短边内	⑨—角内	⑩—角外
殿身 25 号斗栱令栱	副阶 4 号斗栱令栱	殿身 36 号斗栱瓜子栱	殿身 23 号斗栱翼形栱

---

❶　晋祠圣母殿副阶斗栱编号参见《太原晋祠圣母殿修缮工程报告》。
柴泽俊,等.太原晋祠圣母殿修缮工程报告[M].北京:文物出版社,2000:243-244.

表 6.3　晋祠圣母殿斗栱栱、枋构件木心位置统计

材厚层级	构件	材广	宋式		后代更换	居中	中偏	长边内	长边中	长边外	短边内	短边中	角内	角外
			已及	未及										
I	足材华栱	足材	83	44	8	38	35	10	—	—	—	—	—	—
	殿身补间斗栱 单材华栱	单材	11	6	0	5	5	1	—	—	—	—	—	—
	昂、昂形耍头	—	11	34	1	4	6	1	—	—	—	—	—	—
	殿身山面柱头斗栱 衬方头	单材	1	5	0	—	—	—	—	1	—	—	—	—
	殿身外槽柱头斗栱 里跳耍头	足材	8	6	0	4	2	—	—	1	—	—	1	—
	殿身内槽柱头斗栱 耍头	足材	3	1	0	—	3	—	—	—	—	—	—	—
	殿身内槽补间斗栱 耍头	单材	2	1	0	1	—	1	—	—	—	—	—	—
	副阶泥道栱	单材	22	3	2	11	6	2	1	—	1	—	1	—
II	跳头横栱	单材	98	4	20	4	11	10	5	44	2	2	7	13
	与转角斗栱构件相列的 罗汉枋、柱头枋	单材	19	13	0	—	2	—	—	14	—	—	3	—
	殿身补间斗栱外跳耍头	单材	2	5	0	—	—	1	—	1	—	—	—	—
	殿身前檐与山面稍间 补间斗栱外跳翼形栱	单材	6	1	0	—	1	1	—	1	3	—	—	—
	副阶尽间补间斗栱 柱缝翼形栱	单材	3	0	1	1	2	—	—	—	—	—	—	—
III	翼形栱	单材	38	14	0	2	3	2	3	8	1	—	4	15

④ 殿身内槽补间斗栱耍头、殿身外槽山面柱头斗栱衬方头都是单材,调查样本少,无法发现规律。

(2) 材厚层级 II 构件

① 跳头横栱:构件端面木心大多在长边外,也有一些是长边内、长边中、角内。说明相对于华栱取材位置,横栱取材更靠近原木边皮。一个值得关注的现象是,一些横栱内侧上部有斜抹棱,端部木纹显示取材位置靠近边皮,说明斜抹棱是未着锯的钝棱;一些罗汉枋也存在这种钝棱。

② 与副阶转角斗栱相列的柱头枋、罗汉枋:相列出头的端面木纹与横栱接近,木心大多在长边外,取材更靠近原木边皮。

③ 殿身补间斗栱外跳耍头为单材,调查样本少,无法得出规律。

④ 殿身前檐与山面前稍间的 7 朵补间斗栱的外跳翼形栱:端面木心位置规律不清晰。构件内侧上部都不带钝棱。这几个翼形栱材厚为 120～125 mm,比其他翼形栱的材厚大一些,与横栱材厚一致;且两端上皮都留有销眼,两侧销眼距离与出跳横栱头散斗间距相等,可以推测是由横栱构件改制而成。(图 6.8)

⑤ 副阶尽间补间斗栱柱缝翼形栱:样本数量少,木心都在端面居中、中偏。

(3) 材厚层级 III 构件

翼形栱:大多数翼形栱端面木心在角外,也有一些木心在长边外、短边内、角内。带钝棱的翼形栱非常多,应该是用原木边材。

2. 圣母殿栱、枋构件解木方式复原

《法式》卷第十二锯作制度"抨墨":"务在就材充用,勿令将可以充长大用者截割为细小名件。"❶体现

---

❶　梁思成.营造法式注释[M]//梁思成.梁思成全集:第七卷.北京:中国建筑工业出版社,2001:251.

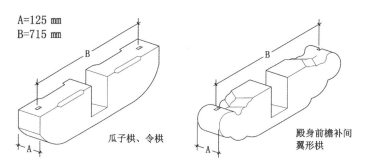

A=125 mm
B=715 mm

瓜子栱、令栱

殿身前檐补间
翼形栱

图 6.8　殿身前檐补间外跳翼形栱与横栱比较

了官式建筑中节省大料的原则，在地方建筑中亦遵循此原则。加工栱、枋的原木应比制作柱、梁的原木直径小一级；圣母殿柱径在 450～550 mm，而加工梁栿的原木直径约在 550～650 mm，因此，截割成栱、枋构件的原木直径应小于 450 mm。在"大料不可小用"的前提下，以各种栱、枋构件断面尺寸与端面木纹情况为约束条件，可以推测出制作圣母殿栱、枋构件的解木加工原则与最可行方式。

梳理以上对栱、枋构件端面木纹情况的统计结果，可以发现：构件材厚越小，取材位置越靠近原木边缘。可以得到以下一些假设：

（1）材厚层级Ⅰ构件：足材华栱与昂是斗栱构造中主要的受力构件，也是控制斗栱竖向高度的主要构件，材广与材厚取值规整，因此，这两种构件取自原木中部对径较大的部分。另外，殿身斗栱中的足材耍头、殿身前檐和两山面补间斗栱的单材华栱，用材规格也较为规整，主要取自原木中部。副阶泥道栱是材厚最大的一类横栱，也主要取自原木中部。

（2）材厚层级Ⅱ构件：跳头横栱、枋的取材位置比华栱和昂更靠边一些，而跳头横栱、枋的材广与材厚无统一取值且材广小于单材华栱，很可能是受原木形状限制所致。假设原木"一破三"的情况下（图 6.9），在确定材广和材厚均最大的华栱或昂的画线之后，视两侧余材宽窄而决定做成适当材厚的构件；若两侧余材高度、宽度有限，制成构件的材广和材厚就可能略小或带钝棱。

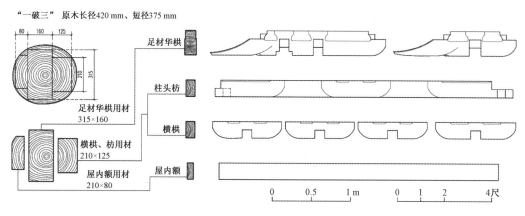

"一破三" 原木长径420 mm、短径375 mm

80 160 125

足材华栱

足材华栱用材
315×160

柱头枋

横栱、枋用材
210×125

横栱

屋内额用材
210×80

屋内额

0　0.5　1 m　　0　1　2　4尺

图 6.9　"一破三"情况下解木所得构件

（3）材厚层级Ⅲ构件：大量的翼形栱端面木心在角外，且多数带有钝棱，必然是用最靠边的边材。木心在角外的翼形栱、横栱构件也可能是截割梁栿的余材，而不与其他栱、枋一同截割。虽然无法统计屋内额的端面木纹情况，但由于屋内额是材厚最小的构件，加之很多屋内额内侧上部也存在钝棱，可以推测屋内额很可能也是取自靠近原木边缘的位置。

例如，在原木"一破三"的情况下，中部木料可以做成足材华栱或昂，两侧为跳头横栱木料，若两侧木料较狭，可以做成翼形栱或屋内额。如图 6.9 中所示，原木长 13 尺（有 22 个开间宽为 12 尺，连同两端榫头和弃料，至少需要 13 尺）、直径 420～375 mm，可解出三种规格枋材各一根：315 mm×160 mm 枋材可做成两根副阶华栱，210 mm×125 mm 枋材可做三根跳头横栱与一根副阶泥道栱或一道柱头枋，210 mm×

80 mm枋材可做一道屋内额。

综上,解木时首先须保证华栱与昂规格统一,加工其他横栱、枋、翼形栱则用截割梁栿与华栱、昂所剩的余材。使用余材造成以下两种结果:所承荷载较小的栱、枋构件材厚可小于华栱材厚,不承重的栱、枋构件材厚最小;这样可以最大限度地利用余材。受每一根余材具体尺寸所限,造成同一类横栱、枋构件的材广与材厚规格不统一。材厚层级Ⅱ、Ⅲ构件中,各种构件材广与材厚的取值区间的上限值,可能接近原初设计尺寸。晋祠圣母殿用材不统一的现象是在材料有限的条件下,地方独特解木做法的结果,反映出工匠希望得到最大出材率的意图。

6.1.4 多种用材规格栱、枋构件的组合方式

圣母殿中多种不同尺寸规格的构件却能拼合成整齐的斗栱构造,经观察可以发现一些技术细节。如前所述,尽管存在多种用材尺寸,但华栱材广较为规整,可以控制斗栱竖向高度。此外,还有以下两种做法:

首先,利用小斗斗口开槽高度调节铺作层构件高度。例如,扶壁柱头枋逐层材广不统一的情况下,可以用不同开槽高度的散斗,使各层柱头枋与华栱取齐;再如,跳头横栱材广小于华栱时,将交互斗做成两向开槽高度不同,即可保证华栱与横栱上皮承斗面高度一致(图6.10)。由此可见,小斗开槽高度是调整各个铺作层的重要变量,实测发现铺作层中的很多小斗的斗耳与斗平高度并非固定尺寸。小斗的开槽并非预制工序,而是需要在组装时根据所承托的栱、枋实际尺寸定夺开槽高度。

其次,为了保证华栱与横栱、枋相交处榫卯咬合紧密,华栱栱身的卯口、子廕的尺寸与形状,需要根据与之相交的栱、枋构件断面实际形状而定,很难按照统一尺寸规格预制加工。例如,带钝棱的横栱、翼形栱与华栱相交处,华栱栱身的卯口、子廕也须做成与钝棱匹配的形状(图6.11)。所以,华栱构件加工流程至少分为两个步骤,制作栱头卷杀、栱眼是可以批量预制的,而在栱身开卯口和子廕,则需要了解与华栱相交构件的断面形状与尺寸后才能完成。昂身卯口、子廕加工也如同华栱。

图 6.10 圣母殿殿身 5 号
柱头斗栱二跳华栱头交互斗

另外,工匠安置带钝棱的栱、枋时,常常将带钝棱的一角作为构件的内侧上部,观者只可见到平整的外侧面和底面。少量栱构件钝棱在下皮,交互斗也需要做成与横栱下皮吻合的斗口形状(图6.11、图6.12)。

图 6.11 圣母殿殿身 5 号
柱头斗栱翼形栱与华栱相交处的子廕

图 6.12 圣母殿殿身 9 号
柱头斗栱交互斗、令栱

6.1.5 小结

1. 本节结论

（1）晋祠圣母殿用材规格不统一的现象是独特的解木加工方式的结果,其目的是节省材料、提高出材率,遵循着《法式》中提倡的"就材充用""大料不可小用"的原则。

（2）晋祠圣母殿的华栱规格统一,起到控制铺作层竖向高度的作用。承荷载作用大的构件,材厚较大,一般取材位置在原木中部。横栱、翼形栱与屋内额的材广与材厚无统一取值,正是由于受原木余材尺寸所限。

（3）晋祠圣母殿中小斗开槽高度与形状,以及华栱栱身卯口和子瘪、昂身卯口和子瘪的尺寸与形状并非预制,都需要在铺作装配现场决定。

2. 晋中地区其他案例

晋中地区其他宋金时期建筑也存在与圣母殿相似的用材现象,主要体现在材厚的差别。

例如,寿阳普光寺正殿前檐华栱足材为 290 mm×140 mm,泥道栱、柱头枋用材都为 200 mm×128 mm,外跳令栱与上平槫、下平槫缝捧节令栱用材为 200 mm×120 mm,脊槫下捧节令栱用材为 200 mm×105 mm;栱构件材厚有四种规格,分别为 140 mm、128 mm、120 mm、105 mm(图 6.2)。❶ 几栋晋中地区类法式型遗构也存在用材分级现象,但由于铺作层数少,无法作更详细的统计;常见的华栱材厚 140 mm,合 4.4 寸,横栱材厚 120 mm,合 3.9 寸(按金尺 315 mm 折算)。

有待今后作更详细的栱、枋构件端面木纹统计,才能对晋中地区其他早期木构建筑栱、枋构件的解木方式进行还原。

6.1.6 附:晋祠圣母殿栱、枋构件木心位置统计

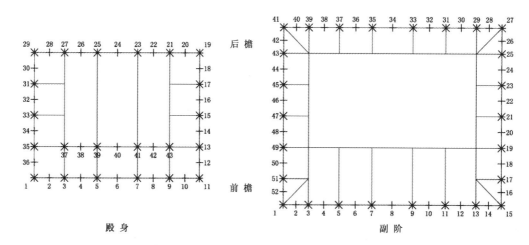

图 6.13 晋祠圣母殿斗栱编号

表 6.4 晋祠圣母殿殿身柱头斗栱栱类构件木心位置统计

| 编号 | 华栱 | | | 下昂 | 昂形耍头 | 里跳耍头 | 外跳横栱 | | | 里跳横栱 | |
	首跳	二跳	三跳				令栱	瓜子栱	翼形栱	瓜子栱	翼形栱
前檐柱头斗栱											
3	长边内	居中	居中	居中	—	角内	长边外	长边外	角外*	居中	—
5	中偏	居中	—	居中	居中	—	长边外	长边外	角外*	—	—

❶ 王春波.寿阳普光寺修缮设计方案[C]//《文物保护工程典型案例》编委会.文物保护工程典型案例:第二辑 山西专辑.北京:科学出版社,2009:48.普光寺正殿前檐斗栱华栱、泥道栱、柱头枋尺寸为笔者实测所得。

前檐柱头斗栱

编号	华栱			下昂	昂形要头	里跳要头	外跳横栱			里跳横栱	
	首跳	二跳	三跳				令栱	瓜子栱	翼形栱	瓜子栱	翼形栱
7	居中	居中	居中	居中	中偏	长边外	长边外	中偏	角外*	居中	—
9	长边内	中偏	居中	中偏	中偏	中	角外*	角内	角外*	长边外	长边外

北山面柱头斗栱

编号	华栱			下昂	昂形要头	衬方头	里跳要头	外跳横栱			里跳翼形栱
	首跳	二跳	三跳					令栱	瓜子栱	翼形栱	
13	居中	长边内	—	长边内	—	—	—	长边外	长边外	角外*	长边外
15	居中	居中	—	中偏	—	—	居中	长边外	长边中	角外*	长边外
17	中偏	居中	—	中偏	中偏	长边外	—	长边内	长边中	角外*	长边中*

后檐柱头斗栱

编号	华栱			下昂	昂形要头	里跳要头	外跳横栱			里跳翼形栱
	首跳	二跳	三跳				令栱	瓜子栱	翼形栱	
21	居中	居中	居中	—	—	中偏	长边外	中偏	角外*	角外
23	中偏	中偏	居中	—	—	居中	长边外	短边中	角外	长边内
25	中偏	中偏	中偏	—	—	—	长边外*	长边外	长边外	—
27	中偏	居中	中偏	—	—	中偏	长边外	居中	角外*	长边中*

南山面柱头斗栱

编号	华栱			下昂	昂形要头	衬方头	里跳要头	外跳横栱			里跳翼形栱
	首跳	二跳	三跳					令栱	瓜子栱	翼形栱	
31	中偏	居中	居中	—	—	—	居中	居中	中上	角外*	角内
33	—	居中	居中	—	—	—	—	中偏	长边外	长边外	角内
35	—	—	—	—	—	—	—	长边外	长边外*	角外*	—

内槽柱头斗栱

编号	首跳华栱	二跳华栱	三跳华栱	要头	外跳横栱		里跳横栱	
					瓜子栱	翼形栱	瓜子栱	翼形栱
37	居中	居中	中偏	中偏	长边外	—	长边内	—
39	居中	中偏	居中	—	长边外		长边外	—
41	中偏	中偏	中偏	中偏	长边外	—	长边外	长边外
43	中偏	中偏	中偏	中偏	长边中	长边中	长边内	中偏

注释:"—"表示观察未及,或因构件表面刷饰无法辨识;"*"表示有钝棱。

表6.5　晋祠圣母殿殿身补间斗栱栱类构件木心位置统计

前檐与两山面补间斗栱

编号	首跳华栱	二跳华栱	三跳华栱	要头	外跳横栱			里跳翼形栱
					令栱	瓜子栱	翼形栱	
2	中偏	中偏	居中	—	长边外	长边中	短边内#	—
4	中偏	中偏	居中	长边中	长边外	长边外	中偏#	—
6	—	—	—	—	长边外	短边内	短边内#	—
8	居中	居中	中偏	长边内	长边外	长边内	长边内#	长边外
10	中偏	中偏	中偏	—	长边外	长边外	短边内#	角外

编号	首跳华栱	二跳华栱	三跳华栱	耍头	外跳横栱			里跳翼形栱
					令栱	瓜子栱	翼形栱	
12	中偏	—	—	—	—	—	—	长边外
36	—	长边内	—	—	角外	角内	长边外	—

前檐与两山面补间斗栱

内槽补间斗栱

编号	首跳华栱	二跳华栱	耍头	外跳瓜子栱	里跳瓜子栱
38	居中	—	—	短边中	—
40	居中	居中	居中	中偏	中偏
42	居中	居中	长边内	角内	长边外

注释："—"表示观察未及，或因构件表面刷饰无法辨识；"♯"表示翼形栱两端上皮有销眼。

表6.6　晋祠圣母殿副阶柱头斗栱栱类构件木心位置统计

前檐柱头斗栱

编号	首跳华栱	二跳华栱	泥道栱	瓜子栱	令栱
3	居中	—	长边内	长边内	长边内
5	中偏	居中	角内	角内	角外
7	—	—	—	长边外	角外
9	中偏	中偏	长边内	角外	角外
11	中偏	中	—	长边外	N2
13	长边内	中偏	居中	角外	角内

北山面柱头斗栱

编号	首跳华栱	二跳华栱	泥道栱	瓜子栱	令栱
17	居中	中偏	中偏	中偏	角外
19	居中	中偏	居中	角内	N2
21	—	—	中偏	长边外	N2
23	—	N2	中	N2	N2
25	中偏	长边内	中偏	长边外	N2

后檐柱头斗栱

编号	首跳华栱	二跳华栱	泥道栱	瓜子栱	令栱
29	中偏	居中	居中	长边外	N2
31	N1	N2	N2	N2	N2
33	居中	N1	长边中	N1	N2
35	—	N2	中	长边外	N1
37	N1	N1	N1	N1	N1
39	长边内	中偏	中偏	长边外	N2

南山面柱头斗栱

编号	首跳华栱	二跳华栱	泥道栱	瓜子栱	令栱
43	—	—	—	中偏	N2
45	—	—	居中	中偏	N2
47	居中	N1	居中	N2	长边内
49	居中	长边内	居中	长边外	N2
51	居中	—	中偏	长边内	N2

注释:"—"表示观察未及,或因构件表面刷饰无法辨识;"N1"表示1990年代以前修缮更换构件;"N2"表示1990年代修缮更换的构件。

表 6.7　晋祠圣母殿副阶补间斗栱栱类构件木心位置统计

前檐补间斗栱

编号	首跳华栱	里二跳华栱	里三跳华栱	下昂	昂形耍头	泥道栱	令栱	瓜子栱	里跳翼形栱
4	长边内	—	—	—	—	中偏	短边内	中偏	居中
6	—	—	—	—	—	居中	角外	角外	角内
8	—	—	—	—	—	居中	长边外	角外	中偏
10	—	—	—	—	N2	居中	长边外	长边外	居中
12	—	—	—	—	—	短边内	长边内	长边内	短边内

前檐与两山面尽间补间斗栱

编号	首跳华栱	里二跳华栱	里三跳华栱	下昂	昂形耍头	柱缝翼形栱	令栱	瓜子栱	里跳翼形栱
2	长边内	—	—	—	—	居中	角外	长边外	中偏
14	长边内	—	—	—	—	中偏	角外	长边外	角内
16	中偏	—	—	—	—	N2	角内	长边中	长边内
52	居中	—	—	—	—	中偏	长边外	中偏	角外

注释:"—"表示观察未及,或因构件表面刷饰无法辨识;"N1"表示1990年代以前修缮更换构件;"N2"表示1990年代修缮更换的构件。

表 6.8　晋祠圣母殿副阶转角斗栱栱、枋构件木心位置统计

位置	面阔方向构件				进深方向构件			
	瓜子栱与平出昂相列	罗汉枋与耍头相列	下道柱头枋与平出昂相列	中道柱头枋与耍头相列	瓜子栱与平出昂相列	罗汉枋与耍头相列	下道柱头枋与平出昂相列	中道柱头枋与耍头相列
1	长边外	—	长边外	—	长边外	—	—	—
15	—	—	—	—	中偏	—	—	—
27	长边外	角内	长边外	—	长边外	角内	长边外	长边外
41	长边外	中偏	长边外	长边外	长边外	角内	长边外	长边外

注释:"—"表示观察未及,或因构件表面刷饰无法辨识。

6.2　斜面梁栿成因解析

6.2.1　斜面梁栿现象

1994—1995 年，柴泽俊先生主持晋祠圣母殿落架大修工程，借此机会发现了奇特的斜面梁栿现象，并在随后出版的《太原晋祠圣母殿修缮工程报告》中对斜面梁栿的形状、构造特征和排布方向作了描述，并公布了部分测绘图和照片，但书中并未对这种梁栿现象的成因作出解答。"现有梁栿断面多不是方形，梁栿上面多是斜面，与驼峰、垫墩、蜀柱、侏儒柱相触点，上下皆斜面连接。为何用此法，不详""拆卸圣母殿梁架时，发现该殿梁栿上沿皆系斜面，其断面为'⬚'状，斜度坡势不等，六

图 6.14　晋祠圣母殿殿身前槽南次间南缝六椽通栿

椽栿、四椽栿、平梁斜向，多为北高南低，即南向；大角梁上沿斜面多为东向偏低。何故用此做法，不详。原状保存，留待识者稽考"。❶（图 6.14、图 6.15）

笔者在调查中发现，在晋祠圣母殿所处的晋中地区，还保存有其他三个使用斜面梁栿的遗构——西见子村宣承院正殿（宋构）、清徐狐突庙后殿（宋末金初）、太谷真圣寺正殿（金构）；可以推测，晋祠圣母殿斜面梁栿并非特例，而是北宋到金代的很长一段时间内的流行做法。

斜面梁栿做法是晋中地区宋金时期木构建筑中具有特殊断面形态的梁栿。宋金时期晋中地区遗构全用直梁，没有见到使用月梁的遗构；梁栿一般都作矩形断面，顶面与下底平直、两侧面作微微鼓起的琴面。斜面梁栿也为直梁，两侧琴面与端部做法与直梁一致，只是上表面为斜面，造成两侧面一高一低，形成直角梯形断面"⬚"。

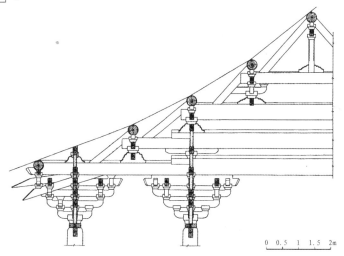

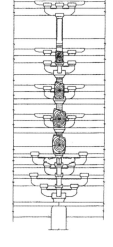

0　0.5　1　1.5　2m

图 6.15　晋祠圣母殿殿身明间北缝屋架

6.2.2　斜面梁栿成因解析

1. 梁栿取材与解木方式推测

根据梁栿断面木心所在位置进行区分，晋中地区宋金时期木构建筑梁栿构件存在三种取材方式——整心材、半心材、偏心材。整心材的木心位于梁栿中部；半心材是沿髓心破开，使所得两根木材各有半个髓心；偏心材是木心位于靠近梁栿一侧边缘的位置。（图 6.16）

---

❶　柴泽俊，等.太原晋祠圣母殿修缮工程报告[M].北京：文物出版社，2000：67，116.

笔者对晋祠圣母殿、宣承院正殿、狐突庙后殿的部分梁栿出头端面木纹形态作了观察、记录。经观察发现,斜面梁栿大多为偏心材,也包括一些半心材。因此,可以对偏心材斜面梁栿取材位置和解木方式作出推测,斜面梁栿是将大料从中部剖开,并不将上表面作平,而是依圆料弦向斜抹;截割梁栿所剩余料可以作成栱、枋构件。这种取材、解木方式有利于充分利用大料。(图6.17)

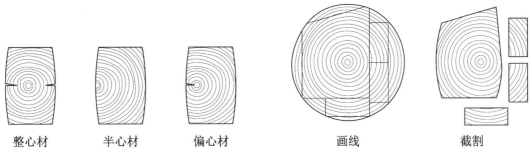

图 6.16　三种梁栿取材示意　　　　图 6.17　斜面梁栿解木方式推测

判断梁栿构件是偏心材或半心材的首要依据是观察梁栿端面木纹形态,对于一些无法观察端面木纹的构件,可以依靠梁栿侧面裂纹和低侧面底部钝棱现象作出判断。

（1）梁栿侧面裂纹

木构件表面开裂是由于表层木质与内层木质脱水干缩不同步,产生拉应力,沿径向木射线开裂。木材年轮靠内的部分称为早材带,靠外的部分称为晚材带,年轮层数越多,也就是晚材带越厚,其径向干缩产生的应力越大。因此,从木材断面上看,总是从缺少晚材带的位置(与木心最接近的木材边缘),沿着木射线开裂。❶

因此,整心材各边的晚材带完整情况不一,致使缺少晚材的宽材面收缩较弱,在木材干燥后即在髓心两侧被拉开形成裂纹。整心材梁栿两侧面中部晚材带最少的位置常产生径向开裂,形成水平连续裂纹。晋祠圣母殿殿身明间南缝四椽栿与北次间北缝五椽栿是断面为矩形的整心材,两侧面中部都有裂纹。

然而,半心材梁栿因为消除了径向和弦向两个方向收缩的不一致,使所有木材沿年轮收缩的方向相同,可以有效地减少木材开裂程度。偏心材梁栿,靠近木心的一侧晚材带比较少,容易干缩开裂产生裂纹。可观察到的偏心材斜面梁栿,高侧面中部都存在水平连续裂纹,低侧面无裂纹。圣母殿南稍间中丁栿是半心材斜面梁栿,侧面裂纹情况与偏心材梁栿一致。所以,梁栿表面裂纹情况与断面木心所在位置直接相关,可以作为推测梁栿断面木心位置的依据。

（2）低侧面底部钝棱

钝棱是解木时未着锯的部分原木。斜面梁栿低侧面紧靠原木边缘,在材料有限的情况下画线、下锯,容易出现钝棱;而高侧面位于原木中部,不可能出现钝棱。狐突庙后殿明间东四椽栿为偏心材,其低侧面底部即带有钝棱,而高侧面底部棱角清晰、笔直,也符合只在高侧面中部有水平连续裂纹的规律。

2. 斜面梁栿案例

（1）晋祠圣母殿

晋祠圣母殿建于北宋天圣年间(1023—1032年),是保存至今规模最大的北宋时期木构建筑之一。圣母殿为重檐建筑,殿身面阔五间、进深四间八架椽,副阶周匝,副阶进深一间两架椽。圣母殿为简式单槽殿堂,殿身部分的铺作层上层叠了四层梁栿,每层梁栿之间用驼峰、坐斗承托;最下层为前乳栿对后六椽栿,其上是前劄牵对后五椽栿,再上是四椽栿,最上是平梁。(图6.18)

受测绘条件所限,笔者对殿身梁架中的10根梁栿的端面木纹形态作了调查记录。10根梁栿中,包括1根六椽栿(为南次间南缝第二层的六椽通栿,其他三榀梁架的第二层梁栿为前劄牵对后五椽栿,这根六椽通栿的断面尺寸与其他五椽栿相近)、1根五椽栿、4根四椽栿、1根平梁、3根丁栿。通过观察梁栿梁头

---

❶　观察木材横截面的微观结构,从髓心向外呈放射状穿过年轮的线条,称为木射线。木射线的细胞壁很薄,质软,其与周围细胞结合力弱,木材干燥时易沿木射线开裂。

端面的木纹形态,发现木心大多位于侧边缘中间位置,且木心偏向斜面梁栿的高侧面一边,据此可作出推测,这些斜面梁栿为偏心材;3 根丁栿也为斜面梁栿,可观察到端部,南稍间中丁栿木心在高侧边上,为半心材;另外两根丁栿木心都在高侧边内,为偏心材。而两根木心居中的梁栿,上表面平整不作斜抹,两侧面向外凸出的琴面也比斜面梁栿小一些。(图 6.19)

上述 8 根斜面梁栿的高侧面中部都有水平连续裂纹,低侧面无裂纹;而两根木心居中的梁栿,两侧面中部均有裂纹,符合整心材开裂规律。受调查条件所限,不能完全辨认全部梁栿端部木纹,但若以梁栿侧面裂纹情况判断,圣母殿构架中的大多数斜面梁栿都为偏心材或半心材。(图 6.20)

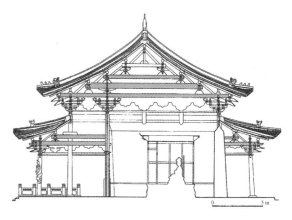

图 6.18　晋祠圣母殿横剖面(淡灰色为斜面梁栿)

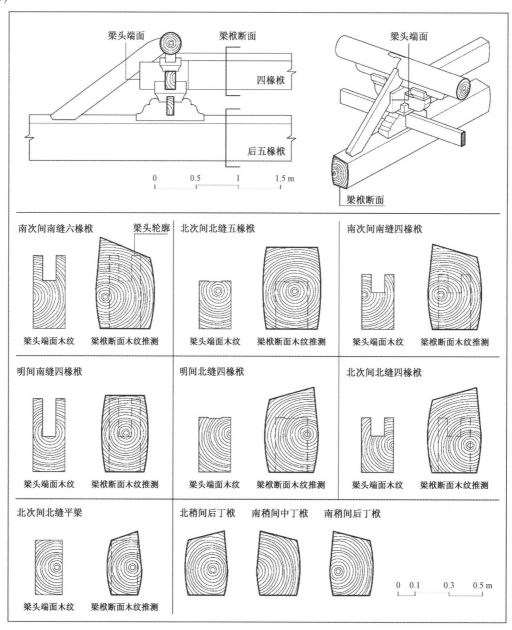

图 6.19　晋祠圣母殿梁栿断面木纹

图 6.20 晋祠圣母殿明间北缝屋架五椽栿与四椽栿高侧面裂纹（左，以白线表示裂纹）与低侧面（右）

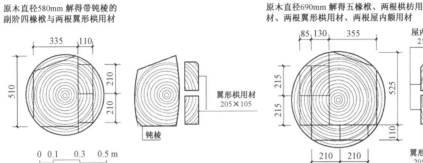

图 6.21 晋祠圣母殿梁栿用材解木方式推测

截割梁栿所剩的余料也可做成栱、枋构件；根据对圣母殿栱、枋构件端面木纹的统计，翼形栱用材端面的木心大多在端面角部以外，很可能是与梁栿一并截割所得。由此可以绘制出圣母殿梁栿解木方式复原图。（图 6.21）

圣母殿副阶前檐四根四椽栿也为斜面梁栿，侧面裂纹符合偏心材特征，低侧面下皮存在钝棱，说明也为偏心材。这四根四椽栿还存在大小头现象。例如，副阶南次间南缝四椽栿，后端高度比前端高一些；低侧面下皮有钝棱，前端钝棱大，后端钝棱逐渐减小；前端上皮斜面斜度较明显，而后端断面接近矩形，都说明后端是原木大头。（图 6.22）

（2）狐突庙后殿

清徐狐突庙后殿是面阔三间、进深三间四架椽的歇山建筑，根据形制判断，应是建于宋末金初。

狐突庙后殿两根四椽栿为斜面梁栿，摆布方式为高侧面朝向明间。观察梁栿端头变截面作的栱头，发现东缝华栱栱头端面木心在西侧（高侧面一边）长边中间，西缝华栱栱头端面木心在东侧（高侧面一边）长边内，

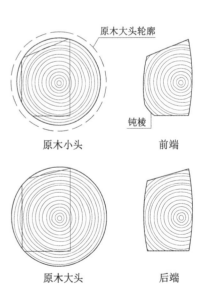

图 6.22 大小头梁栿解木方式示意

由此可还原出，这两根四椽栿断面中木心在靠近高侧面的一边，为偏心材。两根四椽栿高侧面中部都存在连续水平裂纹，在低侧面没有裂纹。狐突庙后殿的多根足材华栱端面都是木心在侧边外，很可能是与四椽栿由同一根原木截得的。由此可绘制出狐突庙后殿梁栿用料解木方式复原图。（图 6.23、图 6.24、图 6.25）

（3）宣承院正殿

西见子村宣承院正殿是面阔三间、进深六架椽的悬山建筑。没有采用晋中地区较为常见的通柱厅堂构架，其明间侧样形式与晋中简式单槽殿堂一致，说明这种单槽侧样在宋金时期的应用不仅限于小型歇山殿堂。这栋建筑的形制年代特征比晋祠圣母殿略早，应是北宋时期遗构。（图 6.23）

图 6.23　狐突庙后殿、宣承院正殿、真圣寺正殿斜面梁栿位置

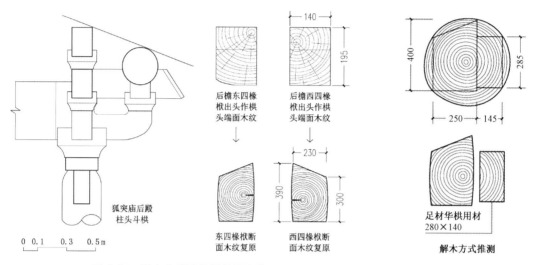

图 6.24　狐突庙后殿华栱端面木纹　　　　**6.25　狐突庙后殿解木方式推测**

宣承院正殿明间梁架的下层前乳栿和后四椽栿、中层四椽栿都为斜面梁栿(调查未及平梁)。与前述两例相似,斜面梁栿高侧面朝向明间,且高侧面存在中部水平裂纹、低侧面无裂纹。调查中发现明间西缝后四椽栿为偏心材,可以推测其他斜面梁栿也为偏心材。

(4) 真圣寺正殿

太谷真圣寺正殿是面阔三间、进深五架椽的悬山建筑,根据形制判断,应是建于金代中后期。(图 6.23)

真圣寺正殿明间东缝四椽栿朝向明间的侧面比朝向次间的侧面略高,高侧面中部有水平连续裂纹,低侧面无裂纹,应为偏心材。与其他几个遗构中斜面梁栿、驼峰相交节点不同,前述三例都是将驼峰底面削斜;而真圣寺正殿明间东缝四椽栿与上部驼峰底面相交处的梁背削平做成平面,驼峰底面不削斜,可以看到梁背承驼峰处,高侧面上皮明显向下凹进(图 6.26)。斜面梁栿上皮局部削平的做法,在晋祠圣母殿梁架中也存在一处,副阶前檐南次间南缝三椽栿即是和真圣寺正殿斜面梁栿相似的处理方式。(图 6.27)

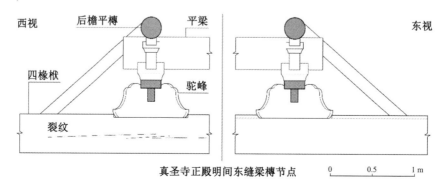

真圣寺正殿明间东缝梁槫节点

图 6.26　真圣寺正殿当心间东缝梁槫节点

图 6.27　真圣寺正殿当心间东缝四椽栿上皮（左）、晋祠圣母殿副阶南次间南缝三椽栿上皮

3. 材料力学角度分析

根据前文对斜面梁栿解木方式的推测,使用偏心材或半心材梁栿的初衷很可能是为了节约木材,充分利用大料。然而从材料力学的角度来看,斜面梁栿起到了避免产生裂缝的效果。❶ 相比整心材,半心材与偏心材是将大料从中部剖开,可以提高内层木质干燥速度,由于内外木质干缩不均而产生的应力便可以释放。在山西地区,大量明清时期建筑用整根原木作梁栿,整料梁栿上都存在干缩产生的长裂缝,严重影响了木材抗弯、抗剪曲度,在当代修缮中常用铁箍箍紧梁栿。

从防止木材开裂的角度思考,梁栿侧面卷杀有着积极的作用。梁栿侧面上下各做卷杀,其实削掉了部分晚材,起到减少上下边收缩的作用。侧面卷杀在展现饱满美感的背后,也许隐藏着古代工匠预防裂缝产生的意图。斜面梁栿上部斜面,相当于消除了一部分晚材带,起到减小应力、减少干缩变形的作用。

山西地区元代及以前木构建筑使用偏心材或半心材梁栿并不鲜见。南禅寺大殿明间西缝四椽栿出头作栱头,栱头端面木心在东侧边缘,说明这根四椽栿很可能是偏心材。太谷安禅寺藏经殿四椽栿出头作要头,要头为方形切几头,要头端面木心在长边外,由此推测四椽栿可能是由大料对得到的半心材。❷ 晋东南地区的府城村玉皇庙成汤殿明间东西两缝四椽栿为大料对开的半心材。❸ 然而,目前仅在晋中地区发现偏心材或半心材做成的斜面梁栿案例。

6.2.3　晋祠圣母殿斜面梁栿的排布规律与原始构件识别

1. 斜面梁栿排布规律与视觉效果

三处小型殿宇构架较为简单,都是将斜面梁栿的高侧面朝向明间。晋祠圣母殿构架较为庞大、复杂,斜面梁栿排布表现出一定规律,下文着重分析圣母殿斜面梁栿排布规律与相关问题。

（1）梁栿排布规律

圣母殿殿身斜面梁栿都以高侧面朝向明间,六根丁栿的高侧面朝向前槽。副阶前廊和后廊的斜面梁栿以高侧面朝向明间,两侧廊屋架中的斜面梁栿以高侧面朝向前廊。四根副阶递角栿也是斜面梁栿,除东北递角栿外,其他三根都是高侧面朝向前后廊。❹（图 6.28）

（2）视觉效果考量

根据圣母殿斜面梁栿的排布规律,发现工匠在下料、加工梁栿时,已存在对梁栿视觉效果的考量,有意

---

❶　本文中将木材表面较小的干缩开裂称为"裂纹",开裂较大、对材料性能构成危害的称为"裂缝"。

❷　由于现代添加的吊顶遮挡,无法探明安禅寺藏经殿的四椽栿是否为斜面。

❸　另外,据长子县文物旅游局文物科长李书勤先生告知,下霍八里洼护国灵贶王庙正殿、崇瓦张三峻庙正殿、崇庆寺十八罗汉殿用对开料梁栿。

❹　《太原晋祠圣母殿修缮工程报告》第 116 页中"多为北高南低,即南向"的调查结论是存在问题的;在第 126 页"七圣母殿纵断面设计图"和第 261 页"七圣母各架槫排架编号图"中,反映了斜面梁栿高侧面朝向明间的实际情况。

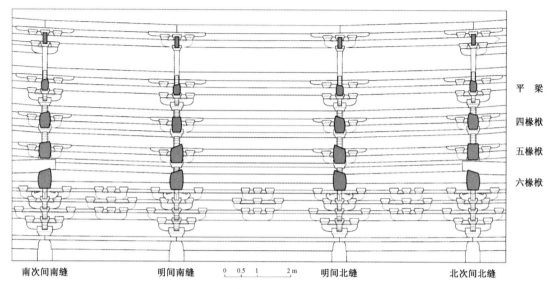

平梁

四椽栿

五椽栿

六椽栿

南次间南缝　　　明间南缝　　0　0.5　1　　2 m　　明间北缝　　北次间北缝

图 6.28　晋祠圣母殿殿身部分梁栿排布

识地将斜面梁栿的高侧面呈献给观者。当观者站在前廊明间仰视殿身前槽和副阶前廊屋架时，看到的都是梁栿高侧面；站在前廊向后看去，看到的也是副阶侧廊梁栿的高侧面。圣母殿横架明间梁栿比次间、梢间梁栿明显粗大，充分体现了突出在明间观看高大梁栿的工匠意图。

2. 识别原始构件的依据

经过以上分析，可以发现晋祠圣母殿斜面梁栿的加工方式与摆放方式都能体现出明显的工匠意图，圣母殿始建时的梁栿应全为斜面梁栿；斜面梁栿可作为识别原始构件的重要依据。目前圣母殿构架中保存有一些矩形断面梁栿，经过对梁栿出头作耍头、两侧琴面的样式比对，可以判断是后代修缮时更换的构件。例如，圣母殿殿身部分明间和次间的四缝梁架(调查仅观察到北次间北缝平梁，未及其他平梁)、六根丁栿中，只有明间南缝四椽栿与北次间北缝五椽栿不是斜面梁栿，且侧面琴面凸出较少，说明这两根梁栿与其他斜面梁栿不是同一批加工的构件，可能是后代修缮时更换的。

圣母殿副阶构架中的构件年代层次较为复杂，历代修缮活动中更换了大量梁栿构件，例如，副阶明间南北两缝三椽栿为 1995 年修缮时更换，上部不作斜面，两侧琴面凸出很小；❶而两次间三椽栿则是斜面梁栿原物。根据梁栿断面形状、梁头出头作耍头的样式，可以判断圣母殿副阶始建时的四椽栿、三椽、乳栿应全为斜面梁栿(由于未能详细调查劄牵，关于原始劄牵是否为斜面梁栿还有待考证)。圣母殿副阶现存乳栿中，乳栿伸出柱头斗栱作卷瓣形耍头的，且是一根完整老料的，都是斜面梁栿，可以判断为宋代原物。❷

6.2.4　斜面梁栿断面尺寸特点

由于目前尚未对几个遗构中的所有斜面梁栿进行精细测量，加之同一种梁栿也存在尺寸不统一的现象(如前所述，晋祠圣母殿明间梁栿尺寸略大于次间梁栿)，为精确还原斜面梁栿断面尺寸规律带来了困难，但仍能根据现有材料归纳出一些斜面梁栿断面尺寸的规律和特点。

(1) 高侧面广受材栔控制，低侧面广大于出头高度

由于斜面梁栿端部与斗栱、梁槫节点相交，梁栿高度也须与材栔相关。具体来说，高侧面广受材栔控制，低侧面广无固定取值，但大于与斗栱或梁槫节点相交部分的材广。例如，宣承院正殿前乳栿高侧面广

❶　柴泽俊,等. 太原晋祠圣母殿修缮工程报告[M]. 北京:文物出版社,2000:298-301.

❷　副阶 3 号、13 号、17 号、19 号、23 号、31 号、43 号斗栱所承的乳栿应为宋代原物。根据《太原晋祠圣母殿修缮工程报告》中的老照片,有一些副阶斗栱耍头原为麻叶云头,1995 年修缮时将麻叶云头改为宋式卷瓣形耍头,乳栿仍用老料。经过核对发现,原先麻叶云头的梁栿都是非斜面梁栿。例如,21 号、47 号副阶斗栱所承乳栿出头原为麻叶云头,从麻叶云头样式分析,这种上皮平直的乳栿可能是明嘉靖年间修缮时更换的。晋祠圣母殿副阶斗栱编号参见《太原晋祠圣母殿修缮工程报告》。

为两材,后四椽檐栿高侧面广比两材略大;狐突庙后殿四椽栿高侧面广为两材。❶

　　另外,晋祠圣母殿副阶前檐四椽栿存在大小头现象,入内柱的后端材广比入铺作的前端材广大一些,前后梁厚一致。前端梁广约为两材一栔,说明画线、解木时以小头为基准,将梁栿下皮削平,上皮只沿着原木边缘做粗加工。

　　(2) 存在多种断面广厚比值

　　《法式》造梁之制:"凡梁之大小,各随其广为三分,以二分为厚。"对于本研究中的斜面梁栿案例,以高侧面广与梁厚计算广厚比,可得到多种接近整数比的取值。

　　晋祠圣母殿梁栿规格较多,同一种梁栿的尺寸也差别明显,但也可以归纳出常见断面广厚比的整数比值:殿身四椽栿为5∶3,殿身五椽栿为3∶2,副阶前檐四椽栿存在大小头,以前端梁广计算,断面广厚比兼有3∶2与5∶3两种。(表6.9)

　　宣承院正殿后四椽檐栿与狐突庙后殿四椽栿的高侧面与底边的广厚比均接近5∶3;然而,若计算梁广与最大厚度的广厚比,则可能接近3∶2。另外,宣承院正殿前乳栿断面广厚比接近2∶1。(表6.10)

表6.9　晋祠圣母殿梁栿尺寸与断面广厚比

构件			高侧边(广)	低侧边	最大厚度(厚)	两侧边比	广厚比	
			A	B	C	A/B	A/C	接近整数比
殿身五椽栿	南次间南缝		505 mm	370 mm	343 mm	1.36	1.47	3∶2
	明间南缝		514 mm	380 mm	354 mm	1.35	1.45	3∶2
	明间北缝		577 mm	442 mm	388 mm	1.3	1.49	3∶2
殿身四椽栿	南次间南缝		482 mm	340 mm	282 mm	1.42	1.72	5∶3
	明间北缝		517 mm	420 mm	312 mm	1.23	1.66	5∶3
副阶四椽栿	南次间南缝	前端	465 mm	414 mm	328 mm	1.12	1.42	—
		后端	508 mm	482 mm	330 mm	1.05	1.52	3∶2
	明间南缝	前端	527 mm	450 mm	320 mm	1.17	1.65	5∶3
		后端	543 mm	480 mm	322 mm	1.13	1.69	5∶3
	明间北缝	前端	510 mm	424 mm	315 mm	1.2	1.62	—
		后端	558 mm	452 mm	315 mm	1.23	1.77	—
	北次间北缝	前端	520 mm	400 mm	337 mm	1.3	1.54	3∶2
		后端	545 mm	400 mm	343 mm	1.36	1.59	—

表6.10　宣承院正殿与狐突庙后殿斜面梁栿广厚比

变量	宣承院正殿		狐突庙后殿 四椽栿
	后四椽檐栿	前乳栿	
高侧边高度(A)	470 mm	425 mm	390 mm
底边宽度(B)	280 mm	200 mm	230 mm
最大厚度(C)	320 mm	230 mm	260 mm
A/B(接近整数比)	1.68(5∶3)	2.12(2∶1)	1.7(5∶3)
A/C(接近整数比)	1.47(3∶2)	1.85(2∶1)	1.5(3∶2)

　　备注:受测量条件所限,无法准确测得梁侧面中部最厚处的宽度。本表中最大厚度为估算值。

　　综上,存在3∶2、5∶3、2∶1这三种梁栿断面广厚比值关系。广厚比为5∶3的梁栿断面与3∶2较为接近;在梁广相等的情况下,前者梁厚是后者梁厚的9/10;这两种断面比例梁栿的受力性能相差不大,从

---

❶　依照《营造法式》称法,"广"指高度,"厚"指宽度。

视觉上也很难辨识。解木时可能根据原木实际形状,选择适当的梁栿断面广厚比例,若材料充足,就做成3:2断面;若材料有限,则做成5:3断面。

(3)梁广小于《法式》规定的取值

斜面梁栿的断面尺寸比《法式》中规定的梁栿断面尺寸小。如,圣母殿用直梁,与《法式》中规定的直梁材广比较,法式梁栿材广尺寸均大于圣母殿梁栿高侧面尺寸。省料直接关联着省功,加工低侧面耗功比高侧面小;比广厚比相同的矩形断面梁栿小一些;比加工相同等级建筑的法式直(月)梁耗费功更小。(表6.11)

表 6.11　梁栿材广比较

类型	六椽栿	五椽栿	四椽栿	平梁	乳栿	劄牵
圣母殿	三材弱	约两材一栔	两材一栔弱	一材一栔强	约两材	一材一栔强
法式直梁	四材 (60分°)	两材两栔 (42分°)	两材两栔 (42分°)	两材一栔 (36分°)	两材两栔 (42分°)	两材 (30分°)
法式月梁	60分°	55分°	50分°	42分°	42分°	35分°

备注:"强"指略大,"弱"指略小。

6.2.5　小结

本研究关注晋中地区特有的斜面梁栿现象,根据斜面梁栿断面木纹与侧面钝棱、高侧面裂纹等细节,对斜面梁栿的加工方式进行复原推测。可得到以下结论:

(1)斜面梁栿大多为偏心材。晋中地区独特的解木加工方式,将一根原木解得梁栿用料和若干栱、枋用材,这种做法可以节省木材。

(2)高侧面朝向明间或前廊,可以获得高大梁栿的视觉效果。高侧面加工比较规整,而低侧面的顶边与底边可能有钝棱,这种梁栿排布方式,可以使站在前檐明间的观者看到斜面梁栿的高侧面和平整的底面。

(3)斜面梁栿断面广厚比存在3:2、5:3、2:1三种,以高侧面广为设计高度。斜面梁栿的断面尺寸小于《法式》规定值,可以减省功、料。

6.3　小斗斗型与斗纹、假昂取材加工分析

前文中针对斜面梁栿和栱、枋构件的解木、取材方式作了复原研究,而对于斗栱中的斗、昂这样的小构件的解木、造作方式,目前的整体研究深度有限,需要在整个北方地区的范围内进行观察,从而发现晋中地区的特点。本节重点分析北方小斗与假昂的常见加工方式;从顺纹斗与截纹斗的角度,详述北方顺纹斗技术传统及截纹偷心交互斗的使用情况,并讨论北方地区较少使用截纹斗的原因;从材种、选材的角度,分析平出式假昂与下折式假昂的加工特点。希望能从多个方面揭示木材种类、取材方式与构件样式的关系,为宋金时期地方营造做法的研究提供新的思路。

6.3.1　小斗斗型与斗纹

1. 北方顺纹斗技术传统

单向开槽的小斗,分为顺纹斗与截纹斗两种形式。顺纹斗的开槽方向与木纤维一致,斗面为木质竖向切面(弦切面或径切面)的横向纹路;截纹斗开槽截断木纤维,斗面为横切面的年轮同心圆或圆弧纹路(图6.29)。单向开槽的小斗主要是散斗,也包括令栱上、不做衬方头处或扶壁栱中的齐心斗,还有单向开槽的偷心交互斗。北方地区古

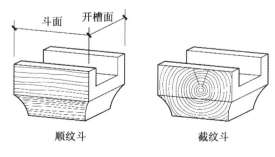

图 6.29　顺纹斗与截纹斗

代传统建筑中主要用顺纹斗,而江南地区为数不多的宋元明案例都用截纹斗,在这个工艺细节上体现出北方与江南地区匠作传统的差异。

根据张十庆先生的研究,《法式》造斗之制中的散斗为截纹斗形式,而齐心斗、交互斗则为顺纹斗形式。宁波保国寺大殿、苏州虎丘二山门、金华天宁寺大殿等江南地区宋元遗构表现的截纹斗匠作传统以及斗型尺寸特点,都与《法式》非常相似,而差异在于江南地区的散斗、齐心斗、偷心交互斗等都做成截纹斗(图6.30)。此外,日本奈良时代遗构奈良药师寺东塔与法隆寺东院梦殿也用截纹斗,截纹斗在日本学界被称为"木口斗",被认为是早期技术特征;朝鲜半岛统一新罗时代雁鸭池宫殿遗址出土的斗栱构件兼有截纹斗与顺纹斗。日本和朝鲜半岛的截纹斗做法可能反映了东亚大陆地区的某些早期小斗做法特点。❶

据现存唐代以前的零星木构实例,尚无法形成规律性的认识。敦煌莫高窟北魏第251窟木构斗栱构件中,散斗为截纹斗,是目前在北方地区所见最早的截纹斗。❷寿阳县贾家庄村出土的北齐太宁二年(562年)库狄迴洛墓屋宇式木椁构件中,有数个齐心斗与散斗构件,可以发现齐心斗与散斗斗型相同,小斗面宽尺寸大于进深尺寸,都是顺纹斗(图6.31)。❸

保国寺大殿散斗、齐心斗用截纹斗

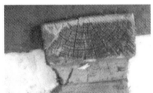
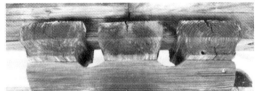

金华天宁寺大殿散斗　　　　　　景宁时思寺大殿散斗、齐心斗

图6.30　江南地区截纹斗

图6.31　库狄迴洛墓屋宇式木椁残迹(左)和一斗三升泥道栱

现存的三处唐代建筑中,散斗、齐心斗、偷心交互斗都用顺纹斗。五代至明清时期众多北方遗构中,除了一些偷心交互斗用截纹斗外,很少见到使用截纹斗的案例。

从材料抗剪切强度方面看,截纹斗斗耳受侧向力为顺纹剪切,顺纹斗斗耳受侧向力为横纹剪切。顺纹抗剪优于横纹抗剪,截纹斗斗耳的抗剪切强度是优于顺纹斗的,所以,北方地区习用顺纹斗而不用截纹斗的原因就需要探究。❹ 以下两种推测,可能都是北方地区一直使用顺纹斗的原因。首先,从斗口加工痕迹

❶　张十庆.斗栱的斗纹形式与意义——保国寺大殿截纹斗现象分析[J].文物,2012(9):74-80.
❷　孙毅华,孙儒僩.敦煌石窟全集:建筑画卷[M].北京:商务印书馆,2003:77.
❸　王克林.北齐库狄迴洛墓[J].考古学报,1979(3):377-402.
❹　皮心喜,黄伯瑜,祝永年,等.建筑材料[M].北京:中国建筑工业出版社,1985:123.

判断，宋代以后的工匠加工单向斗口使用锯、凿，作截纹斗要斩断木纤维，而作顺纹斗斗口只需破坏木纤维之间的联系，加工顺纹斗比截纹斗更加省力；对于营造工程中加工数量最多的散斗构件，做成顺纹斗的效率高于截纹斗(图6.32)。另外，观察北方截纹交互斗案例，发现极容易出现由于材质干缩径裂和环裂造成的开裂、缺角，甚至因干缩开裂导致斗耳脱落；若斗耳破损较大，一方面会降低约束所承构件的作用，另一方面会影响构件美观效果。如图6.33中，Ⅰ、Ⅳ、Ⅴ、Ⅵ为沿木射线径裂，Ⅱ为沿年轮木纹环裂，Ⅲ为径裂和环裂共同作用造成缺角，Ⅵ的另一侧斗耳整体脱落。

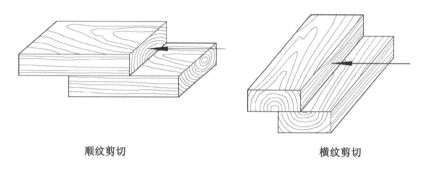

顺纹剪切　　　　　　　　　　　横纹剪切

图6.32　木材剪切作用

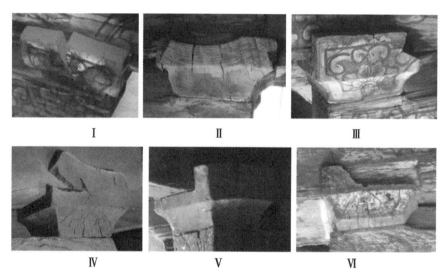

Ⅰ　　　　　　　　　Ⅱ　　　　　　　　　Ⅲ

Ⅳ　　　　　　　　　Ⅴ　　　　　　　　　Ⅵ

Ⅰ、Ⅱ、Ⅲ：晋祠圣母殿副阶；Ⅳ、Ⅴ：晋祠圣母殿副阶；Ⅵ：太谷真圣寺正殿

图6.33　晋中地区截纹交互斗

2. 北方截纹斗案例

若不计偷心交互斗，唐宋时期北方地区木构建筑中，只存极少数截纹斗案例。

五台山南禅寺大殿后檐西平柱头斗栱柱缝上，下为皿板、上承压槽枋的斗即为截纹斗。此斗斗欹高度大于斗耳、斗平高度之和，斗欹内頔很大，是典型的早期构件样式；若今后经碳十四测年验证为原物的话，则说明唐代中期北方存在截纹斗做法。(图6.34)

少林寺初祖庵正殿是河南地区仅存的较为完整的北宋木构建筑，❶经过笔者调查发现其铺作层中，与承斗面尺寸较匹配且损蚀程度较大的小斗兼有顺纹斗与截纹斗，目前无法证明这些截纹斗是正殿始建之初的原始构件，尚有待于碳十四测年检验这些截纹斗的制作年代，但至少说明在河南地区曾经存在过截纹斗技术。(图6.35)

---

❶　济源济渎庙寝宫始建于北宋开宝六年(973年)，但其铺作层中混杂有大量后代更换斗、栱构件，目前无法判断铺作层是否为始建时的原形制。

北方地区唐宋时期建筑中,另一个使用截纹斗的案例是太谷安禅寺藏经殿,西山面补间斗栱令栱端两个散斗用截纹斗,其他斗栱中的小斗都是顺纹斗。第二章中已分析,补间斗栱的华栱、泥道栱、令栱、耍头都为法式特征,这两个截纹斗面宽尺寸小于进深尺寸,也表现出法式特征;而此构中其他的斗、栱构件都为地方型Ⅰ式特征。因此,令栱头截纹斗与补间斗栱中的类法式型构件可能都是元延祐三年(1316年)修缮时所加。此例也提示我们,法式型散斗构件与截纹斗做法是相关联的。(图6.36)

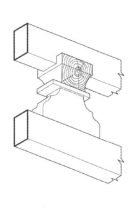

图6.34　南禅寺大殿中的截纹斗

图6.35　少林寺初祖庵正殿中的截纹斗

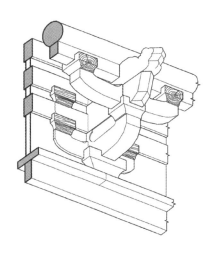

图6.36　安禅寺藏经殿中的截纹斗

3. 偷心交互斗的两种形式

唐宋时期木构建筑中,华栱跳头偷心处的交互斗(不作翼形栱时)为单向开槽,存在顺纹斗和截纹斗两种形式。顺纹偷心交互斗与同构中其他散斗的斗型一致,其实是将顺纹散斗置于华栱头,斗口方向与栱出跳方向一致,这种小斗摆放方式可称为散斗顺放。截纹偷心交互斗,即小斗截纹方向开槽、斗面木纹为横切面年轮的一种偷心交互斗;一些遗构中截纹偷心交互斗与同构中其他散斗的斗型相同,只是摆放角度与散斗顺放的交互斗垂直,可称为散斗横放(图6.33、图6.37)。这两种偷心交互斗形式都与散斗斗型相同,便于简化加工流程和提高生产效率。

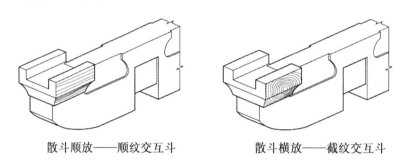

散斗顺放——顺纹交互斗　　　　　　散斗横放——截纹交互斗

图 6.37　偷心交互斗的两种形式

在晋中地区,散斗顺放的顺纹偷心交互斗做法在唐辽型和地方型中存在,截纹偷心交互斗在各型中都存在。类法式型遗构中全部为截纹偷心交互斗,并常在偷心处加异形栱。

一些遗构中并用两种交互斗形式。昔阳离相寺正殿构架中叠加了多个时期的构件,斗栱里跳交互斗既有顺纹斗也有截纹斗;其中,山面柱头斗栱承丁栿的交互斗为截纹斗,转角斗栱角缝里转两跳华栱头都用截纹交互斗,这几处截纹斗都是老构件,可以推测原构中斗栱里跳使用截纹交互斗的可能性很大。在晋祠圣母殿中,两种交互斗的排布具有一定规律:副阶部分,柱头斗栱里转两跳偷心交互斗都为截纹斗,补间斗栱只在里转首跳偷心交互斗用截纹斗,其他偷心交互斗都用散斗顺放的顺纹斗;殿身部分,只在内槽外跳首跳偷心交互斗用截纹斗,其他偷心交互斗都用散斗顺放的顺纹斗。至于促成目前圣母殿交互斗摆放方式的原因,还无法得出令人信服的解释,有待今后深入挖掘。

6.3.2　假昂取材加工分析

1. 两种假昂形式

栱头作假昂包括平出式假昂与下折式假昂两种。

华栱头作平出式假昂的分布范围很广,晋中、晋中北、晋东南、晋西南、河南、关陇、四川等地都有案例,江南地区的苏州玄妙观三清殿殿身斗栱也用,可见是宋金元时期常用的栱头样式。晋中地区为保存使用平出假昂的案例最集中的地区,共四个案例——晋祠圣母殿、献殿、盂县大王庙后殿、庄子乡圣母庙圣母殿。平出式假昂在晋中地区元代、明代建筑中也有使用,延续时间非常久远。

下折式假昂是法式化以后主要的假昂形式,即外跳华栱端头向下折作昂形。本研究案例中有三个用下折式假昂——阳曲不二寺正殿、蚍蜉村真圣寺正殿、庄子乡圣母庙圣母殿,都是反映法式特征的案例,元代以后的案例几乎全为下折式假昂。

2. 假昂材料特点与加工方式推测

晋中地区使用平出式假昂的几个案例,华栱构件都是用松木,如晋祠圣母殿、献殿、盂县大王庙后殿。松木是做柱、梁的主要木材,加之木纹平直,若做成下折式假昂,昂与栱身之间容易开裂、脱落。❶(图6.38)

平出式假昂体现了地方匠作节省材料的匠心。平出式假昂用料为一个足材或单材,只是较华栱多出

---

❶　彭明浩.山西南部早期建筑大木作选材研究[D].北京:北京大学,2011:28.

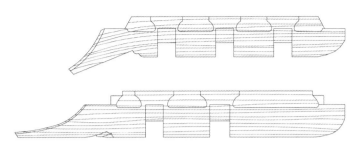

图 6.38　平出式假昂与下折式假昂取材

昂身的长度;而下折式假昂的加工就伴有费料的问题。晋中地区清代与近代建筑的下折式假昂是在一块与材同厚、比材广大的木料上画线,由于栱头前端伸出下昂,需要将木料下部除昂头外的部分锯掉(图 6.39)。

图 6.39　清代与近现代下折式假昂取材(介休城隍庙修缮工地)

　　通过观察几处金元时期建筑案例的下折式假昂,发现其侧面木纹在栱身后端和中部保持水平,而在外跳前端下折昂身处,木纹呈现向下弯曲的走势。这些栱构件用材多为槐木,据此可以推测,下折式假昂是利用自然弯材加工而成的,或是先将木材压弯再做加工。金元时期晋中地区常用的建筑用材由松木转变为槐木,相对于松木,槐木更容易出弯材。另外,这些构件大多为整心材或偏心材,说明取材位置在原木中间。(图 6.40)

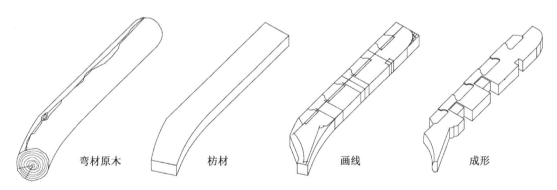

弯材原木　　　　枋材　　　　画线　　　　成形

图 6.40　带假下昂华栱加工推想

　　真圣寺正殿西平柱头斗栱用槐木,二跳华栱前端作下折式假昂,为整心材,观察其侧面木纹,在栱身部分保持水平,在昂身一段向下弯曲;并且外跳瓜子栱至交互斗的一段,栱身上皮向下弯,与耍头下皮之间形成长三角形空隙;而交互斗与令栱并未下沉,栱身也保存水平,也说明原先是一根弯料。东平柱头斗栱为半心材,也存在类似现象。(图 6.41)

　　庄子乡圣母庙圣母殿中不同样式的假昂构件选用不同材种。前檐明间补间斗栱二跳华栱栱头作平出式假昂,这根构件的材种为松木;其他五朵前檐斗栱二跳华栱栱头作下折式假昂,并且都可以观察到栱侧面木纹在昂身一段向下弯曲,这五根构件都用槐木加工而成。(图 6.42)

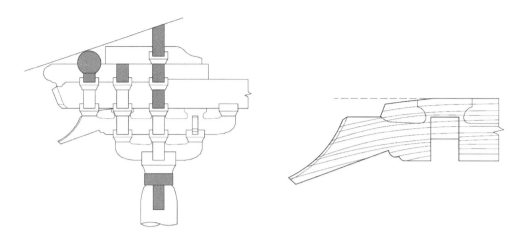

图 6.41   太谷真圣寺正殿下折式假昂

太谷真圣寺正殿前檐东平柱头斗栱假昂（左）和前檐西平柱头斗栱假昂

庄子乡圣母庙圣母殿明间补间斗栱平出昂（左）和西平柱头斗栱假下昂   坡头泰山庙大殿假下昂（元）

图 6.42   金元时期建筑假昂

在一些元明清时期建筑中,假昂下折角度非常平缓,可能都是工匠出于省料的目的利用弯材。弯材加工假下昂的做法在明清时期地方建筑中仍在使用。太原王郭村明秀寺中殿大木结构为清代特征,其中的下折式假昂就为这种做法。历史上可能存在多种假下昂取材与加工方式,由于很多文物建筑构件表面有彩画油饰,无法全面统计构件取材加工方式,还需要在条件允许的情况下,通过针对典型构件更加细致的观察与测量才能找到更多的线索。

7　结　　论

7.1　本研究总结

本书对五代宋金时期晋中地区木构建筑的形制与技术进行研究,基于对这一地区内现存遗构的调查,分若干专题展开论述。行文至此,本研究的各专题已经基本上论述完整,在这里有必要对全文进行归纳,并对一些未能集中论述的问题作进一步讨论。

7.1.1　晋中地区五代宋金时期遗构群体

本研究首次将晋中地区作为独立建筑形制分区进行研究。得益于近年来文物普查中新发现的若干重要遗构和晋祠圣母殿精细测绘,使得笔者有条件对这个区域进行专门的建筑技术史研究。

晋中地区虽然现存遗构数量有限,但保存有规模较大、形制等级较高的建筑,中小型建筑的类型也比较丰富。镇国寺万佛殿与平遥文庙大成殿使用七铺作双杪斗栱,分别反映了晚唐五代官式殿堂与宋金官式殿堂的一些特征;晋祠圣母殿更是极为难得的重檐殿堂,一方面集中体现了北宋中后期晋中地区地方技术的特点,一方面又反映出早期大型重檐建筑的构成特点;晋中地区还保存有十几处中小型建筑,分别为简式单槽殿堂、通柱式连架厅堂、通杪结构等多种结构形式。

这些遗构共同构成了晋中地区早期木构建筑群体,可以成为与辽代建筑、晋东南地区早期遗构并立的一个地区性早期遗构群体。比较三个遗构群体的建筑属性,可以发现:现存辽构多为形制严整的高等级官式建筑,无法了解辽地地方建筑的面貌;与辽构的状况相反,晋东南地区保存的多是中小型地方建筑,缺少大型的高等级建筑;晋中地区现存遗构类型、规模的多样化,则反映出更为完整的面貌。基于晋中地区早期遗构的等级、规模和属性特点,有助于建立层次清晰的研究框架,笔者可以有针对性地展开专题研究。

7.1.2　晋中地区木构建筑的"唐宋转型"与"法式化"

1.　历时性考察与地域差异

从晋中地区建筑形制与技术的演变来看,在五代至金末的近三百年间经历了多个阶段。本研究中根据构件样式特征进行类型分析,将晋中地区早期遗构分为唐辽型、地方型、类法式型,地方型包括两式,类法式型又可分为三式。北宋前期的地方型Ⅰ式继承了一些晚唐五代形制,北宋中期形成具有显著地方特征的地方型Ⅱ式,宋末金初地方技术融合法式技术形成类法式型Ⅰ式,金代中期出现体现法式技术较多的类法式型Ⅱ式与Ⅲ式。其中,地方型Ⅰ式和类法式型Ⅰ式是承上启下的过渡型式,地方型Ⅱ式与类法式型Ⅱ式则是比较成熟的地方型式。

而通过对各地区宋辽金时期遗构作横向比较发现,同一时段的建筑形制也存在明显的地域差异,同为唐辽型、地方型或类法式型的遗构也各具地方特色。由此,可以从时间和地域两个维度考察宋辽金时期木构建筑,本研究正是针对一个典型地区内早期遗构的历时性考察。

2.　晋中地区木构建筑的"唐宋转型"

本研究关注晋中地区建筑技术由唐五代形制向宋金形制转变这一进程。晋中地区地方建筑由唐辽型转变为地方型,再逐渐融合法式技术形成类法式型;自五代宋初至金末元初的演变,建筑形象由豪放趋向婉约精致,正是完成了晋中地区木构建筑的"唐宋转型",也是梁思成先生所描述的"豪劲时代"向"醇和时代"转变的过程。

本研究中，分别从斗栱构造和配置方式的演变、多种斗栱构件和屋架构件样式的演变展开讨论。宋金时期，地方建筑的前檐成为装饰的重点，出斜栱、带挑斡、用装饰性栌斗的斗栱大多布置于前檐；悬山建筑往往前檐斗栱精致，后檐斗栱简单，只在前檐施补间斗栱；补间斗栱的装饰作用已经超过结构作用，甚至成为结构负担。构件样式演变的规律更凸显出唐风向宋式转变的特点，斗栱构件逐渐精致化、繁复化的特征明显，而梁架中的梁栿、驼峰构件样式趋于简化。这种重斗栱而轻梁架的结构特征始于宋金时期，一直贯穿于元明清时期地方建筑中。

3. 法式化变革

"法式化"是本研究提出的重要理论假设，以此概括营造法式技术在华北地区普及并与地方原有技术融合的过程。法式化是华北地区建筑技术的一次整合，不仅仅是斗栱构造与构件样式发生趋于法式特征的改变，甚至连同隐蔽部位的榫卯做法也随之改变。法式化也是一次官式建筑形制影响地方并逐渐地方化的技术演变。这次技术变革改变了宋金以后华北地区建筑的诸多面貌，尤其是檐部构造。自北宋晚期营造法式技术成熟算起，由法式技术与地方技术融合形成的类法式型构件样式与构造方式在地方建筑中延续达三四百年之久；在很多北方地区的地方建筑中，类法式型构件和构造特征的延续直至明代前期。

7.1.3　晋祠圣母殿的地方技术属性

本研究时段内，地方型Ⅱ式是最为典型的晋中地区宋构。在地方型Ⅱ式遗构中，规模最大、形制等级较高的晋祠圣母殿无疑最具代表性。圣母殿虽经过北宋熙宁敕封与崇宁敕修，但在构架结构形式、构造组合、构件样式层面都体现出地方建筑的特点。圣母殿殿身采用的简式单槽殿堂结构是本地区小型建筑常用的结构形式，补间斗栱配置灵活，平出式假昂、无卷尖出瓣驼峰、卷瓣翼形栱、梭形栱等构件都与本地其他遗构相近。构件加工方式也属于本地做法，栱、枋构件用材规格不统一与斜面梁栿现象是由本地独特的解木加工方式所致。另外，从建筑属性方面看，圣母殿其实是一栋规模较大的地方祠庙殿宇，仍符合本地水神庙、祈报神祠的祠庙属性。与同期大型辽代官式遗构和隆兴寺摩尼殿相比，圣母殿间架规模偏小，梁栿、栱、枋构件用材规格不统一，构造做法与构件样式都反映地方特征。比之规制严整的大型辽构，圣母殿独具地方特色；比之摩尼殿，圣母殿具有与晋中早期遗构群体作比较研究的优势。由于规模较大、结构复杂，圣母殿构架中集合了多种地方做法，可以认为圣母殿是北宋中后期晋中地方建筑做法的集大成者。晋祠圣母殿与献殿、太谷万安寺正殿、寿阳普光寺正殿、西见子村宣承院正殿、阳泉关王庙正殿、盂县大王庙后殿、清徐狐突庙后殿共同构成了地方型Ⅱ式群体，对于研究北宋中后期地方建筑的特点具有典型意义。

同时，圣母殿不可避免地带有那个时代的官式建筑的影子，圣母殿与晋中地方型遗构的一些形制来源很可能是北宋中期汴梁地区官式建筑形制。基于晋祠圣母殿和晋中地方型Ⅱ式建筑的研究，可以引发对北宋中期官式建筑形制的探究；从这个方面看，又具有"礼失求诸野"的意味。

7.1.4　晋中地方特征解析

晋中地区是华北若干地区中的一个，这一地区的建筑形制改变受到历代官式建筑的影响。将晋中和周边地区作比较，其拥有很多华北区系共同特征，并不具备江南、福建地区与华北地区之间那么巨大的差异。探析晋中地区的独有地域性特征，大致包括以下几个方面：

（1）虽然晋中地区保存通柱式连架厅堂数量较多，但简式单槽殿堂结构才是有别于其他地区、最为典型的一种结构形式。晋中简式单槽殿堂常见的形式是面阔三间、进深六架椽歇山；平面为正方形或近似方形；屋架侧样为前乳栿对后四椽栿用三柱，前内柱与铺作、丁栿等构成内槽缝；通常前廊开敞。这种简单而不失精致的结构形式可以满足地方小型祠庙、寺观的基本祭祀礼拜需要，也可以扩展间架形成更大规模，晋祠圣母殿殿身就是五间八架椽的简式单槽殿堂。西见子村宣承院正殿这样的悬山建筑，也可以选用相似的屋架侧样形式。晋中简式单槽殿堂结构严整、构造精致，在华北地区小型早期木构中也属难得的佳品。

（2）装饰性构件最容易体现出地区特征。和同期其他地区相比较，一些构件在晋中比较集中地出现，如出瓣型驼峰、卷瓣形翼形栱、梭形栱。卷瓣形翼形栱主要出现在晋中地区，梭形栱是晋中地区独有的，这两种翼形栱样式在其他地区通常只出现在柱头枋隐刻形象中。一些遗构的耍头或衬方头也做成卷瓣形，与同构中的翼形栱形态一致。

（3）栱、枋构件用材规格不统一，无疑是地方建筑中极为特殊的技术现象，本书第六章第一节中针对晋中地区用材规格不统一现象作了详细的阐释，这种现象与"以材为祖"的设计原则并不相悖，材广仍是重要的标准，材厚则是可变值。关乎铺作层整体稳定、出挑、设计高度的华栱与昂，材广与材厚都为标准值，横栱、枋、屋内额的材厚分属不同级别，材广也可根据下料时的实际情况来定。不仅材厚取值存在多个层级，法式化以前的遗构中，材广与契高的取值也并非《法式》中 15∶6 的比例关系，圣母殿副阶斗栱单材广即为契高的两倍。

（4）加工方式与工匠直接相关，栱、枋构件和斜面梁栿的解木方式比较具有地方特殊性。用材规格不统一与斜面梁栿都是晋中地区独特的现象，但深入观察构件表面材质肌理，可以发现是由独特的解木方式作用的结果。根据本书中所作的解木方式复原，可以发现地方加工方式注重节约木材，用生材直接加工，有别于官式营造的熟材制度。

7.1.5 技术传播与地方化

以往的建筑史研究习惯以结构进化的观点来解释古代建筑现象，但在特定的地域和有限的时段内，建筑的改变往往是由于地域间技术传播导致。技术传播的研究是基于分区比较，通过比较同一种形制在不同地区出现的时序，进而可以发现这种形制在较大地域范围内的传播、扩散规律，以及在传播过程中与各地区地方做法融合的过程。譬如，平置角梁比斜置角梁具有更好的结构稳定效果，转角结构由 Aa 型演变为 Da 型，体现出技术的进步。虽然通过观察一些地区遗构的转角结构，也可以归纳出斜置角梁向平置角梁演变的过程，但这些地区并非技术改进的发源地，而是地方建筑不断吸收、模仿各种官式建筑做法所呈现出的结果；这种技术进步首先发生在王朝中心地区的官式建筑中。官式建筑形制等级高、构造完备，而地方建筑中更多地使用官式建筑做法的简化形式。例如，地方建筑中最常见的 Da 型转角结构其实是一种法式型的简化形式；根据现存实例与《法式》文本，可以对法式型转角结构作出复原。而在构件层面，晋中地区单材栱眼样式的法式化演变，最容易说明地方技术体系吸收官式做法的特点；单材栱眼由小抹棱式变为小颛面式、大颛面式，栱眼逐渐加大，但并不像法式型那样在栱眼中部起棱，并且有很多跳头横栱只在朝外的一侧作栱眼；栱眼中部不起棱、单侧作栱眼，其实都是地方建筑中更加简便的做法。因此，对于临近中原王朝统治核心区的山西地区，很容易受到官式技术的影响，官式技术的传播过程中必然伴随着地方化的简化过程，这就是本文中所称的"河东模式"。

7.2 本研究的创新点

7.2.1 新材料

笔者对尚无公开发表资料的遗构和近年来新发现的若干早期木构建筑进行测绘、调查，包括昔阳离相寺正殿、西见子村宣承院正殿、晋祠献殿、盂县大王庙后殿、太谷宣梵寺正殿、庄子乡圣母庙圣母殿、兴东垣东岳庙正殿、窦大夫祠西朵殿前檐斗栱、子洪村汤王庙正殿前檐栱枋。对一些已经有发表测绘报告和研究成果的遗构，笔者作了补充调研和测绘，并在论文中谈到一些前人研究成果中未涉及的内容。在参与晋祠圣母殿精细测绘项目过程中，搜集了以往研究中关注较少的构件样式、构件用材、构件表面材质肌理等新材料。

经过历时四年的反复调查，掌握了较为全面的第一手资料；通过对晋祠圣母殿、献殿、镇国寺万佛殿、昔阳离相寺正殿、西见子村宣承院正殿等典型案例的深入调查，把调查关注对象由构架、构造层面推进到构件样式、构件加工方式层面，使得研究内容更为细致、丰富，也更有助于催生新方法和新结论。正是基于上述基础工作,笔者有条件对晋中地区早期木构建筑展开研究,将其区域性特征、历时性变化在本书中呈现出来。

7.2.2 理论与方法的新尝试

1. 早期木构区域技术史研究探索

分区研究是建筑史研究值得深入开展的方向,本书立足于技术史研究范畴,从多个方面对晋中地区五代宋金时期木构建筑作了深入研究。本书涉及分区、形制年代学、形制特点分析、尺度复原、形制源流探析、技术复原等方向,力求撰写一部晋中地区早期木构建筑的"技术史"。

2. 类型学研究中分型依据的讨论

经过辨析认为,构架结构形式与构造组合方式都不适合作为年代学研究的最"敏感"要素。本书尝试以构件样式作为梳理遗构技术演变的分型依据,是由于斗栱中的各种构件样式数量更多、最具时代差异性,符合作为考古类型学典型"标型器"的要求。在前人研究基础上,本研究把栱头卷杀、栱眼、散斗斗型作为分型依据,拓展了观察、研究木构建筑的对象范围,使得建筑考古类型学与年代学研究可以获得更多的分型依据。

3. 以木构件表面材质肌理为线索的技术复原

研究对象关注点聚焦在木构件表面材质肌理,寻找有益的线索,可还原出构件加工方式。基于这种观察、研究方法,本文对晋中地区木构建筑中独特的用材现象和斜面梁栿现象作出了解答。

4. 技术的层级、地域差异与传播

归纳各种建筑现象与演变规律,建立"官式—地方"相互关联的认知结构,官式建筑与地方建筑存在层级差异,而由于官式建筑与都城地区相关联,因此官式建筑与地方建筑的差异也是一种地域差异。晋中地区绝大多数遗构为地方建筑,通过对一些典型形制的分析,可以追溯到官式原型;从地方建筑又可提取出广泛出现的形制,作为还原官式面貌的基本依据。简言之,在山西地区,地方模仿官式,官式形制在传播过程中发生地方化转型。只有通过技术传播的视角,才能整合各地区形制年代研究的成果,从而建构出更加丰富、更具层次的历史假说。

7.3 后续研究方向

受现阶段调查、研究条件和写作时间的限制,书中的一些论述未能深入展开,一些研究方向还有待未来继续跟进。尤其是在早期遗构年代学分析和技术复原方面,还需要未来大量的精细测绘与调查才能搜集到足够的基础材料。笔者归纳后续研究方向包括以下几个方面:

7.3.1 遗构年代分析

年代学是技术史研究的基础,是需要深入进行的研究方向。一方面,本研究中对若干遗构始建年代做出的推断需要进一步校验;另一方面,重要遗构中层叠有多个年代更换的构件,需要做实物年代层次分析,分析历次修缮对遗构原形制的扰动。

7.3.2 典型遗构的深入调查、研究

近些年来古建筑精细测绘方法的不断成熟,使得研究者逐渐意识到,单体建筑研究必须是基于极为细致的调查、测量得到的成果。受调查条件限制,笔者无法对晋中地区早期木构作大量精细测绘,这也是本文中无法对一些典型案例展开深入论述的原因。在今后的研究中,可以选取典型遗构作精细测绘和调查,详细记录构造做法和构件样式等技术细节,并把研究对象扩展到砖瓦、石作、彩画。基于完整的建筑遗产调查资料,才能进行全面而深入的形制与尺度复原研究。

7.3.3 早期木作技术复原

古代技术复原是非常有价值的研究方向,需要从技术细节、加工痕迹方面寻找线索,综合运用建筑学、考古学、材料学等多学科方法解决问题。在这个过程中可以体察工匠思维并发现地方独特做法,是技术史研究不可或缺的方向。要完成这种技术史研究,需要做两方面准备。首先,要对当代匠作技术作全面了解,继续调查当代工匠技艺,搜集、整理传统木作工具的规格和使用方法。其次,测绘调查中注意发现遗构中保留的施工、加工痕迹,并寻找合适的记录方法。

7.3.4 元明时期晋中地区木构建筑的形制与技术

晋中地区法式化后形成的类法式型技术传统在元代一直延续,至明代前期,在太原崇善寺大悲殿中依然可以看到法式化影响的印记。晋中地区保存有众多元代遗构,规模较大的诸如太谷光化寺正殿、晋祠景清门与唐叔虞祠正殿等,小型地方建筑中也有窦大夫祠献殿这样的巧构,其他祠庙寺院中的元构更是不胜枚举,相关碑刻文献也非常充分。明代晋中地区出现了一次建筑高峰,存有大量木构建筑实物及相关文献。对于元明时期的晋中地区木构建筑,有条件将研究地域范围进一步缩小到太原府或汾州的若干县,作更为细致的技术演变与传播研究。这一时期山西地区的基层社会史的研究成果已经比较丰富,有助于分析建筑形制与技术演变背后的社会因素。

附录：研究案例基础资料

1　昔阳离相寺正殿

离相寺正殿位于昔阳县东南 16 公里赵壁乡川口村。离相寺坐北朝南，为一进院落，山门与正殿为古代遗构，两侧配殿与西南角乐楼是近年新建的。寺院外西侧有一座明代万历三十三年(1605 年)建造的石桥。正殿檐下与殿内保存有数座历代碑刻，其中与离相寺修建史有关的是万历三十三年《重修离相禅林并创建石桥记》、康熙四十一年(1702 年)嵌壁碑和民国十四年(1925 年)《重修离相寺碑序》。根据碑记可知，北宋开宝年间(968—976 年)寺院已经建成，经历过正统九年(1444 年)、万历三十三年、康熙四十一年、1925 年的修缮。正殿外墙经过民国时期改造，前檐用青砖砌出门窗券形过梁和壁柱。

1. 寺史资料

(1) 万历三十三年《重修离相禅林并创建石桥记》碑文

盖闻佛法虽空，要亦不离色故……("……"表示碑中部断裂处字迹不清，下同)浮图起于开宝，鹿野建自西山。孰非由外缘之实 /

希内境之空，孚□谓至理超生灭……营建率□有漏之因殊失□□之□是又□隅浅智 /

非通人大观已何者法有根宗法……幅诸佛体之则□上乘菩萨修之则不二门或见□菩提 /

树或堵□明镜基或又谓菩提非……明镜……机各提宗趣与吾儒无极太极之说相□ /

秉孰谓龙□罗列宝刹森严殊悖……脱之玄□□□□□□□乐南川口村者离相禅寺居□□□ /

鞍北接凤岭当峰摽举于腋左桃……于殿西形势□□几案迥转且苍松吐千年之秀□□□□ /

日之□诚东南一形胜伟观已……回禄祀刻湮□创建不知何目迄 /

国朝正统九年甲子乡人募材修理……迄今百六十余年矣□椽斩毁经像无依兼以门外大濠天堑往来 /

者啧啧称颠覆不便是虽缩素……惜人天兴叹而葺□架梁者□难其绩适义官李公惟秋偕守公杨 /

君同登法宝偶见智幢□折梵宇……沉颓□资约乡善张君朝祐王君布礼杨君臻张君祉文张君承嗣 /

同□里村王君仲科王君希介王……金朝督众修葺且以□折□险竝建石桥以登彼岸大启圆明之 /

域重开方便之途盖不特三身兢……四殿□新而金柱主栏之侈长虹饮间之椎又绝胜般若航矣是 /

桥役也杨君臻王君希礼张君承……各以财力之余共葺可□之□工既告成谋余伐石以纪余谓佛 /

寺隆□虽非□儒所当与然不有……成恶废如恒情所云乎□陶渊明以遗民□宗楼荆白莲社于于 /

名教无□□何敢辞篆刻之□托言……词之妄而不表扬盛绩以风来世是□记 /

万历三十三年岁次己巳菊月吉旦立

(2) 康熙四十一年嵌壁碑

大凡其基勿坏，盛斯永传，村东离相寺创建多历 /年，所西南两壁地形卑下，因而根基□坏，其不至 /于屋宇倾颓、佛像漫漶也。几希今有乡中善人 /王献畴同住持僧照□不惜财费，复为修补，□率 /众人墙外帮建一基，或输财或效力，不数日而根 /基告成。爰刻石垂记。

(村民出资出力名录略)

大清康熙四十一年三月□吉旦□立

2. 形制

正殿面阔三间、进深三间六架椽，歇山顶。

斗栱为四铺作。根据六椽栿斜项上仍留有与原有交互斗相交所开的卯口判断，前檐两柱头斗栱华栱经过更换,里跳栱长被加长,原华栱应是里外跳跳距相等。前后檐明间与山面心间用补间斗栱,其他各间檐部柱头枋上隐出梭形栱形象。补间斗栱里转第三跳华栱伸至下平槫(或山面平槫)缝,栱头承交互斗、翼型栱、襻间枋,华栱端头做成平出起棱批竹昂形。栱、枋构件存在用材分级现象。材广在 200～205 mm,栔高在 90～95 mm;首跳华栱材厚 160 mm,二跳华栱材厚 140 mm。

屋架侧样为"六架椽屋通檐用两柱",前后檐柱间架起六椽通栿。梁栿层层相叠,梁栿间以反卷型驼峰承托。四椽栿与平梁至槫缝不出头,托脚抵住襻间。叉手抵住脊部襻间,脊部蜀柱落在出瓣型承柱合㭼上。两山面柱头斗栱承丁栿,丁栿后尾搭在六椽栿梁背。山面梁架驾于丁栿和递角栿上。转角斗栱后尾承递角栿,递角栿后端搭在四椽栿上;斜置大角梁的后尾压在平槫下,大角梁上架一根隐角梁构成夹槫式。

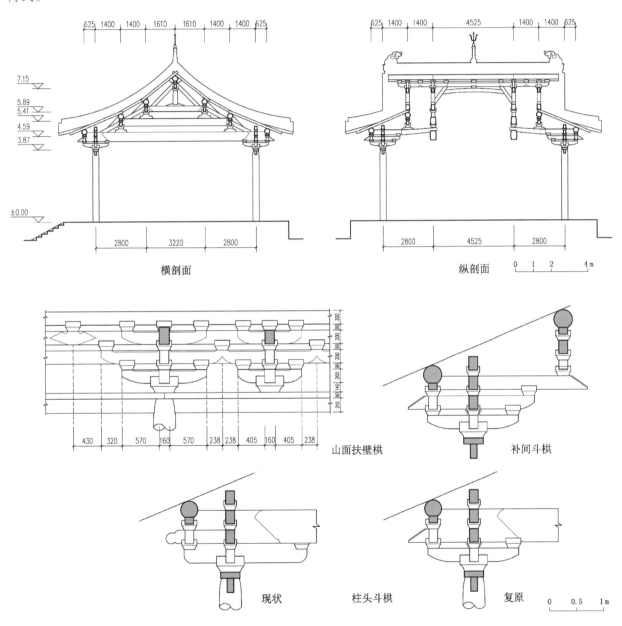

图 1 昔阳离相寺正殿测绘图

明间东缝梁架

明间东缝梁架与丁栿、递角栿、山面梁架

前檐西缝补间斗栱

东南转角斗栱

前檐明间补间斗栱

山面心间补间斗栱

山面柱头斗栱里跳

角间递角栿与夹槫式角梁

图 2　昔阳离相寺正殿照片

2　西见子村宣承院正殿

宣承院正殿位于榆次东南长凝镇西见子村。宣承院曾作为村内小学，两侧厢房与门屋都经过现代重建，仅剩正殿为早期遗构。目前小学已经搬迁至长凝镇，寺院空置。在明万历《榆次县志》中有寺史记载："宣承寺在县东西砚子村，唐咸亨二年建，宋熙宁七年僧妙果重修，金大定二年赐今额。"此构具有典型的晋中宋式形制特征，熙宁七年(1074 年)应是其始建年代。目前梁架部分保存比较完整。

外观

明间东缝屋架

明间东缝屋架

边贴屋架

柱头斗栱里跳

柱头斗栱与补间斗栱里跳

带卷尖出瓣型驼峰

带卷尖掐瓣驼峰

图 3　西见子村宣承院正殿照片

1. 平面柱网

正殿面阔三间、进深六架椽，现为硬山顶。明间正中立起一道墙，将三间殿分为两间教室；门窗、墙体也是现代之物。前檐两平柱与两根前内柱为四边模棱柱，两侧边贴前檐柱为圆柱，东山边贴下平槫下为圆柱，其余柱子因埋在墙中而不可识。角柱有生起，边贴比明间屋架高约 100 mm。前檐明间面阔 4 435 mm，次间面阔 3 855 mm；前檐柱与前内柱间距为 4 020 mm，由于檐柱被向外移动一个跳距，可还原原先前廊柱距为 3 500 mm；由于后檐柱被墙体包裹，而后檐槫露明，经草测后推测前内柱至后檐柱距离为 7 320 mm。按 306 mm 为 1 尺，可折算出比较规整的开间尺寸取值，分别为明间广 14.5 尺、次间广 12.6 尺、前廊深 11.4 尺。

四边模棱柱多见于晋东南地区，在晋中地区并不常见。晋东南四边模棱柱大多为石柱，宣承院正殿却用木柱；柱身笔直，只在柱头处略作收分；柱身底部面阔方向宽 300 mm，进深方向宽 260 mm，模棱部分宽 55 mm。

2. 斗栱

现状中的前檐补间斗栱也为后世所加。梁栿前端可见原有与泥道栱相交的子廮，亦可见隐刻心斗；隐刻心斗上承柱头枋与承椽枋，柱头枋上隐刻出慢栱和瓜子栱。很明显，"泥道栱子廮—柱头枋—承椽枋"位于原来柱缝上，前檐斗栱经过后世改动，泥道栱、栌斗与前檐柱被向外移至撩风槫下，并加了平出式假昂昂头。可将前檐柱头斗栱复原为斗口跳的形式，原状补间位置只在柱头枋上隐出瓜子栱。单材广 210 mm，栔高 90 mm；华栱材厚 140 mm，横栱材厚 120～130 mm。

后檐柱头与梁头节点被砖墙包裹，可观察到栌斗承后四椽栿梁头，替木与撩风槫位于后檐柱缝，替木高于栌斗一足材；可以推断后檐柱头很可能用把头绞项作。后檐也不作补间斗栱。

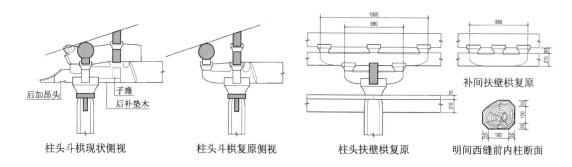

后加昂头　子廮　后补垫木

柱头斗栱现状侧视　　柱头斗栱复原侧视　　柱头扶壁栱复原　　明间西缝前内柱断面

补间扶壁栱复原

图 4　西见子村宣承院正殿前檐斗栱测绘图

3. 屋架

明间槫架侧样为"前乳栿对后四椽栿用三柱"，与晋中地区流行的简式单槽殿堂侧样一致。梁栿之间以驼峰承托。前乳栿、后四椽栿与第二层的四椽栿都为斜面梁栿，以高侧面朝向明间。梁栿端部都作仿月梁的斜项，驼峰为带卷尖出瓣型。

边贴形式较为少见。前内柱与檐柱等高，位于前檐上平槫缝，前内柱头与四椽栿之间为两道足材栱和替木。后内柱位于后檐下平槫缝，柱头承四椽栿。边贴驼峰都为带卷尖掐瓣型。

边贴前内柱向后移，与明间前内柱对齐，可以推测，原先前廊开敞，门窗、墙体在前内柱缝。还有一个细节可以证明这个推测，前檐两根四边模棱柱的四面都很平整、模棱清晰；而明间西缝前内柱的西北模棱很大，其实是解木形成的钝棱，工匠有意识地将这根略有缺陷的柱子放置在前内柱缝，将不规整的面朝向次间，观者一般察觉不到。

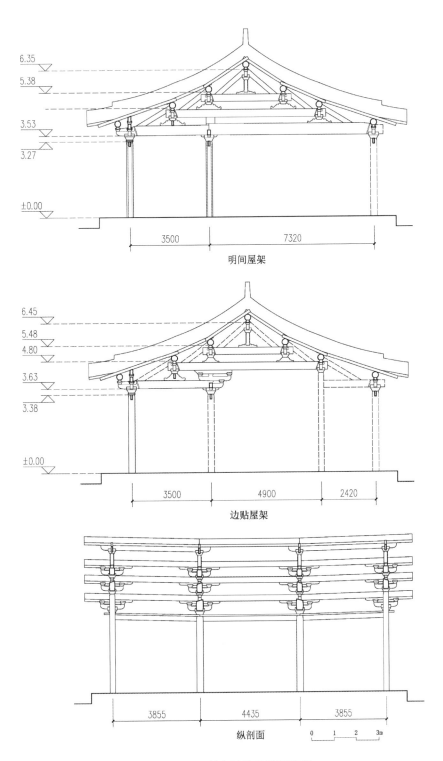

明间屋架

边贴屋架

纵剖面

图5 西见子村宣承院正殿测绘图

3　太谷万安寺正殿

太谷万安寺位于太谷县城，在县衙以北，俗称"北寺"。1960 年代被逐渐拆除，后来成为县化工厂所在地。万安寺正殿虽已不存，但根据清华大学建筑学院资料室所藏营造学社调查资料中的测稿与照片，可以对万安寺正殿的结构特点有一定了解，并可绘制复原图。面阔三间、进深三间六架椽，是晋中地区典型的简式单槽歇山殿堂。

按照营造学社测稿，单材广 180 mm，材厚 120 mm，栔高 80 mm。但从照片上看，首跳华栱材厚大于其他华栱，而且测稿中测得的屋内额材厚为 60 mm，说明正殿的栱、枋构件应存在材厚分级现象。

柱头斗栱与补间斗栱外跳形制不同。柱头斗栱为单杪单下昂五铺作，耍头也作下昂形；补间斗栱出双杪，华栱栱头并不做成平出式假昂。前后檐明间补间斗栱出斜栱；角间补间斗栱上出挑斡，挑斡抵住下平槫槫间枋。

屋架侧样为"六架椽屋前乳栿对后四椽栿用三柱"。承下平槫的四椽栿为通栿，不在内槽缝处断开。虽然托脚已失，根据带切几头华栱的位置可以推测，托脚抵在梁头下部。

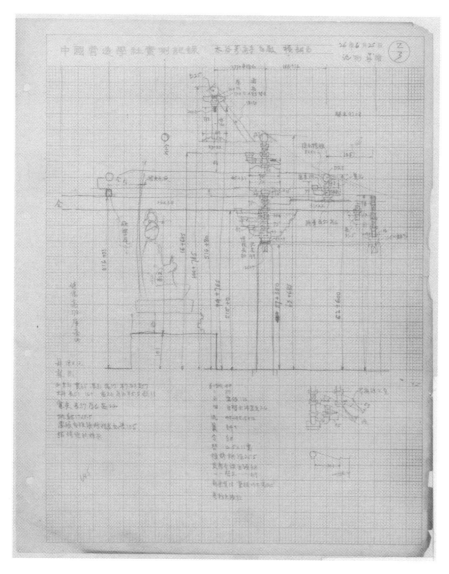

图 6　太谷万安寺正殿测稿(中国营造学社资料，现藏于清华大学建筑学院资料室，由李路珂老师提供)

万安寺正殿外观

东山面檐部斗栱

外檐斗栱(测绘者为梁思成先生)

转角斗栱

内槽柱头斗栱

后檐斗栱与梁架

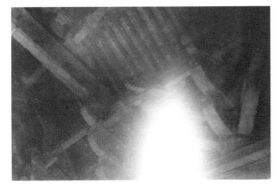

前檐斗栱内侧

前檐角间斗栱与梁架

图 7　太谷万安寺正殿照片(中国营造学社资料,现藏于清华大学建筑学院资料室,由胡南斯学友提供)

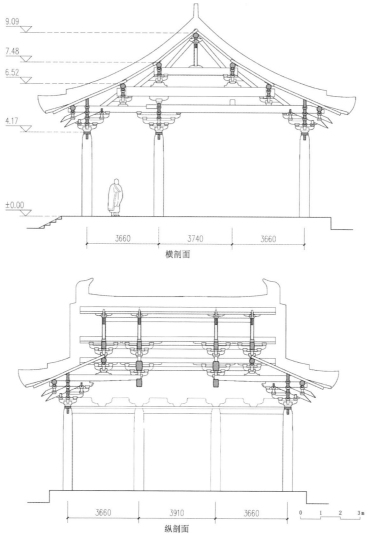

图8   太谷万安寺正殿复原图

4   窦大夫祠西朵殿前檐斗栱

窦大夫祠位于太原市西北约25公里上兰街道。北依烈石山,西南傍汾河,是为纪念春秋时期晋国大夫窦犨而建的祭祀建筑,也是历代地方守臣及民间百姓的祈雨场所。

西朵殿前檐面宽三间,每间施一朵补间斗栱,前廊这七朵斗栱带有宋金时期形制特征。材广180 mm,材厚120~125 mm,栔高80 mm。而元构窦祠献殿、正殿材广170 mm,材厚115 mm,用材尺寸小于西朵殿。

这一排斗栱有明显改易的痕迹。檐槫不在檐柱缝上,而是退后一跳的距离。柱头斗栱所承的劄牵被截断,在衬方头层另加了劄牵。卷云形衬方头为后代添加,耍头与衬方头之间加塞垫木,凑成了足材耍头形象。

分析老构件的样式特征,很多都早于晋中地区类法式型遗构。虽然很多构件被更换、改易,但仍反映出早于法式化的形制特征,第二章第二节中认为是类法式型I式。

(1) 栱构件:栱头为HJ2弧形卷杀;足材栱眼为Z2,单材栱眼为小颛面式Y3。外跳令栱栱头斜抹,长边与泥道栱栱长相等,为880 mm;里跳令栱栱长为740 mm,小于泥道栱栱长。

(2) 斗构件:散斗面宽220 mm,进深180 mm,为长斗型S1;小斗斗欹内颛明显(Q3)。

(3) 耍头:为爵头J2。

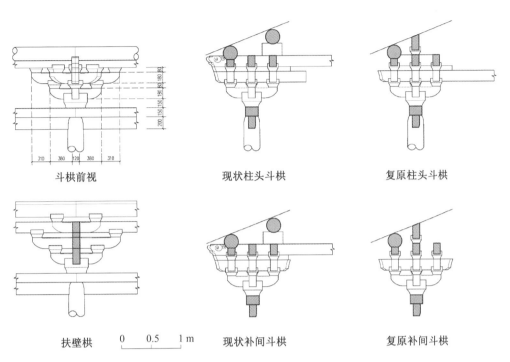

斗栱前视   现状柱头斗栱   复原柱头斗栱

扶壁栱 0 0.5 1 m 现状补间斗栱   复原补间斗栱

图 9　窦大夫祠西朵殿前檐斗栱测绘图与复原图

西朵殿前廊外观   柱头斗栱立面

补间斗栱外侧   补间斗栱内侧

图 10　窦大夫祠西朵殿前檐斗栱照片

5　子洪村汤王庙正殿前檐斗栱

汤王庙位于祁县东南 17 公里古县镇子洪村。汤王庙正殿为面阔三间、进深五架椽的硬山建筑,屋架侧样为"1—4"形式。仅存前檐斗栱具有宋金时期特征,屋架是清代所建。前檐每间施一朵补间斗栱,与柱头斗栱形制接近,不作挑斡。材广 180 mm,栔高 80～85 mm;存在明显的材厚分级,华栱材厚 140 mm,横栱与枋的材厚为 120 mm。根据构件样式分型,汤王庙前檐斗栱为类法式型 I 式。

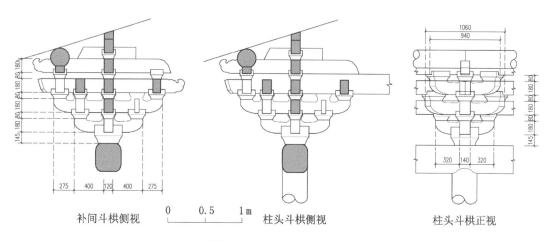

补间斗栱侧视　　　0　0.5　1 m　　柱头斗栱侧视　　　柱头斗栱正视

图 11　子洪村汤王庙正殿前檐斗栱测绘图

汤王庙正殿立面

汤王殿正殿前檐

柱头斗栱

柱头斗栱

图 12　子洪村汤王庙正殿前檐斗栱照片

6　庄子乡圣母庙圣母殿

圣母殿位于榆次南庄子乡庄子村,目前为市级文物保护单位。圣母庙圣母殿为面阔三间、进深四架椽的通柱式连架厅堂,现在为硬山顶。虽然很多构件在后代修缮中被更换,但大木构架与斗栱仍然保存了宋金时期形制特征。

1. 梠架构成

明间梠架为"1—3"形式,与《法式》大木作制度图样中的"四架椽屋劄牵三椽栿用三柱"非常接近,但梁栿插入柱身处用楂头承梁尾,而不是丁头栱。边贴梠架为"1—2—1"形式,与《法式》图样"四架椽屋分心劄牵用四柱"接近。只有前檐两平柱用覆盆柱础,其他柱子都立在素平柱础上。边贴比明间屋架升高约100 mm,生起约3寸。前檐柱与前内柱之间构成前廊。榆社寿圣寺山门和柳林香严寺东配殿也为与之相似的"1—3"梠架。

2. 斗栱

前檐斗栱为五铺作,每间一朵补间斗栱;后檐斗栱为把头绞项作,无补间斗栱。明间补间斗栱第二跳栱头作平出昂,其他6朵前檐斗栱外跳第二跳都为下折式假昂。补间斗栱出挑斡,挑斡前端作耍头,后端挑至下平槫。挑斡与里转耍头之间加鞾楔。

存在材厚分级现象。材广180 mm,栔高70 mm;华栱材厚120 mm,横栱、枋材厚110～115 mm。散斗面宽小于进深,属于类法式型。齐心斗面宽大于散斗。

3. 屋架构造

梁槫节点比较特殊,这种Ⅱc式案例很少见,承平梁的华栱用足材,托脚很陡。平槫下逐间用襻间,脊部次间用襻间。在每根襻间正中隐出令栱,组成一斗三升。

明间东缝四椽栿下题记为:"奉为皇基永固泰道光开建九江圣母之祠,四海生歌之处。"

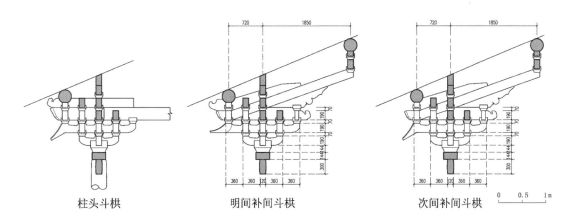

柱头斗栱　　　　明间补间斗栱　　　　次间补间斗栱

图 13　庄子乡圣母庙圣母殿前檐斗栱测绘图

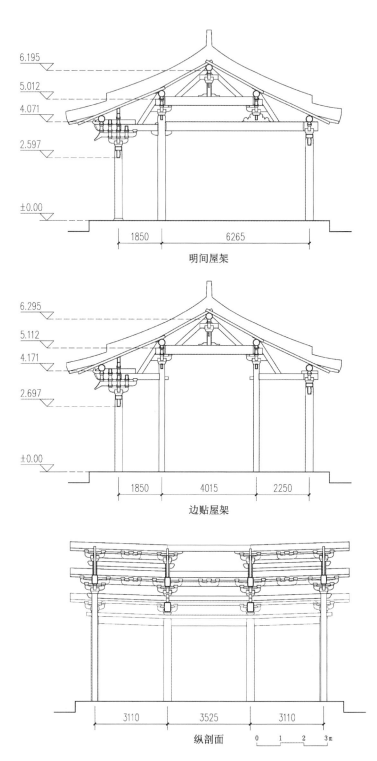

图 14 庄子乡圣母庙圣母殿测绘图

圣母庙圣母殿立面

屋架（修缮前）

屋架（修缮前）

屋架（修缮前）

前檐明间补间斗栱

西平柱柱头斗栱

前檐东次间补间斗栱

前廊斗栱内侧

图 15　庄子乡圣母庙圣母殿照片

参考文献

史籍

[1] 李明仲.营造法式[M].北京:中国书店,2007.
[2] 李攸.宋朝事实[M].上海:商务印书馆,1935.
[3] 江少虞.新雕皇朝类苑:第五十二卷[M].活字印本.日本,1621.
[4] 徐梦莘.三朝北盟会编[M].上海:上海古籍出版社,1987:583.
[5] 确庵,耐庵.靖康稗史笺证[M].崔文印,笺证.北京:中华书局,1988.
[6] 高斯得.钦定四库全书集部[M].耻堂存稿.
[7] 脱脱,等.宋史[M].北京:中华书局,1977.
[8] 脱脱,等.金史[M].北京:中华书局,1975.
[9] 李濂.汴京遗迹志[M].周宝珠,程民生,校点.北京:中华书局,1999.
[10] 顾祖禹.读史方舆纪要[M].贺次君,施和金,点校.北京:中华书局,2005.
[11] 徐松.宋会要辑稿[M].北京:中华书局,1987.
[12] 胡聘之.山右石刻丛编[M]//中国东方文化研究会历史文化分会.历代碑志丛书.光绪二十七年(1901 年)刻本.南京:江苏古籍出版社,1998.
[13] 于敏中.日下旧闻考[M].北京:北京古籍出版社,1983.

方志

[1] 李侃,胡谧.[成化]山西通志[M]//四库全书存目丛书编纂委员会.四库全书存目丛书·史部一七四.明成化十一年刻本.济南:齐鲁书社,1996.
[2] 阎朴,等.榆次县志[M].明万历抄本.
[3] 王轩,杨笃,杨深秀,等.山西通志[M].刻本.1892 年(光绪十八年).
[4] 王夷典.平遥县志[M].刻本.1707 年(康熙四十六年).
[5] 恩端.平遥县志[M].刻本.1883 年(光绪九年).
[6] 钱之青.榆次县志[M].刻本.1750 年(乾隆十五年).
[7] 王廷赞.太谷县志[M].刻本.1739 年(乾隆四年).
[8] 王勋祥.清源乡志[M].刻本.1882 年(光绪八年).
[9] 陈时.祁县志:卷四·祠庙[M].刻本.1780 年(乾隆四十五年):22.

外文文献

[1] 建筑学参考图刊行委员会.日本建筑史参考图集[M].4 版.建筑学会,1932.
[2] 增山新平.日本古社寺建築構成圖鑒[M].前田松韻,校閱.東京至誠堂.
[3] 關口欣也.五山と禅院[M].太田博太郎,山根有三,米沢嘉圃,監修.小学馆,1983.

译著

[1] 圆仁.入唐求法巡礼行记[M].顾承甫,何泉达,点校.上海:上海古籍出版社,1986.
[2] 释成寻.参天台五台山记[M].白化文,李鼎霞,校点.石家庄:花山文艺出版社,2008.

专著

[1] 刘敦桢.中国古代建筑史[M].北京:中国建筑工业出版社,1984.
[2] 梁思成.图像中国建筑史[M].费慰梅,编,梁从诫,译,孙增蕃,校.北京:中国建筑工业出版社,1991.
[3] 梁思成.中国建筑史[M].天津:百花文艺出版社,2005.
[4] 中国科学院自然科学史研究所.中国古代建筑技术史[M].北京:科学出版社,1985.
[5] 傅熹年.中国古代建筑史:第二卷[M].北京:中国建筑工业出版社,2001.
[6] 郭黛姮.中国古代建筑史:第三卷[M].北京:中国建筑工业出版社,2001.
[7] 潘谷西.中国古代建筑史:第四卷[M].北京:中国建筑工业出版社,2001.
[8] 孙大章.中国古代建筑史:第五卷[M].北京:中国建筑工业出版社,2002.
[9] 柴泽俊,等,太原晋祠圣母殿修缮工程报告[M].北京:文物出版社,2000.
[10] 陈明达.营造法式大木作研究[M].北京:文物出版社,1981.
[11] 陈明达.中国古代木结构建筑技术:战国—北宋[M].北京:文物出版社,1990.
[12] 陈明达.应县木塔[M].北京:文物出版社,1966.
[13] 陈明达.营造法式辞解[M].王其亨,殷力欣,审定,丁垚,等,整理补注.天津:天津大学出版社,2010.
[14] 潘谷西,何建中.《营造法式》解读[M].南京:东南大学出版社,2005.
[15] 傅熹年.中国科学技术史:建筑卷[M].北京:科学出版社,2008.
[16] 傅熹年.中国古代建筑十论[M].上海:复旦大学出版社,2004.
[17] 傅熹年.中国古代城市规划、建筑群布局及建筑设计方法研究[M].北京:中国建筑工业出版社,2001.
[18] 傅熹年.傅熹年建筑史论文选[M].天津:百花文艺出版社,2009.
[19] 萧默.敦煌建筑研究[M].北京:文物出版社,1989.
[20] 张十庆.中日古代建筑大木技术的源流与变迁[M].天津:天津大学出版社,2004.
[21] 张十庆.中国江南禅宗寺院建筑[M].武汉:湖北教育出版社,2002.
[22] 东南大学建筑研究所.宁波保国寺大殿:勘测分析与基础研究[M].南京:东南大学出版社,2012.
[23] 马炳坚.中国古建筑木作营造技术[M].北京:科学出版社,1991.
[24] 杨新.蓟县独乐寺[M].北京:文物出版社,2007.
[25] 辽宁省文物保护中心,义县文物保管所.义县奉国寺[M].北京:文物出版社,2011.
[26] 刘智敏.新城开善寺[M].北京:文物出版社,2013.
[27] 吕舟.佛光寺东大殿建筑勘察研究报告[M].北京:文物出版社,2011.
[28] 柴泽俊.朔州崇福寺[M].北京:文物出版社,1996.
[29] 建筑文化考察组.义县奉国寺[M].天津:天津大学出版社,2008.
[30] 刘畅,廖慧农,李树盛.山西平遥镇国寺万佛殿与天王殿精细测绘报告[M].北京:清华大学出版社,2013.
[31] 乔云飞.柳林香严寺:研究与修缮报告[M].北京:文物出版社,2013.
[32] 黄滋.元代木构延福寺[M].北京:文物出版社,2013.
[33] 谭其骧.中国历史地图集[M].北京:中国地图出版社,1996.

［34］严耕望.唐代交通图考:第五卷 河东河北区[M].台北:"中央"研究院历史语言研究所,1986.

［35］周振鹤.中国地方行政制度史[M].上海:上海人民出版社,2005.

［36］李孝聪.中国区域历史地理:地缘政治、区域经济开发和文化景观[M].北京:北京大学出版社,2004.

［37］包伟民.传统国家与社会:960—1279 年[M].北京:商务印书馆,2009.

［38］张纪仲.山西历史政区地理[M].太原:山西古籍出版社,2005.

［39］罗德胤,黄靖.晋中清源城[M].北京:清华大学出版社,2013.

［40］肖旻.唐宋古建筑尺度规律研究[M].南京:东南大学出版社,2006.

［41］李路珂.营造法式彩画研究[M].南京:东南大学出版社,2011.

［42］栾丰实,方辉,靳桂云.考古学理论·方法·技术[M].北京:文物出版社,2002.

［43］张正明,科大卫,王勇红.明清山西碑刻资料选:续一[M].太原:山西出版集团,山西古籍出版社,2007.

［44］李晶明.三晋石刻大全:阳泉市盂县卷[M].太原:三晋出版社,2010.

［45］李裕群,李钢.天龙山石窟[M].北京:科学出版社,2003.

［46］敦煌研究院.敦煌石窟全集:石窟建筑卷[M].香港:商务印书馆(香港)有限公司,2003.

［47］孙毅华,孙儒僩.敦煌石窟全集:建筑画卷[M].北京:商务印书馆,2003.

［48］皮心喜,黄伯瑜,祝永年,等.建筑材料[M].北京:中国建筑工业出版社,1985.

学位论文

［1］朱光亚.江南明代建筑大木作法分析[D].南京:南京工学院,1981.

［2］谢鸿权.东亚视野之福建宋元建筑研究[D].南京:东南大学,2010.

［3］马晓.中国古代木楼阁架构研究[D].南京:东南大学,2004.

［4］胡占芳.保国寺大殿木构营造技术探析:斗栱的斗纹、尺度及制材研究[D].南京:东南大学,2011.

［5］徐怡涛.长治、晋城地区的五代、宋、金寺庙建筑[D].北京:北京大学,2003.

［6］徐新云.临汾、运城地区的宋金元寺庙建筑[D].北京:北京大学,2009.

［7］王书林.四川宋元时期的汉式寺庙建筑[D].北京:北京大学,2009.

［8］王敏.河南宋金元寺庙建筑分期研究[D].北京:北京大学,2011.

［9］郑晗.明前期官式建筑斗栱形制区域渊源研究[D].北京:北京大学,2013.

［10］彭明浩.山西南部早期建筑大木作选材研究[D].北京:北京大学,2011.

［11］张高岭.怀庆府金元木构建筑研究[D].开封:河南大学,2008.

［12］袁艺峰.肇庆梅庵大殿[D].广州:广州大学,2013.

期刊文献

［1］祁英涛,杜仙洲,陈明达.两年来山西省新发现的古建筑[J].文物参考资料,1954(11):37-84.

［2］祁英涛.晋祠圣母殿研究[J].文物季刊,1992(1):50-68.

［3］祁英涛.河北省新城县开善寺大殿[J].文物参考资料,1957(10):23-28.

［4］傅熹年.福建的几座宋代建筑及其与日本镰仓"大佛样"建筑的关系[J].建筑学报,1981(4):68-77.

［5］潘谷西.《营造法式》初探(一)[J].南京工学院学报,1980(4):35-51.

［6］潘谷西.《营造法式》初探(二)[J].南京工学院学报,1985(1):1-21.

［7］王其亨.歇山沿革试析——探骊折扎之一[J].古建园林技术,1991(1):29-32.

［8］吴庆洲,谭永业.粤西宋元木构之瑰宝——德庆学宫大成殿(一)[J].古建园林技术,1992(1):42-51.

［9］吴庆洲,谭永业.粤西宋元木构之瑰宝——德庆学宫大成殿(二)[J].古建园林技术,1992(2):49-55.

[10] 陈薇.斜栱发微[J].古建园林技术,1987(4):40-45.

[11] 张十庆.《营造法式》的技术源流及其与江南建筑的关联探析[J].建筑史论文集,2002(3):1-11.

[12] 张十庆.略论山西地区角翘之做法及其特点[J].古建园林技术,1992(4):47-50.

[13] 张十庆.从样式比较看福建地方建筑与朝鲜柱心包建筑的源流关系[J].华中建筑,1998(3):111-119.

[14] 张十庆.从建构思维看古代建筑结构的类型与演变[J].建筑师,2007(2):168.

[15] 张十庆.苏州罗汉院大殿复原研究[J].文物,2014(8):81-96.

[16] 张十庆.斗拱的斗纹形式与意义——保国寺大殿截纹斗现象分析[J].文物,2012(9):74-80.

[17] 徐怡涛.论碳十四测年技术测定中国古代建筑建造年代的基本方法——以山西万荣稷王庙大殿年代研究为例[J].文物,2014(9):91-96.

[18] 岳清,赵晓梅,徐怡涛.中国建筑翼角起翘形制源流考[J].中国历史文物,2009(1):71-79.

[19] 王子奇.山西定襄关王庙考察札记[J].山西大同大学学报(社会科学版),2009,23(4):23-27.

[20] 郭步艇.平遥慈相寺勘察报告[J].文物季刊,1990(1):82-90.

[21] 李小涛.不二寺大雄宝殿迁建保护与研究[M].文物,1996(12):67-74.

[22] 李会智.文水则天圣母庙后殿结构分析[J].古建园林技术,2000(2):7-11.

[23] 李会智.榆社郝壁村寿圣寺山门时代考[J].文物世界,1996(1):19-27.

[24] 李会智,马琴.汾阳虞城村五岳庙五岳殿结构分析及时代考[J].文物世界,2003(5):28-35.

[25] 赵怀鄂.晋祠献殿[J].文物世界,1996(1):44.

[26] 史国亮.阳泉关王庙大殿[J].古建园林技术,2003(2):40-44.

[27] 肖迎九.清源文庙大成殿建筑特征分析[J].文物世界,2011(4):38-42.

[28] 朱向东,刘旭峰.山西汾阳太符观昊天殿建筑特征分析[J].河南城建学院学报,2011(1):81-82.

[29] 向远木.四川平武明报恩寺勘察报告[J].文物,1991(4):1-19,97-99.

[30] 乔迅翔.中国古代木构楼阁的建筑构成探析[J].华中建筑,2004(1):111-117.

[31] 彭海.晋祠圣母殿勘测收获——圣母殿创建年代析[J].文物,1996(1):66-80.

[32] 李新建,李岚.苏北金字梁架及其文化意义[J].建筑师,2005(3):82-86.

[33] 李灿.《营造法式》中的翼角构造初探[J].古建园林技术,2003(2):49-56.

[34] 李会智.古建筑角梁构造与翼角生起略述[J].文物季刊,1999(3):48-51.

[35] 颜华.山东广饶关帝庙正殿[J].文物,1995(1):59-63.

[36] 王辉.从社会因素分析古代江南建筑技术对《营造法式》的影响[J].西安建筑科技大学学报(社会科学版),2009,28(1):48-53.

[37] 沈明.晋语的分区(稿)[J].方言,1986(4):253-261.

[38] 杨子荣.论山西元代以前木构建筑的保护[J].文物季刊,1994(1):62-67.

[39] 山西省考古研究所,汾阳市文物旅游局.2008年山西汾阳东龙观宋金墓地发掘简报[J].文物,2010(2):23-38.

[40] 山西省考古研究所,汾阳县博物馆.山西汾阳金墓发掘简报[J].文物,1991(12):16-32.

[41] 严文明.考古资料整理中的标型学研究[J].考古与文物,1985(4):35-40.

[42] 牛慧彪.叔虞祠与圣母殿——晋祠主体建筑年代探析[J].古建园林技术,2007(4):27-29.

[43] 高寿田.晋祠圣母殿宋、元题记[J].文物,1965(12):59-60.

[44] 郑州市文物考古研究所,登封市文物局.河南登封黑山沟宋代壁画墓[J].文物,2001(10):60-66.

[45] 洛阳市文物工作队.洛阳洛龙区关林庙宋代砖雕墓发掘简报[J].文物,2011(8):31-46.

[46] 吕品.河南荥阳北宋石棺线画考[J].中原文物,1983:91-96.

[47] 洛阳市第二文物工作队.嵩县北元村宋代壁画墓[J].中原文物,1987(3):39-44,122-123.

[48] 郑州市文物考古研究所,登封市文物局.河南登封城南庄宋代壁画墓[J].文物,2005(8):62-70.

[49] 焦作市文物工作队.河南焦作白庄宋代壁画墓发掘简报[J].文博,2009(1):18-24.

[50] 牛宁,王国奇.河南元代木结构建筑的梁架特征[J].中原文物,1991(2):78-84.

[51] 张海啸.宋绍祖石室研究[J].古建园林技术,2004(4):53-56.

[52] 王书林,徐新云.四川南充白塔建筑年代初探[J].四川文物,2015(1):75-84.

[53] 黎忠义.江苏宝应县泾河出土南唐木屋[J].文物,1965(8):47-51.

[54] 王银田,解廷琦,周雪松.山西大同市辽代军节度使许从赟夫妇壁画墓[J].考古,2005(8):34-47.

[55] 郑州市文物考古研究所,登封市文物局.河南登封城南庄宋代壁画墓[J].文物,2005(8):62-70.

[56] 王进先.山西壶关下好牢宋墓[J].文物,2002(5):42-55.

[57] 商彤流,郭海林.山西沁县发现金代砖雕墓[J].文物,2000(6):60-73.

[58] 王克林.北齐厍狄迴洛墓[J].考古学报,1979(3):377-402.

[59] 廖奔.金世宗、章宗时期河东杂剧的兴起——晋南金代戏曲文物考索之一[J].中华戏曲,1986(2):5-31.

[60] 王文楚.唐代太原至长安驿路考[M]//王文楚.古代交通地理丛考.北京:中华书局,1996.

文章文集

[1] 梁思成.营造法式注释[M]//梁思成.梁思成全集:第七卷.北京:中国建筑工业出版社,2001.

[2] 莫宗江.山西榆次永寿寺雨花宫[C]//中国营造学社汇刊:第七卷第二期.北京:知识产权出版社,2006.

[3] 莫宗江.涞源阁院寺文殊殿[C]//清华大学建筑工程系建筑历史教研组.建筑史论文集:第二辑.北京:清华大学出版社,1979:51-71.

[4] 傅熹年.两晋南北朝时期木结构架建筑的发展[M]//傅熹年.傅熹年建筑史论文选.天津:百花文艺出版社,2009:102-141.

[5] 郭黛姮.论中国古代木构建筑的模数制[C]//清华大学建筑系.建筑史论文集:第五辑.北京:清华大学出版社,1981:31-47.

[6] 俞伟超.关于"考古类型学"问题——为北京大学七七致七九级青海、湖北考古实习同学而建[M]//俞伟超.考古类型学的理论与实践.北京:文物出版社,1989.

[7] 张十庆.北构南相——初祖庵大殿现象探析[M]//贾珺.建筑史:第22辑.北京:清华大学出版社,2006.

[8] 张十庆.保国寺大殿厅堂构架与梁额榫卯——《营造法式》梁额榫卯的比较分析[C]//保国寺古建筑博物馆.东方建筑遗产:2013年卷.北京:文物出版社,2013:81-94.

[9] 张十庆.保国寺大殿的材栔形式及其与《营造法式》的比较[C]//王贵祥.中国建筑史论汇刊:第七辑.北京:中国建筑工业出版社,2013:36-51.

[10] 张十庆.翼角做法的演化及其地域特色探析[C]//保国寺古建筑博物馆.东方建筑遗产:2014年卷.北京:文物出版社,2014:29-42.

[11] 曹春平.福州鼓山涌泉寺北宋二陶塔[C]//张复合.建筑史:2003年第1辑.北京:机械工业出版社,2003:85-89.

[12] 徐怡涛.文物建筑形制年代学研究原理与单体建筑断代方法[C]//王贵祥.中国建筑史论汇刊:第二辑.北京:清华大学出版社,2009:487-494.

[13] 文物建筑测绘研究国家文物局重点科研基地(天津大学),蓟县文物保管所.独乐寺山门主梁构造节点的新发现[N].中国文物报,2014-04-18(8).

[14] 刘畅,孙闯.少林寺初祖庵实测数据解读[C].王贵祥.中国建筑史论汇刊:第二辑.北京:清华大学出版社,2009:129-157.

[15] 李会智.山西现存元代以前木结构建筑区域特征[Z]//山西省文物局.山西文物建筑保护五十年(未刊行版),2006.

[16] 李会智.山西现存元以前木结构建筑区期特征[C]//李玉明.2010年三晋文化研讨会论文集.太原:三晋文化研究会,2010.

[17] 王春波,刘宝兰,肖迎九.寿阳普光寺修缮设计方案[C]//《文物保护工程典型案例》编委会.文物保护工程典型案例:第二辑 山西专辑.北京:科学出版社,2009:48.

[18] 王春波.寿阳普光寺修缮设计方案[C]//《文物保护工程典型案例》编委会.文物保护工程典型案例:第二辑 山西专辑.北京:科学出版社,2009:48.

[19] 萧默.屋角起翘缘起及其流布[C]//中国建筑学会,建筑历史委员会.建筑历史与理论:第二辑.南京:江苏人民出版社,1982:17-32.

[20] 郑宇,王帅,姜铮,等.高平北诗镇中坪二仙宫正殿修缮中的记录及研究[C]//浙江省文物考古研究所,宁波市保国寺古建筑博物馆.2013年保国寺大殿建成1000周年系列学术研讨会论文集.北京:科学出版社,2013.

[21] 周淼.江南地区早期木构建筑年代分析方法初探——以虎丘云岩寺二山门为典型案例[C]//浙江省文物考古研究所,宁波寺保国寺古建筑博物馆.2013年保国寺大殿建成1000周年系列学术研讨会论文集.北京:科学出版社,2013.

[22] 阳泉郊区关王庙文管所.关王庙导引[Z].山西省阳泉市内部图书,1996:11-12.

网站资料

[1] 太原市政府门户网站,网址:http://www.taiyuan.gov.cn/.

[2] 晋中市政府门户网站,网址:http://www.sxjz.gov.cn/.

[3] 吕梁市政府门户网站,网址:http://www.lvliang.gov.cn/.

[4] 阳泉市政府门户网站,网址:http://www.yq.gov.cn/.

[5] 山西榆次史志网。网址:http://www.sxycsz.cn/szb.

[6] 太谷新闻网。网址:http://www.tgxww.com/a/20140919/0008514.html.

[7] 新华网.陕西发现3座北宋时期精美砖雕墓,网址:http://news.xinhuanet.com/shuhua/2011-03/17/c_121200044.htm.

图片目录

第六章

图 6.40　带假下昂华栱加工推想:笔者绘制。

图 6.41　太谷真圣寺正殿下折式假昂:笔者绘制。

图 6.42　金元时期建筑假昂:笔者拍摄。

附录

图 1　昔阳离相寺正殿测绘图:笔者绘制。

图 2　昔阳离相寺正殿照片:笔者拍摄。

图 3　西见子村宣承院正殿照片:笔者拍摄。

图 4　西见子村宣承院正殿前檐斗栱测绘图:笔者绘制。

图 5　西见子村宣承院正殿测绘图:笔者绘制。

图 6　太谷万安寺正殿测稿:中国营造学社调查资料,现藏于清华大学建筑学院资料室,由李路珂老师提供。

图 7　太谷万安寺正殿照片:中国营造学社调查资料,现藏于清华大学建筑学院资料室,由胡南斯学友提供。

图 8　太谷万安寺正殿复原图:笔者绘制。

图 9　窦大夫祠西朵殿前檐斗栱测绘图与复原图:笔者绘制。

图 10　窦大夫祠西朵殿前檐斗栱照片:笔者拍摄。

图 11　子洪村汤王庙正殿前檐斗栱测绘图:笔者绘制。

图 12　子洪村汤王庙正殿前檐斗栱照片:笔者拍摄。

图 13　庄子乡圣母庙圣母殿前檐斗栱测绘图:笔者绘制。

图 14　庄子乡圣母庙圣母殿测绘图:笔者绘制。

图 15　庄子乡圣母庙圣母殿照片:笔者拍摄。

表格目录

后　记

　　这本关于古代木构建筑技术史的书，是在我 2015 年完成的博士学位论文的基础上修订而成的。回首再读，不免发现纰漏不少，虽经几轮修订，书稿中仍有很多不足和值得增补之处。为了保持原文的完整性，近年来研究的新收获没有纳入书稿，希望在未来几年深入推进之后，再结集出版。

　　建筑史研究是一项艰苦的工作，尤其是在学术极度功利的当下，从事以中文写作的中国古代建筑史研究是件非常自讨苦吃的事情。而当决心突破既有范式、探寻新路后，几年的测绘、调查、写作则更是呕心沥血的过程。

　　2010—2015 年间的研究如同探险，过程中面临着极大的挑战，但一一克服之后，才发现已无人可以分享痛苦和喜悦，而且越往前走就越发孤独，只能咬着牙继续走下去，独自体验每一个新发现带来的狂喜。建筑史是一门非常小众的学科，辛苦取得的成果很难得到广泛的公众认可，也无法换取可观的收益，能最终坚持完成这项研究，不仅是为了贡献一份真诚的研究成果，更是为了给过往的研习经历一个满意的交待，才能无愧于那些逝去的光阴。

　　时间已进入 2020 年。距离完成博士论文写作的 2015 年春天已过去将近五年，距离开始晋祠圣母殿精细测绘的 2010 年秋天已过去将近十年。坦诚地说，最近四年，我在疲于奔命地谋生，努力地适应人生的新阶段和新角色，做好一名教师，做好一位丈夫和父亲，上课、备课、填写没完没了的表格占据了大量的时间，又分心去做了很多浙闽地区乡土聚落和建筑调查，关于唐宋建筑转型问题的研究一直进展缓慢，每每想起，都会勾起无限惆怅。

　　时间已进入 21 世纪的第三个十年。距离中国学人初创中国营造学社的 1929 年已过去九十多年，距离我对中国传统建筑萌生极大兴趣的 1999 年已过去二十多年。何其有幸，能从事这样的工作，既与少年时期的志向契合，又能为国家和民族的文化遗产保护事业贡献绵薄之力；何其有幸，能得到众多前辈和学友的帮助，在而立之年，多多少少做出一点令自己基本满意的东西；何其有幸，虽然十年来艰辛异常，至今仍对这项工作抱有兴趣，并且愿意继续坚持下去。

　　先后受教于朱光亚教授和张十庆教授，是我青年求学时代莫大的幸事，使我有机会在建筑遗产保护和古代大木作技术方面得到充分学习。

　　2007 年暑期，朱光亚老师安排我做晋祠献殿、平遥镇国寺万佛殿、平遥文庙大成殿草测作业，我在测绘过程中就已发现一些不同于《营造法式》做法的形制特征，从此开始持续关注早期木构建筑地域特征的问题，本研究的源头其实可以追溯到 2007 年夏天的观察。朱老师为我们讲授的古建筑区域谱系、古建筑年代鉴定方法，既激发了我最初的研究兴趣，也成为本研究的基本关注点。在研究中段，我对朱老师最为得意的角梁演变学说提出质疑，幸好朱老师雅量，让我深入求证，最终完成了令朱老师和我自己都比较满意的转角结构研究。

　　2010 年，我进入张十庆老师主持的东南大学东方建筑研究室攻读博士，从此开始专门的古代大木作技术研究。张老师不仅成果丰硕，令人钦佩，而且平易近人，他对学术研究的严谨态度和钻研精神，也影响着每一个学生。在我读博期间，张老师还不辞辛苦，带领研究室同人四次赴山西、河南地区考察早期木构建筑，并多次在江南地区进行测绘、考察，跨越南北的调查、思考、研讨，为本研究找到不少新的思路和线索。每当我的论文写作遇到难题，张老师总是耐心地传授各种写作技巧，并给予积极鼓励。

　　感谢陈薇教授为我们悉心讲授宋清营造法式课程。多年来，陈老师坚持板书教学，将各种复杂的结构类型、构造做法在勾画间娓娓道来。至今每当思考某个问题时，当年陈老师的授课内容总会成为思考的起点。在完成陈老师布置的宋式斗栱模型作业的过程中，引发了我对斗栱用材比例、榫卯的关注，这些思考也都融入了这本书中。

我读书期间参与了晋祠圣母殿、辽代密檐塔、浙闽木拱廊桥等研究，都是在胡石老师的指导和帮助下完成的，这些工作也为我日后的工作奠定了基础。我目前仍然专注于古建筑唐宋转型与东南丘陵地区乡土建筑的研究。淳庆老师也在我的调研与写作过程中提供了不少有价值的意见。

在开展研究的几年中，我还曾将一些阶段性收获向柴泽俊先生汇报，得到了柴老的肯定，柴老还给了我这个同乡后辈很多鞭策和鼓励。我一直记得，柴老晚年虽已行动不便，但每当谈论山西古建筑的时候，眼睛总是炯炯闪光。非常遗憾没有在柴老生命最后时刻及时地把研究成果呈送到他面前。

本研究着力于探索如何在建筑史研究中运用考古学方法。在形制年代学方面，北京大学考古文博学院徐怡涛老师给我很多启发，徐老师对研究要求非常苛刻，也为我树立了学习的标尺，在我开始教书后，徐老师还谆谆教导我要认真教学，以身示范。故宫博物院吴伟工程师在考古学理论与方法上给我提供了很多帮助，尤其是在如何运用类型学方法方面，正是得到了吴伟的指正。在东南大学读书的时候，为了弥补历史学、考古学知识不足，我经常跑去隔壁南京大学历史系听课，贺云翱、张学锋、黄建秋等老师的课让我受益良多，贺云翱老师还给予我很多指导与勉励。

天津大学建筑学院丁垚老师多年来一直给我很多指导与关照。我几次参加天大暑期古建筑测绘、现场课，并跟随丁老师踏察，都是非常难得的学习机会。辽代建筑是丁老师的主要研究领域，辽代建筑与我重点研究的北宋建筑恰好是相同时段、可互相对比的古代遗物，通过与丁老师交流，弥补了我对唐辽建筑认识的不足，也提醒我对于建筑史作更长时段的思考，对现象作更细腻的观察。

东南大学东方建筑研究室的胡占芳、邹姗、丁绍恒、李敏同学是我的同门师弟师妹，这项研究能够不断深入并最终得以完成，离不开与他们的探讨、争论。还要感谢天津大学建筑学院孙立娜、曹雪、刘翔宇、耿昀、李竞扬、费之腾同学，清华大学建筑学院刘梦雨同学，北京大学考古文博学院俞莉娜同学，与他们互通有无，相互学习，才促成了本研究的完成。李竞扬同学在2012—2013年间两次组织滹沱河流域古建筑考察，为我的调查提供了很大的便利。

本研究能够最终完成还需要感谢很多人。清华大学建筑学院李路珂老师、胡南斯同学帮助我查找中国营造学社晋中调查相关资料。在晋祠测绘期间，得到了晋祠博物馆韩宏斌先生的协助和支持。古建筑爱好者李新生先生将他探访晋中地区古建筑的信息传递给我，为我节省了前期海量调查的力气。

父母多年来的宽容与支持，使我能够安心地完成博士学业，我也能感受到妻子的理解与体贴，她和父母一起承担了大部分家庭责任，让我能够专心工作。对于父母和妻子，我抱有深深的愧疚，这本书是送给他们的一份小礼物，同样也是送给我刚满周岁的女儿的一份小礼物，希望女儿以后读到这本书的时候，可以体会父亲年轻时的倔强与坚持。

不能忘记在寻访、调查的路上，那些为我搭顺风车、引路、留宿、煮一碗面条、端上一杯热水的每一个人，他们和他们生活的这片土地，为这本书增添了几分温暖与厚重。也正是这片土地养育了我，我从这里走来。

2020 年 7 月 15 日于杭州祥符镇

内 容 提 要

本书以五代宋金时期晋中地区木构建筑为研究案例，通过木构建筑技术史研究，解答自五代至金代后期晋中地区木构建筑形制与技术的历时性变化的问题，从而揭示唐宋时期建筑转型与《营造法式》做法在华北地区传播、融合的一些片段。

在本书中，作者基于大量测绘、细致调查，展开专题讨论。作者探索适合于晋中地区早期木构建筑保存特点的年代学分析方法，拓展了木构建筑形制类型分析方法；讨论研究时段内建筑形制的地区差异，发现地区间的技术传播是引起地方建筑形制和技术改变的重要原因；建构"法式化"这种理论假设，以此概括《营造法式》做法在华北地区普及并与地方原有做法融合的过程；拓展基于木构件表面材质肌理分析的建筑考古学研究方法，还原解木制材方式，解答栱、枋构件用材不规整及斜面梁栿等问题，将木构建筑技术史研究推进到造作加工层面。

本书适合建筑历史与理论、建筑考古学、科学技术史学、建筑遗产保护专业的研究者阅读参考。

图书在版编目(CIP)数据

唐宋建筑转型与法式化：五代宋金时期晋中地区木
构建筑研究 / 周淼著. — 南京：东南大学出版社，
2020.7（2022.5重印）
（建筑遗产保护丛书 / 朱光亚主编）
ISBN 978-7-5641-8885-6

Ⅰ.①唐… Ⅱ.①周… Ⅲ.①木结构—古建筑—研究
—晋中—五代(907-960)②木结构—古建筑—研究—晋中
—辽宋金元时代 Ⅳ.①TU-092.925.3

中国版本图书馆 CIP 数据核字(2020)第 065308 号

唐宋建筑转型与法式化：五代宋金时期晋中地区木构建筑研究
Tang Song Jianzhu Zhuanxing Yu Fashihua: Wudai Song Jin Shiqi Jinzhong Diqü Mugou Jianzhu Yanjiu

著　　者	周　淼
出版发行	东南大学出版社
出 版 人	江建中
网　　址	http://press.seu.edu.cn
电子邮箱	press@seu.edu.cn
社　　址	南京市四牌楼 2 号
邮　　编	210096
电　　话	025-83793191(发行)　025-57711295(传真)
经　　销	全国各地新华书店
排　　版	南京布克文化发展有限公司
印　　刷	南京玉河印刷厂
开　　本	889mm×1194mm　1/16
印　　张	13
字　　数	370 千
版　　次	2020 年 7 月第 1 版
印　　次	2022 年 5 月第 2 次印刷
书　　号	ISBN 978-7-5641-8885-6
印　　数	1501～2500册
定　　价	59.00 元

本社图书若有印装质量问题，请直接与读者服务部联系。电话(传真)：025-83792328